U0323268

“十三五”国家重点图书出版规划项目 | 城市安全风险管理丛书

城市地下空间开发建设风险防控

Risk Prevention and Control of Underground Space Development and Construction in Urban Areas

陈丽蓉　顾国荣　主 编　　杨石飞　副主编

图书在版编目(CIP)数据

城市地下空间开发建设风险防控＝Risk Prevention and Control of Underground Space Development and Construction in Urban Areas / 陈丽蓉，顾国荣主编.—上海：同济大学出版社，2018.11
(城市安全风险管理丛书)
“十三五”国家重点图书出版规划项目
ISBN 978-7-5608-8197-3

Ⅰ.①城… Ⅱ.①陈… ②顾… Ⅲ.①地下建筑物—城市规划—风险控制—研究 Ⅳ.①TU984.11

中国版本图书馆 CIP 数据核字(2018)第 248650 号

“十三五”国家重点图书出版规划项目
城市安全风险管理丛书
城市地下空间开发建设风险防控
Risk Prevention and Control of Underground Space Development and Construction in Urban Areas
陈丽蓉　顾国荣　主编　杨石飞　副主编

出 品 人：华春荣
策划编辑：高晓辉　吕　炜　马继兰
责任编辑：李　杰　陆克丽霞
责任校对：徐春莲
装帧设计：陈益平

出版发行　同济大学出版社　www.tongjipress.com.cn
(上海市四平路 1239 号　邮编：200092　电话：021-65985622)
经　　销　全国各地新华书店、建筑书店、网络书店
排　　版　南京新翰博图文制作有限公司
印　　刷　上海安兴汇东纸业有限公司
开　　本　787 mm×1 092 mm　1/16
印　　张　15.75
字　　数　393 000
版　　次　2018 年 11 月第 1 版　2018 年 11 月第 1 次印刷
书　　号　ISBN 978-7-5608-8197-3
定　　价　88.00 元

内容提要

本书总结了近年来国内外城市地下空间开发的研究成果和工程实践经验，梳理了针对地下空间开发建设的风险评估理论及标准，构建了基于地质环境风险、技术风险、管理风险和社会稳定风险的地下空间开发建设全过程风险评估体系，系统论述了水土、桩、基坑及隧道等不同对象在城市地下空间开发建设过程中存在的技术风险，并阐述了地下空间开发建设在程序、投资及进度方面的管理风险，探索了以城市安全为焦点的地下空间开发建设全过程社会稳定风险。结合上海工程实践，重点介绍了融合信息化技术的风险防控平台以及上海地区与保险相结合的工程质量风险管理新模式。针对城市地下空间开发向深层和水平网络化拓展的趋势，展望了未来地下空间开发建设新的风险与挑战。

本书列举了众多地下空间开发建设风险评估及防控经典案例，介绍了诸多防控地下空间开发建设风险的信息化手段，可供相关从业人员及高等院校相关专业师生学习参考。

作者简介

陈丽蓉

女，教授级高工，上海勘察设计研究院(集团)有限公司董事长、党委副书记，兼任中国勘察设计协会工程勘察与岩土分会副会长，上海市勘察设计行业协会工程勘察与岩土分会会长，上海市住房和城乡建设管理委员会科学技术委员会轨道交通专业委员会委员，上海环境岩土工程技术研究中心主任等。专业从事地下工程勘察设计、技术研发、评估咨询和技术管理等工作三十余载，主持和参与多项科技攻关项目，具有丰富的工程经验，同时也是行业领军人物。曾获评“上海市重大工程立功竞赛建设功臣”“上海市重大工程立功竞赛优秀组织者”“全国勘察设计行业优秀企业家”“全国勘察设计行业最美女院长”等。

顾国荣

男，国家勘察设计大师，上海勘察设计研究院(集团)有限公司技术总监、副总裁，兼任上海市住房和城乡建设管理委员会科学技术委员会副主任，中国建筑学会工程勘察分会副理事长，上海地质学会副理事长。长期从事软土地区岩土工程的理论研究和工程实践，曾负责上海中心大厦、上海金茂大厦、浦东国际机场、上海世博园、上海虹桥综合枢纽等数百项重大工程，其中80余项工程被评为国家/市/行业优秀工程。曾主编《桩基优化设计与施工新技术》等专业著作，主编及参编《岩土工程勘察规范》《地基基础设计规范》《建筑桩基技术规范》等地方或行业规范20余项。

“城市安全风险管理丛书”编委会

《城市地下空间开发建设风险防控》编撰人员

主　　编　陈丽蓉　顾国荣

副 主 编　杨石飞

编　　撰　孙　莉　苏　辉　刘　铭　许　杰　刘　枫　梁振宁
路家峰　张　静　尚颖霞　王　蓉　孙　健　潘　华
戴加东　董月英　曹一峰　梁　静　樊向阳　周　宇
何旖斐　张勤芳

总序

浩荡40载,悠悠城市梦。一部改革开放砥砺奋进的历史,一段中国波澜壮阔的城市化历程。40年风雨兼程,40载沧桑巨变,中国城镇化率从1978年的17.9%提高到2017年的58.52%,城市数量由193个增加到661个(截至2017年年末),城镇人口增长近4倍,目前户籍人口超过100万的城市已经超过150个,大型、特大型城市的数量仍在不断增加,正加速形成的城市群、都市圈成为带动中国经济快速增长和参与国际经济合作与竞争的主要平台。但城市风险与城市化相伴而生,城市规模的不断扩大、人口数量的不断增长使得越来越多的城市已经或者正在成为一个庞大且复杂的运行系统,城市问题或城市危机逐渐演变成了城市风险。特别是我国用40年时间完成了西方发达国家一二百年的城市化进程,史上规模最大、速度最快的城市化基本特征,决定了我国城市安全风险更大、更集聚,一系列安全事故令人触目惊心,北京大兴区西红门镇的大火、天津港的"8·12"爆炸事故、上海"12·31"外滩踩踏事故、深圳"12·20"滑坡灾害事故,等等,昭示着我们国家面临着从安全管理1.0向应急管理2.0及至城市风险管理3.0的方向迈进的时代选择,有效防控城市中的安全风险已经成为城市发展的重要任务。

为此,党的十九大报告提出,要"坚持总体国家安全观"的基本方略,强调"统筹发展和安全,增强忧患意识,做到居安思危,是我们党治国理政的一个重大原则",要"更加自觉地防范各种风险,坚决战胜一切在政治、经济、文化、社会等领域和自然界出现的困难和挑战"。中共中央办公厅、国务院办公厅印发的《关于推进城市安全发展的意见》,明确了城市安全发展总目标的时间表:到2020年,城市安全发展取得明显进展,建成一批与全面建成小康社会目标相适应的安全发展示范城市;在深入推进示范创建的基础上,到2035年,城市安全发展体系更加完善,安全文明程度显著提升,建成与基本实现社会主义现代化相适应的安全发展城市。

然而,受制于一直以来的习惯性思维影响,当前我国城市公共安全管理的重点还停留在发生事故的应急处置上,突出表现为"重应急、轻预防",导致对风险防控的重要性认识不足,没有从城市公共安全管理战略高度对城市风险防控进行统一谋划和系统化设计。新时代要有新思路,城市安全管理迫切需要由"强化安全生产管理和监督,有效遏制重特大安全事故,完善突发事件应急管理体制"向"健全公共安全体系,完善安全生产责任制,坚决遏制重特大安全事故,提升防灾减灾救灾能力"转变,城市风险管理已经成为城市快速转型阶段的新课题、新挑战。

理论指导实践,"城市安全风险管理丛书"(以下简称"丛书")应运而生。"丛书"结合城市安全管理应急救援与城市风险管理的具体实践，重点围绕城市运行中的传统和非传统风险等热点、痛点，对城市风险管理理论与实践进行系统化阐述，涉及城市风险管理的各个领域，涵盖城市建设、城市水资源、城市生态环境、城市地下空间、城市社会风险、城市地下管线、城市气象灾害以及城市高铁运营与维护等各个方面。"丛书"提出了城市管理新思路、新举措，虽然还未能穷尽城市风险的所有方面，但比较重要的领域基本上都有所涵盖，相信能够解城市风险管理人士之所需，对城市风险管理实践工作也具有重要的指南指引与参考借鉴作用。

"丛书"编撰汇集了行业内一批长期从事风险管理、应急救援、安全管理等领域工作或研究的业界专家、高校学者，依托同济大学丰富的教学和科研资源，完成了若干以此为指南的课题研究和实践探索。"丛书"已获批"十三五"国家重点图书出版规划项目并入选上海市文教结合"高校服务国家重大战略出版工程"项目，是一部拥有完整理论体系的教科书和有技术性、操作性的工具书。"丛书"的出版填补了城市风险管理作为新兴学科、交叉学科在系统教材上的空白，对提高城市管理理论研究、丰富城市管理内容，对提升城市风险管理水平和推进国家治理体系建设均有着重要意义。

钟志华

中国工程院院士

2018 年 9 月

序言

习近平总书记在2016年全国科技创新大会、两院院士大会、中国科协第九次全国代表大会上都明确指出“向地球深部进军是我们必须解决的战略科技问题”。“十三五”期间，我国深地探测战略成为国土资源战略的主攻方向，城市地下空间开发建设已成为国家重大发展战略的组成部分。

目前，我国城市地下空间的总体规模和总量已位居世界首位，城市发展越来越向地下“要”空间，上海的“根”也正向地下越扎越深，但开发利用总体上仍显不足，利用形式也多以地下交通为主，与国外先进国家高速发展中的技术进步情况存在一定差距。在城市地下空间开发建设过程中，由于涉及部门多、涵盖领域广、支撑学科相互交叉等现实原因，导致社会对城市地下空间开发建设风险的认知与防范也多有不足，亟须理论、技术创新，以帮助识别、分析、评价、管控风险，最终规避工程项目全生命周期中无处不在、无时不有的各类风险。

基于这样的背景，《城市地下空间开发建设风险防控》一书的出版可谓正当其时。本书编写团队以其对地下工程数十年来的深厚专业底蕴以及积累的大量工程实践，详细论述了桩体、基坑和隧道等不同对象在开发建设过程中存在的技术风险，研判了各类地下空间开发存在的管理风险，重点关注了社会稳定风险，并辅以丰富的地下空间开发工程经验，尝试构建城市地下空间开发风险的评估体系，倡导政府主导、市场主体、社会主动的“多元共治”城市风险长效管控机制，探索“以事件中心”向“以风险为中心”转变，从单纯“事后应急”向“事前科学预防”“事中有效控制”“事后及时救济”转变的风险管理举措，为进一步降低城市地下空间开发建设中的各类风险做出了有益的探索。

学术和工程业界都有共识：探究科学的道路就是理论转化为工程实践的过程，这条路既充满趣味也要艰苦攀登，不可能一蹴而就，要踏实地付出辛劳努力，才能逐步求得解决实际问题的真谛。本书是一本参考书，也是一本工具用书，它富有学术、技术上的前瞻性，对重大地下工程具有指导意义。本书的付梓问世有望成为相关专业人员和高校相关专业师生参考学习的良师益友。是为序。

2018年国庆前夕，于同济园

孙钧先生，同济大学一级荣誉教授、中国科学院（技术科学学部）资深院士

前言

城市地下空间开发建设是缓解城市土地资源紧张的必要措施,对于推动城市由外延扩张式向内涵提升式转变,改善城市环境,提高城市综合承载能力具有重要意义。由于地下工程具有投资大、施工周期长、施工技术复杂、不可预见性强和社会环境影响大等特点,因而与发展规模同步增长的是在开发建设过程中日益增长的风险。在上海市 2005 年正式列出的可能危害城市安全的七大新灾源中,地下空间开发建设的相关灾害位列第二。

目前,社会对城市地下空间开发建设风险的认知与其发展速度并不匹配,地下工程参建各方对风险管理认识不足,多各行其是,没有形成多元共治的机制,并且风险评估多是静态的,无法反映地下工程建设全过程的动态风险变化。在目前地下空间开发深度、规模不断扩大的发展趋势下,迫切需要对建设过程中的技术、管理、社会稳定等风险进行梳理,并提出切实有效的防控措施,助力城市精细化管理能力和水平提升。

本书总结了近年来国内外城市地下空间开发建设的研究成果和工程实践经验,将地下空间开发建设风险分为地质环境风险、技术风险、管理风险和社会稳定风险四大类,结合工程案例,分别进行了主要风险源的识别和风险评估,并提出了相对应的风险防控措施,形成了较为完整的城市地下空间开发建设风险防控流程,具有较强的工程实践指导作用;以上海为例,介绍了基于“互联网 + ”的地下空间风险管控平台和基于保险的工程质量风险管理机构;探索了地下空间开发建设动态风险管理模式和多元共治的风险防控机制;最后,在地下空间开发向更深层和水平网络化拓展的趋势下,对新风险、新挑战以及防控对策提出了一些展望。

本书涉及的研究成果是在上海市社会发展领域重点科技攻关项目(编号:10231203500)和上海市住房和城乡建设管理委员会“十一五”重大科研项目计划(编号:重科 2010 - 007)的资助下完成的。

本书由陈丽蓉、顾国荣任主编,杨石飞任副主编,参加各章节编写和审核工作的有:孙莉、苏辉、刘铭、刘枫、许杰、梁振宁、路家峰、张静、尚颖霞、王蓉、孙健、潘华、戴加东、董月英、曹一峰、梁静、樊向阳、周宇、何旖斐、张勤芳。

衷心感谢孙钧院士为本书写序,并在本书编写过程中给予诸多指导和帮助。

感谢同济大学出版社对本书出版发行的大力支持以及所做的辛勤工作。

本书是“十三五”国家重点图书出版规划项目“城市安全风险管理丛书”中的一本，在此对有关方面的大力支持一并表示感谢。

由于时间和水平有限，书中难免有不足之处，敬请读者不吝指正。

本书编写组

2018年9月

目录

总序

序言

前言

1 绪论 …… 1

1.1 城市地下空间概述 …… 1

1.1.1 城市地下空间的定义 …… 1

1.1.2 城市地下空间的类型 …… 1

1.1.3 城市地下空间的优点 …… 1

1.2 城市地下空间开发建设现状 …… 2

1.2.1 总体发展现状 …… 2

1.2.2 上海地下空间开发建设现状 …… 4

1.2.3 城市地下空间开发特点 …… 6

1.2.4 城市地下空间开发事故教训 …… 8

1.3 城市地下空间开发安全风险管理 …… 10

1.3.1 风险的概念 …… 10

1.3.2 传统风险管理理论 …… 11

1.3.3 城市安全风险管理的提出 …… 12

1.3.4 城市安全风险管理理念 …… 12

1.3.5 城市地下空间开发建设风险 …… 15

1.4 城市地下空间开发建设风险管理体系 …… 16

1.4.1 城市地下空间开发建设风险管理内容 …… 17

1.4.2 城市地下空间开发建设风险评估标准 …… 17

1.4.3 城市地下空间开发建设风险评估方法 …… 18

1.5 城市地下空间开发建设风险管理路线 …… 24

1.6 小结 …… 25

2 城市地下空间地质环境风险 …… 26

2.1 引言 …… 26

2.2 上海地质环境 …… 27

2.2.1 工程地质条件 …… 27
2.2.2 水文地质条件 …… 33
2.2.3 地质结构类型的划分 …… 35
2.3 上海地下空间开发地质风险识别 …… 37
2.3.1 土的风险源识别 …… 37
2.3.2 地下水风险源识别 …… 41
2.3.3 主要地质风险事件 …… 44
2.4 地质风险评估 …… 53
2.4.1 地质风险评估方法 …… 53
2.4.2 地质风险定性化评估 …… 55
2.4.3 地质风险的控制措施 …… 64
2.5 案例分析 …… 67
2.5.1 工程概况 …… 67
2.5.2 工程地质及水文地质条件 …… 67
2.5.3 地质风险识别 …… 68
2.5.4 地质风险评估 …… 72
2.5.5 地质风险控制措施 …… 74
2.6 小结 …… 75
3 城市地下空间开发建设技术风险 …… 77
3.1 引言 …… 77
3.2 桩基工程风险 …… 79
3.2.1 桩基事故分析 …… 79
3.2.2 桩基风险源识别与评估 …… 83
3.2.3 桩基风险控制措施 …… 87
3.3 基坑工程风险 …… 89
3.3.1 基坑事故分析 …… 89
3.3.2 基坑风险源识别与评估 …… 93
3.3.3 基坑风险控制措施 …… 98
3.4 隧道工程风险 …… 100
3.4.1 隧道事故分析 …… 100
3.4.2 隧道风险源识别与评估 …… 102
3.4.3 隧道风险控制措施 …… 105
3.5 案例分析 …… 109
3.5.1 工程概况 …… 109

3.5.2　风险识别与评估 …… 111
3.5.3　风险控制措施 …… 115
3.6　小结 …… 116
4　城市地下空间开发建设管理风险 …… 117
4.1　引言 …… 117
4.1.1　城市地下空间开发建设管理的现状与问题 …… 117
4.1.2　城市地下空间开发建设管理风险防控的特点与必要性 …… 118
4.2　城市地下空间开发建设的程序风险 …… 120
4.2.1　城市地下空间开发建设程序 …… 120
4.2.2　城市地下空间开发建设程序风险识别与评估 …… 122
4.2.3　城市地下空间开发建设程序风险控制措施 …… 124
4.3　城市地下空间开发建设的投资风险 …… 125
4.3.1　城市地下空间开发建设投资 …… 125
4.3.2　城市地下空间开发建设投资风险识别与评估 …… 126
4.3.3　城市地下空间开发建设投资风险控制措施 …… 127
4.4　城市地下空间开发建设的进度风险 …… 129
4.4.1　城市地下空间开发建设进度风险识别与评估 …… 130
4.4.2　城市地下空间开发建设进度风险控制措施 …… 131
4.5　城市地下空间开发建设的职业健康风险 …… 133
4.5.1　城市地下空间开发建设职业健康风险识别与评估 …… 133
4.5.2　城市地下空间开发建设职业健康风险控制措施 …… 134
4.6　案例分析 …… 135
4.6.1　项目概况 …… 135
4.6.2　项目管理风险的识别 …… 135
4.6.3　项目管理风险的评估 …… 136
4.6.4　项目管理风险的控制措施 …… 139
4.7　小结 …… 141
5　城市地下空间开发建设社会稳定风险 …… 142
5.1　引言 …… 142
5.1.1　社会稳定风险的定义与背景 …… 142
5.1.2　城市地下空间开发建设社会稳定风险评估的必要性 …… 143
5.2　社会稳定风险的评估要素 …… 143
5.2.1　社会稳定风险评估的目的 …… 143
5.2.2　社会稳定风险评估的原则 …… 144

5.2.3 社会稳定风险评估的程序 …… 145
5.2.4 社会稳定风险评估的要求 …… 145
5.3 社会稳定风险的评估方法 …… 147
5.3.1 城市地下空间开发建设社会稳定风险调查 …… 147
5.3.2 城市地下空间开发建设社会稳定风险识别 …… 149
5.3.3 城市地下空间开发建设社会稳定风险评估及综合评判 …… 153
5.3.4 城市地下空间开发建设社会稳定风险控制对策 …… 158
5.4 案例分析 …… 160
5.4.1 项目概述 …… 161
5.4.2 项目社会稳定风险调查 …… 162
5.4.3 项目社会稳定风险识别 …… 164
5.4.4 项目社会稳定风险评估与综合评判 …… 164
5.4.5 项目社会稳定风险控制对策 …… 165
5.4.6 项目社会稳定风险评估结论与建议 …… 167
5.5 小结 …… 169
6 城市地下空间开发建设信息化风险管控平台 …… 170
6.1 引言 …… 170
6.1.1 发展现状与趋势 …… 170
6.1.2 需求分析 …… 175
6.2 基于"互联网+动态监测"的地下工程风险管控平台 …… 177
6.2.1 概述 …… 177
6.2.2 传统监测方法与自动化监测方法 …… 178
6.2.3 城市地下空间工程远程自动化监测服务平台 …… 182
6.2.4 城市地下空间工程远程自动化监测服务平台应用案例 …… 187
6.3 基于"互联网+项目现场管理"的地下工程风险管控平台 …… 196
6.3.1 概述 …… 196
6.3.2 地下工程项目现场管理与风险管控平台 …… 197
6.3.3 地下工程项目现场管理与风险管控平台应用案例 …… 201
6.4 小结 …… 207
7 城市地下空间开发建设风险管控模式与机制 …… 208
7.1 动态风险管理模式 …… 208
7.1.1 动态风险管理模式的提出 …… 208
7.1.2 动态风险管理的流程 …… 208
7.1.3 动态风险管理的特点 …… 209

7.1.4　动态风险管理应用案例 …… 210
7.2　多元共治的风险防控机制 …… 213
7.2.1　多元共治机制的概念 …… 213
7.2.2　多元共治存在的问题 …… 214
7.2.3　多元共治的各方主体作用 …… 215
7.3　上海建设工程质量风险管理新模式 …… 217
7.3.1　建设工程质量风险管理的背景 …… 217
7.3.2　工程质量风险管理机构服务新模式 …… 218
7.3.3　建设工程质量安全风险管理实施现状 …… 225
8　城市地下空间开发建设的新挑战与展望 …… 227
8.1　城市地下空间开发趋势 …… 227
8.1.1　深层地下空间开发 …… 227
8.1.2　地下空间水平网络化拓展 …… 228
8.1.3　新风险与新挑战 …… 229
8.2　展望 …… 230
8.3　小结 …… 231
参考文献 …… 232
名词索引 …… 233

1 绪　　论

1.1 城市地下空间概述

1.1.1 城市地下空间的定义

城市地下空间从定义上是指为了满足人类社会生产、生活、交通、环保、能源、安全、防灾减灾等需求而开发、建设与利用的地表以下空间。地下空间的开发利用就是将现代化城市空间的发展向地表以下延伸，将建筑物和构筑物全部或者部分建于地表以下。

1.1.2 城市地下空间的类型

城市地下空间的类型，依据其使用功能不同，大致可以划分为以下七类：

(1) 应付战争和灾难而修建的房屋工程，主要有指挥所、战略物资储备部、民防工程、地下避难所等。

(2) 地下交通工程，如地铁、越江(越海)隧道、下穿地道、行人过街通道、地下停车场等。

(3) 城市基础设施，如地下综合管廊、地下变电站、地下调蓄管道等。

(4) 物资仓储工程，如地下储油罐、地下储气罐等。

(5) 商业地产工程，如地下商业街、购物广场和娱乐广场的地下建筑等。

(6) 文化体育工程，如地下博物馆、地下图书馆、地下体育馆等。

(7) 医疗卫生工程，如地下医院等。

1.1.3 城市地下空间的优点

根据地下空间所处的地下环境，相较于地上空间，其主要优点如下。

1. 高防护性

地下工程上覆一定厚度的土层或岩层，具有良好的防护性能，能满足重点设防城市的基本战略要求。

2. 热稳定性

地表以下土体或岩体环境受外界气候变化影响较小，因此处于岩石或土层包围之中的地下空间具有显著的热稳定性。

3. 易封闭性

地下空间处于岩石或土壤的包围之中,因而具有明显的密闭性和隐蔽性。

4. 内部环境易控性

由于外部土体或岩体环境相对稳定,并且地下空间本身处于相对封闭状态,与外界的物理/化学交换较弱,因此,内部环境更易控制。

5. 低能耗性

基于地下空间的热稳定性以及封闭性等特点,其用于温控的能耗可大大降低,并且可利用地热资源进一步降低能耗。

1.2 城市地下空间开发建设现状

1.2.1 总体发展现状

随着经济建设的高速发展,快速工业化以及人口的高度城市集中化,城市面临日益突出的居住、交通、环境等与有限土地资源之间的矛盾。城市地下空间开发建设进入蓬勃发展阶段,在轨道交通、商业中心和城市市政建设等大型项目中,修建各类地下空间设施的数量呈现急剧增长的趋势。

国外对地下空间的开发起步较早,自 1845 年伦敦地铁开始兴建至今已有 170 余年之久。20 世纪 80 年代,国际隧道协会便提出了"大力开发地下空间,开始人类新的穴居时代"的倡议,并得到了广泛响应。随后,政府也日益重视地下空间的开发利用,把地下空间的利用作为一项重要策略来推进其发展,希望利用地下空间扩大土地利用率,解决城市化进程加快所引起的人口爆炸、破坏性建设、资源短缺以及越来越严重的交通拥堵等一系列问题。随着时间的推移,地下空间的利用,已扩展到各个领域,并发挥着重要的社会和经济效益。

发达国家在城市地下空间的规划和开发利用规模上已经达到了较高水平。德国、美国、日本等发达国家,长期倡导地下空间开发"网络化、立体化、集约化、深层化、综合化",在技术及管理上已经达到了较高的水平,取得了良好的效果,代表性的有法国巴黎的超大地下停车场、德国慕尼黑的地下街、加拿大多伦多的超大型地下街、日本的地下综合交通网和共同沟、新加坡的地下综合管网等。

西欧地区地质条件良好,地下空间利用高度发达,如巴黎建有欧洲最大的地下停车场,地下四层,可停放 3 000 辆车。芬兰首都赫尔辛基在 20 世纪 80 年代开始就制定城市地下空间利用规划,该城市地下可开发面积与地表总面积比例达到 1∶100,拥有约 1 000 万 m^3 的地下空间,主要用途包括停车场、运动场、油气存储等,地下空间拥有超过 400 座建筑、220 km 长的交通隧道、24 km 长的污水隧道以及 60 km 长的综合管线隧道。德国为了提高城市土地利用效率,几乎每栋居民住宅都建有地下室,人口在 30 万以上的中型城市,如纽伦堡、斯图加特、汉诺威等,都建有现代化的地下铁路和其他大型的地下设施;人口百万以上的大城市,如慕尼黑、法兰克福、汉堡和柏林，都有着四通八达的地下铁路和地下商业街，其中，柏林城市面积为891.85 km^2，目前城市轨道交通路网拥有10条运营线路、173个轨道站点，以柏林市区为中心点向外放射，总长度达173 km；市中心区地下车库、地下陈列馆、地下泵站更是星罗棋布，地下供排水、电缆动力和通信管线密如蛛网。

北美地区加拿大多伦多市拥有世界上最大的地下走廊，该步行走廊最早的雏形建于1917年，随着后续不断扩张，目前已拥有近30 km的步行购物街道和商业店铺，连接50座办公楼、6个大型酒店、2个大型商店以及近20个地下车库，如此庞大的地下步行道系统不仅可以改善地面交通、节省地上用地，还保证了在恶劣天气下的城市繁荣。

亚洲地区的日本由于国土面积狭小，于1930年便开始了地下空间的开发，特别是随着工业化、城市化的快速发展，日本把开发利用城市地下空间作为有效利用土地资源、维持生态平衡的一项重要手段。其地下空间开发的特色主要体现在：一是地下交通的网络化，日本充分利用城市深层地下空间资源，建设了深层地铁换乘车站，全面提高了城市地下交通网络的整体运营效率，如总长43 km的东京地铁是第一条深层环状线，同时也为城市防灾、疏散与遮蔽提供了巨大、安全、可靠的防御空间；二是地下商业开发的规模化，日本地下街经过80余年的发展，已成为将地下人行公共步道与休闲广场、地下商店、地下车库以及地铁联络通道等功能设施有机整合在一起的大型城市地下综合体；三是地下共同沟的集成化，日本自1963年颁布实施了世界上第一部共同沟法以来，共同沟的开发建设得到了有序的推进和实施，如筑波科学城、成田机场、横滨港未来21以及东京、大阪等国道下的城市主干共同沟网络系统建设等，实现了垃圾的地下输送、架空线的整治入地、高压输配电的地下集约化以及地下的综合物流系统等，整体水平处于世界领先地位。新加坡在地下空间开发和利用方面虽然时间不长，但发展迅速，现已成为城市地下空间开发和应用领域的佼佼者。在城市地下综合管网系统方面，于2010年完工的综合管路隧道，全长3 km，将市区的主要供水管道、通信电缆、电力电缆等全部集中到这个隧道中，该隧道的截面尺寸为12 m×12 m，其中，管道通道为12 m×8 m，电缆通道为4 m×8 m；其投资修建的深埋隧道排污系统包括一条长约48 km的排水深隧道，此排水隧道直径最大6 m，隧道埋深20～40 m不等；其于2012年开始修建的电缆隧道深入地下60 m，直径6 m，该电缆隧道可装置电压高达400 kV的电缆。在地下空间资源存储方面，其于2008年启用的万礼军火库建造在地下数十米，与地面军火库相比，所需安全地区面积可以减少90%，相当于400个足球场。除此之外，其在大型地下公共空间开发方面也提出要打造一座相当于30层楼的地下科学城，直径一般在30 m以上，最大可达60 m，开挖深度在80～100 m。

我国的城市地下空间开发利用源于20世纪50年代，刚开始发展较为缓慢，直至21世纪，北京、上海等一线城市相继建成了一定数量的地铁、地下商场和停车场。进入21世纪以来，在可持续发展和地面空间不足等压力下，地下空间开发建设已经成为中国的一个发展方向。

中国工程院院士钱七虎指出："地下空间可以有效解决城市交通日益拥挤的现象，还可以避免出现'拉链公路'，可惜的是我国不少地区的地下空间都没有利用起来。""2013首届地下空间与现代城市中心国际研讨会”深入探讨了如何有效利用地下空间资源助力城市发展。在此基础上，“第二届地下空间与城市综合体国际研讨会”于 2014 年在上海召开，地下空间开发、能源管理、绿色建筑等多学科内容交叉，通过高端论坛、专业研讨、展示区等形式，探讨和展示行业趋势及最新市场动态，实现“产、学、研、用”相结合，以此促进发达、发展中和新兴城市及特大城市的可持续发展。

1.2.2 上海地下空间开发建设现状

1. 总体利用情况

在地下空间开发规模上，据统计，截至 2016 年年底，上海市已建成地下工程约 3.6 万个，总建筑面积约 8 000 万 m^2。其中，地下生产、生活服务设施面积约 7 200 万 m^2，占总面积的 89%；地下公共基础设施建筑面积为 290 万 m^2，占总面积的 3.5%；轨道交通及附属设施面积为 615 万㎡，占总面积的 7.5%。

在区域分布上，地下空间开发利用主要集中在中心城区内，其中，静安区和黄浦区地下空间开发强度最大，而郊区如嘉定、青浦、松江、奉贤和崇明等地下空间开发强度较小。

在开发深度上，轨道交通等工程最大埋深约 45 m，地下基础设施最大埋深约 50 m，桩基础最大埋深约 90 m。对于地下室，99%埋深在 10 m 以内(其中 80%埋深在 5 m 以内)，仅有 1%的地下室埋深超过 10 m。

2. 主要类型

上海地下空间开发建设的主要类型集中在轨道交通、地下综合交通枢纽及隧道、地下综合体及商业设施、地下民防和生活停车设施以及市政基础设施等方面。

(1) 轨道交通设施。截至 2017 年年底，上海城市轨道交通运行总数达到 16 条(含磁浮线)，总里程 666 km，地下车站 395 座，运行线路如图 1-1 所示。

(2) 地下综合交通枢纽及隧道。目前，上海已建成虹桥枢纽、浦东国际机场、上海火车站、上海南站、十六铺公共交通等大型综合交通枢纽工程，另外已建成延安路、上中路、西藏南路、新建路等 14 条越江隧道。

(3) 地下综合体及商业设施。以城市轨道交通站点为载体，以提升城市公共活动中心空间为目的，形成了如人民广场、静安寺、徐家汇、五角场、世博园等为代表的多功能、大规模地下综合体和商业设施，图 1-2 所示为上海五角场地下商业综合体。

(4) 地下民防工程和生活停车设施。例如已建成的一批民防指挥工程、医疗救护工程、防控专业工程和大型人员掩蔽部等骨干民防工程，结合绿地、广场、公园等建成的地下停车设施以及居民区地下停车库等。

(5) 市政基础设施。上海已建成地下综合管廊和专业管沟、污水箱涵、电力电缆隧道、地下泵站以及地下变电站等基础设施，还包括浅埋的大量地下市政管线工程等(图 1-3)。

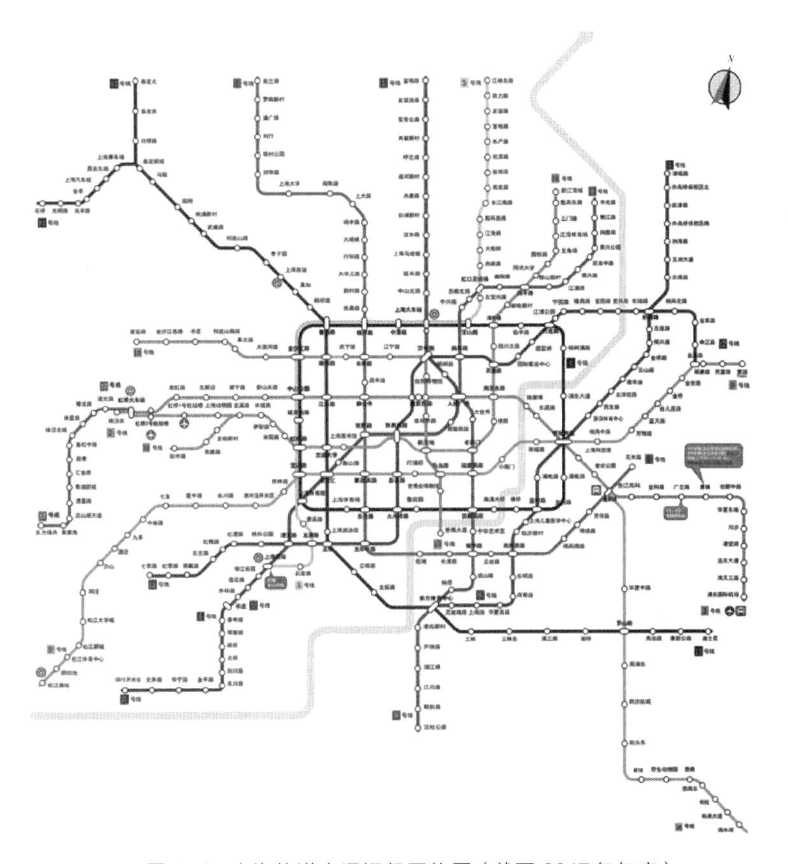

图 1-1　上海轨道交通运行网络图（截至 2017 年年底）

图 1-2　上海五角场地下商业综合体

(a) 世博 500 kV 地下变电站

(b) 船厂地区地下雨水泵站

图 1-3 上海已建成的地下市政基础设施效果图

3. 法律法规及制度

上海在地下空间开发建设过程中颁布了相关法律法规及管理制度，为地下空间开发提供了制度保障，主要包括：

(1)《中华人民共和国城乡规划法》，2007 年；

(2)《关于进一步加强本市地下空间安全管理工作的意见》，2007 年；

(3)《上海市地下空间安全使用管理办法》，2010 年；

(4)《上海市地下空间安全使用监督检查管理规定》，2010 年；

(5)《上海市地面沉降防治管理条例》，2013 年；

(6)《上海市地下空间规划建设条例》，2014 年；

(7)《上海市地下空间突发事件应急预案》，2017 年。

总体来说，上海在地下空间开发建设过程中坚持科技创新，破解技术难题，形成了浅中层地下空间开发建设的勘察、设计、施工、测试及信息化应用的成套技术和管理体系。同时，坚持有序开发、制度先行、严格管理，充分发挥技术标准、专家智库及行业协会的作用，有效应对开发过程中的各种风险，保障了地下空间建设及运营的安全，整体处于国内领先水平。随着近年来地下空间开发不断向深层和水平网络化拓展，上海正面临着法律法规亟待完善、精细化管理能力亟待提升以及新技术研发与示范亟待加强等一系列新挑战，其中涉及的技术风险、管理风险和社会风险不容忽视。

1.2.3 城市地下空间开发特点

城市地下空间开发特点主要体现在以下几方面。

1. 工程特征方面

(1) 岩土的不确定性。地下空间形成是以地下支护体系及结构为骨架，周边岩土稳定是关键，而岩土的物理力学特性离散，所处的地质、水文环境复杂，具有初始应力结构特征，土体或岩体的强度和变形未知，流体和固体的耦合效应使岩土体更为复杂，其具有可变性和不确定性，造成的工程风险和不确定性情况较多。

(2) 半经验性。地下工程设计计算方法与常规工程相比，仍有许多不完善、不精确的地方，设计时需依靠岩土力学试验、物理模型试验、工程类比法、数值仿真模拟方法、现场测试和监测等多种手段，尤其是在结果范围不可预估的情况下，工程类比法以及现场测试和监测工作就尤显重要。

(3) 不可预见性。由于地下工程是一项复杂的系统性工程，具有投资大、周期长、工程参与方多、技术难度大、环境干扰因素多以及不可预见性等特点，参与建设各方不可避免地面临着技术、管理及社会等方面的风险。

2. *政策法规方面*

中华人民共和国建设部令第 108 号《建设部关于修改〈城市地下空间开发利用管理规定〉的决定》于 2001 年 11 月 2 日施行。针对该部令，各地完善了城市地下空间规划、建设、管理等方面的法规，形成了城市地下空间规划编制体系，明确了编制内容、深度和报批程序，以及重点地区城市地下空间规划的相关要求，对推动地下空间科学、合理地开发利用起到了积极的指导作用。但是在实际建设过程中仍存在不少政策法规方面的问题。

(1) 资金政策。地下工程建设投资规模较大，各地政府在资金筹措方面的形式较为多样化，如将建设资金纳入土地储备开支或土地出让条件，或采取 PPP 模式(Public-Private-Partnership，公共私营合作制)等，但大部分城市目前尚无明确的操作细则。因此，在城市地下空间开发前期亟须明确相关实施细则，指导统筹安排建设资金和计划。

(2) 专项规划未细化或缺失。不少城市已形成了地下空间专项规划或已着手开展各类地下空间专项规划研究，如地铁、综合管廊、地下通道等，但大部分规划只是针对布局规划研究，尚未达到专项规划或详细规划深度，不能指导项目落地。因此，在实施城市地下空间开发时，难以有详细的规划指导意见用于制订建设计划及进行项目立项审批。另外，在开发策划时也需要开发者自身结合规划优化配置区域地下空间，发挥地下空间的整体功能。

(3) 法规标准有待完善。目前，在法规标准方面依然有不少空白区，尤其在深层地下空间开发等方面，尚需进一步完善法规标准，为地下空间的深部开发和后期的运营管理提供支撑。

(4) 多方管埋格局依然存在。城市地下空间开发利用的管理工作涉及城乡规划、国土资源、城乡建设、房产、公安消防、人民防空、城市管理等机构，地下工程建设时，依然难以确定一个统一的管理主体，由其统一行使目前散落在其他机构中的有关职能，对地下空间开发进行全过程管理。

(5) 地下空间产权。目前，城市地下空间建设工程的地下建设用地使用权一般随同地表建设用地使用权一并取得，但不同地方针对不同使用性质或不同层位的地下空间使用权获取方式依然没有明确规定，同时由于现行法律未对地下建筑物、构筑物的产权关系进行明确，投资者建设地下建筑物、构筑物后无法获得产权证,影响了投资者的积极性。此外,由于地下工程之间的连通未能引起足够的重视,不少地方规划未落实,产权、地权不明确,造成现有地下工程之间缺乏连通,既影响了其功能效益,又影响了其经济效益。

3. 技术管理方面

基于上述地下工程的特征,我国通过系列法律法规不断强化地下空间的技术管理要求。

(1) 必须制定城市地下空间专项规划。城市地下空间的开发必须符合城市地下空间规划,服从规划管理。

(2) 加强勘察设计资质、能力要求。地下工程水土问题是难点,也是风险点,需进行专项勘察、设计。地下工程的勘察设计,应由具备相应资质的勘察设计单位承担。

(3) 单独设立专项审查。城市大型地下空间开发,其设计文件必须由建设行政主管部门组织有关部门和专家进行设计审查。包括防灾、防火、防洪论证,以及深基坑等重大危险源、环境影响评估、地质灾害评估评审等。

(4) 周边环境保护要求高。随着各地如火如荼地发展城市地下空间,接踵而来的地下工程施工事故也频频敲响了安全生产的警钟,引起的环境影响问题也不容忽视。施工事故对周边环境影响的原因可能不尽相同,但都折射出安全制度、施工安全管理和监管力度的欠缺。地下工程建设施工需要强烈的安全意识、周密的安全管理和严格的安全监管来实现施工中的高技术和规避施工中的高风险,地下工程很大程度上就是一项考验安全管理的工程。

1.2.4 城市地下空间开发事故教训

由于地下工程项目开发特点及其内在的不确定性,在施工过程中由于安全管理不善,对各种安全风险认识的不足而引发各种重大安全事故层出不穷,而这些事故的产生必然造成巨大的经济损失和恶劣的社会影响。

发达国家虽然对地下空间开发起步较早,技术相对成熟,风险管理相对完善,但风险事故仍时有发生。2004 年 4 月,新加坡地铁车站基坑塌方事故造成 4 人死亡,附近城市道路系统破坏,66 kV 电缆损毁而导致新加坡部分区域断电,以及 Nicole 快速道塌陷等严重后果(图 1-4)。2017 年 8 月,德国莱茵河谷走廊运输扩建工程中,穿越 Rastatt 城的盾构隧道在推进过程中发生大面积地面塌陷,盾构隧道上方的原铁路隧道铁轨下陷超过 0.5 m,并发生扭曲,导致该线路全线停运至少 1 个月,掘进中的两台盾构机也因此受困于地下(图 1-5)。

我国城市地下空间开发历史较短,经验不足,在地下空间开发建设过程中存在着一些不容忽视的问题和安全隐患,导致风险事故频发,经济损失惨重,社会影响恶劣。2003 年 7 月,上海轨道交通 4 号线浦西联络通道发生特大涌水事故,造成周围地区地面沉降严重,邻近建筑物倾斜、倒塌,此次事故造成直接经济损失约 1.5 亿元人民币(图 1-6)。2006 年 1 月,北京东三环路京广桥东南角辅路污水管线发生漏水断裂事故,大量污水灌入轨道交通 10 号线正在施工的隧

图 1-4 新加坡地铁基坑事故前后对比

图 1-5 德国莱茵河谷走廊盾构隧道引起的地面塌陷事故

道区间内，导致京广桥附近部分主辅路坍塌，造成了重大经济损失和恶劣的社会影响。2007 年 3 月，北京轨道交通 10 号线发生工程塌方事故，导致地面发生塌陷，并造成数名工人死亡。2007 年 11 月，北京西大望路地下通道塌方事故，导致附近主路的 4 条车道全部塌陷，部分主辅路隔离带和辅路也发生塌陷，坍塌面积约 100 m^2，进而造成严重交通拥堵。2008 年 11 月，杭州轨道交通 1 号线湘湖站发生基坑坍塌事故，造成 21 人死亡，是我国地铁建设史上伤亡最为严重的事故(图 1-7)。

图 1-6　上海轨道交通 4 号线董家渡事故现场及抢险现场

图 1-7　杭州轨道交通 1 号线湘湖路站基坑坍塌事故现场

从这些事故中，可以清晰地认识到城市地下工程开发建设中面临的巨大风险。因此，必须借助风险管控的理念，通过事前风险源识别，梳理风险事件发生的因由、发生的可能性以及可能造成的损失，通过有效的风险评估和预警机制，采取各种措施以减少风险发生的可能性和损失。

1.3　城市地下空间开发安全风险管理

1.3.1　风险的概念

风险，通常是指在既定条件下的一定时间段内，某些随机因素可能引起的实际情况和预定目标产生的偏离。包括两方面内容：一是风险意味着损失；二是损失出现与否是一种随机现象，无法判断是否会出现，只能用概率表示损失出现的可能性大小。

从风险研究的发展历程可以发现，人们对于风险有如下两种认识。

一种认识是把风险定义为不确定事件，这种认识是从风险管理与保险关系的角度出发，以概率的观点对风险进行定义。将风险定义为损失的不确定性，可以理解为不确定的因素造成投资项目决策的实际结果偏离预期的程度。其中，不确定性是指由于对某些因素缺乏足够认识而无法做出正确估计,或者没有全面考虑所有因素发生的可能性而造成预期价值与实际价值之间的差异。

而另一种认识则认为“风险与不确定性既有区别,又有联系,是某一特定行为的所有可能性结果和每一种结果发生的可能性”。从理论上讲,风险是指由于某种不确定的原因所引起的总体实际价值与预期价值之间的差异。风险不只是损失发生的可能性这一种情况,往往风险既包括损失的可能也包括盈利的可能,与期望值的偏离就是风险。

现在比较一致的看法是:不确定性是风险的起因,风险是不确定性的结果,是一个系统造成失败的可能性和由这种失败而导致的损失或后果。由此引申出四种不同的风险定义:

(1) 把风险视为给定条件下可能会给研究对象带来最大损失的概率。

(2) 把风险视为给定条件下研究对象达不到既定目标的概率。

(3) 把风险视为给定条件下研究对象可能获得的最大损失和收益之间的差异。

(4) 把风险直接视为研究对象本身所具有的不确定性。

这四种理解分别从不同的角度看待风险,可以说是千差万别,但从中不难发现,风险的定义和研究的目的以及关注点是密不可分的。研究目的不同,也就造成了研究出发点、角度、策略方法的不同,因此对风险的理解也就不同。而行业的差异,应该是造成风险分析研究目的不同的主要原因之一。

上述关于风险的定义虽然都有一定的适用性,但都不全面,只是从概率等数量方面来定义风险,不能将风险的含义全面阐述。这也是目前国内外风险研究存在的普遍问题。风险是一种客观存在,不能将其定义为一个数量化的指标。因此认为,若存在与预期利益相悖的损失或不利后果(即潜在性损失),或由各种不确定原因造成工程建设参与各方的损失均称为风险。国际风险管理标准《ISO 31000 风险管理标准体系》将风险定义为不确定性对目标的影响。这一定义有以下五层含义:

(1) 现实与期待的偏差——积极和/或消极。

(2) 目标可以有不同方面(如财务、健康安全、环境目标等),可以体现在不同的层次(如战略、组织范围、项目、产品和过程)。

(3) 风险通常以潜在事件(指特殊系列环境的产生或变化)和后果(事件对目标的影响结果),或它们的组合来描述。

(4) 风险通常以事件(包括环境的变化)后果和发生可能性的组合来表达。

(5) 不确定性就是期望与结果之间的不确定性,指事先不能准确知道某个事件或某种决策的结果。

1.3.2 传统风险管理理论

风险管理作为一门学科出现,是在 20 世纪 60 年代中期。1963 年梅尔和赫奇斯的《企业的风险管理》、1964 年威廉姆斯和汉斯的《风险管理与保险》的出版标志着风险管理理论正式登上了历史的舞台。他们认为,风险管理不仅是一门技术、一种方法或是一种管理过程,而且是一门新兴的管理科学。从此风险管理迅速发展,成为企业经营和管理中必不可少的重要组成部分。

传统风险管理的对象主要是不利风险(也就是纯粹风险),目的是减少纯粹风险对企业经营和可持续发展的影响。企业风险管理所采取的主要策略是风险规避和风险转移,保险则成为最主要的风险管理工具。在这个阶段,研究者的主要工作是对风险管理对象的界定和区分,辨别出那些对企业只有不利影响的风险类型并着手解决,这是传统风险管理的重要思路。

随着风险理论的发展,风险管理的应用从企业扩展到了市政、金融等领域,并实现了与主流经济、管理学科的融合。

1.3.3 城市安全风险管理的提出

上海曾经发生过一起影响较大的工程事故。2003 年 7 月 1 日凌晨,当时正在建设中的上海轨道交通 4 号线位于浦东南路至南浦大桥之间穿越黄浦江底约 2 km 长的区间隧道,浦西一侧旁通道工程施工作业面内大量水土持续涌入,随之隧道部分结构损坏及周边地区地面沉降,造成邻近建筑物不同程度倾斜,管线断裂破损,防汛墙局部塌陷,江水倒灌。

事故发生后按传统做法,市政府和市建设主管部门组织力量迅速抢险,组织专家组调查事故原因,并商讨修复方案。除了这两项工作外,市政府还做了另外一项工作,成立了一个事故善后领导小组及办公室。

事后包括专项课题在内的一系列回顾与思考中都不可避免地涉及一个对当时建设管理者来说可能还不是很熟悉的问题,这就是“工程保险”和“保险”在事故处理中的作用。尽管工程建设领域有不少保险险种,而且在实践中也有一些重大工程项目都有投保和承担。但是在政府系统中,除了驾轻就熟的行政措施和手段之外,先前并没有利用保险辅助行政管理的意识,只简单认为保险是企业之间的事,至多是一些经济赔偿。然而,上海轨道交通 4 号线事故善后中保险部分工作的启发,对保险在工程项目中的应用有着重要的认识和发展意义。

从传统且简单的事后、被动进行事故处理,到虽有进步,有了部分的事前、主动考虑应急处置,再到如何在此基础上提升、如何进一步的思考,风险管理以及后继的城市风险管理的概念应运而生了。简单地说,就是把城市的建设和运行的安全管理与风险管理进行整合创新,并赋予这个概念一个全新的名称——城市安全风险管理。

1.3.4 城市安全风险管理理念

城市安全风险客观存在,具有不确定性,但可以预测。总结以往经验教训,笔者发现一个规律:除了不可避免的自然灾害等问题,几乎所有风险都是可预防、可控制的,关键在于是否有足够的风险意识。风险意识是构建风险管理体系的首要条件。首先,要加强相关领导和部门的风险意识以及风险管理理论的教育和普及,使其工作思路从应急管理转向风险管理,工作重心从“以事件为中心”转向“以风险为中心”,从单纯的“事后应急”转向“事前科学预防”“事中有效控制”，从根本上解决认识问题，筑牢底线思维。其次，要加强社会风险管理责任的宣传和公众安全风险知识的普及，形成全社会的风险共识。要想安居乐业，必须居安思危。充分发挥政府、市场、社会在城市风险管理中的优势，构建政府主导、市场主体、社会主动的城市安全风险长效管理机制。政府主导城市安全风险管理，做好公共安全统筹规划、搭建风险综合管理平台、主动引导舆情等工作，同时对相关社会组织进行统一领导和综合协调，加大培育扶持力度。只有居安思危，才能化险为夷。具体来说主要包括下列内容。

1. 两个平台

一是搭建专业预警平台。构建集风险管理规划、识别、分析、应对、监测和控制的全生命周期的风险评估系统，在统一规范的标准基础上，加强各行业与政府间的安全数据库建设，整合各领域已建风险预警系统，构建全面覆盖、反应灵敏、能级较高的风险预警信息网络，形成城市运行风险预警指数实时发布机制。

二是健全综合管理平台。在风险综合预警平台基础上，强化城市管理各相关部门的风险管理职能，完善城市管理各部门内部运行的风险控制机制，建立跨行业、跨部门、跨职能的“互联网＋”风险管理大平台，并以平台为核心引导相关职能部门和运营企业进行常态化风险管理工作。

2. 三个机制

一是三位一体，构建风险多元共治机制。充分发挥政府、市场、社会在城市风险管理中的优势，构建政府主导、市场主体、社会主动的城市风险长效管理机制。政府主导城市风险管理，做好公共安全统筹规划、搭建风险综合管理平台、主动引导舆情等工作，同时对相关社会组织进行统一领导和综合协调，加大培育扶持力度，积极推进风险防控专业人员队伍建设；企业规范生产行为，提供专业技术和信息资源，充分发挥市场在资源配置方面的优势，形成均衡的风险分散、分担机制；社会公众主动参与，鼓励社会组织、基层社区和市民群众积极参与，如加强社区综合风险防范能力建设，在已有的社区风险评估和社区风险地图绘制试点基础上，进一步推广和完善社区风险管理模式，真正实现风险管理社会化。

二是精细化管理，完善风险严密防控机制。实现风险的精细化管理，其一要完善城市风险源发现机制，通过社会参与途径多元化，结合移动互联网等时代背景，应对城市风险动态化带来的管制难点，如补齐风险源登记制度短板，对责任主体、风险指数、应对措施做到“底数清”“情况明”；其二是促进低影响开发、智能物联网、人工智能等先进技术的推广应用，形成系统的、适用的“互联网＋”风险防控成套技术体系；其三是提升各领域的安全标准，建立统一规范的风险防控标准体系，为城市综合风险管理奠定基础。

三是多管齐下，健全风险预防保障机制。一方面完善法律法规保障机制，借鉴国内外城市安全管理经验，根据城市运行发展的新形势、新情况、新特点，加强顶层设计和整体布局，提高政策法规的时效性和系统性，建立高效的反馈机制，简化流程，提高效率，进一步强化城市建设、运行及生产安全的防范措施和管理办法。另一方面引入第三方保险机制，创新保险联动举措，促进保险公司主动介入投保方的风险管理当中，防灾止损，控制风险，并通过保险费率浮动机制等市场化手段，形成监控结果与保费挂钩的制度，倒逼企业和个人进行行业规范和行为约束，从而建立起以事故预防为导向的保险新机制，达到政府管理、保险公司、投保方"三赢"的效果。

3. **五个转变**

做好城市安全管理工作的核心理念就是工作思路要从应急管理转向风险管理，工作重心从"以事件为中心"转向"以风险为中心"，从单纯"事后应急"转向"事前科学预防""事中有效控制"，此外还要加强社会风险管理责任的宣传和公众安全风险知识的科普，以形成风险共识。

构建以公共安全为核心的城市安全风险管理体系，应当建立在现有的日常安全管理体系和应急管理体系基础之上，并对其进行大幅优化，使其能够做到事前科学地"防"，事中有效地"控"，事后能把影响降到最低、损失降到最少地"救"。为此，应切实做到五个"转变"。

(1) 转变管理观念，从"以事件为中心"转向"以风险为中心"。众所周知，具体事件是不能预测的，而风险则是可以辨识的。为使风险降到最低，就必须克服围绕具体事件制订管理措施的局限性，从更系统的角度审视城市安全风险，以风险分析作为政策和管理的依据。当前，尤其需要通过各种形式，加强对社会各界的城市安全风险意识教育。

(2) 转变应对原则，从习惯"亡羊补牢"转向自觉"未雨绸缪"。所谓"人无远虑，必有近忧"，在当下的复杂环境下，不能存有任何侥幸心理，凡事都需重视潜在的问题，预估可能的后果，做好最坏的打算，争取最好的结果。政府财政投入和社会投入应更多考虑"未雨绸缪"的工作，并做出制度性安排。

(3) 转变工作重心，从单纯"事后应急"转向"事前、事中防控"。当城市进入风险管理阶段，除了日常安全管理、应急管理工作外，更需要关注事前和事中阶段。在市级层面设立城市运行风险预警指数分析和发布机制，运用大数据手段，对城市安全风险进行集成分析，实时预警可能发生的风险，并及时采取应对措施。

(4) 转变工作主体，从行政单方主导转向发挥市场作用、鼓励社会参与。城市安全风险管理，需要政府部门统一规划、引导、支持，但绝不能由政府一家"唱独角戏"。应对纷繁复杂的风险和压力，仅凭政府单方面的人力、物力、财力是难以支撑的，必须充分发挥市场在资源配置中的决定性作用，鼓励社会组织、基层社区和市民群众充分参与。例如，可以在先前试点工作的基础上，先期在地下工程建设、市政设施运营维护、交通运输等领域全面引入保险机制，实施第三方风险评估的风险管理做法，降低事故发生的概率。

(5) 转变政社关系，从被动危机公关转向主动引导公众。一旦发生危机事件，第一时间告知真相、引导舆论，是城市管理者的重要任务。随着互联网和社交媒体的迅猛发展，突发事件发生后的信息扩散已不同以往，社会舆论的形成速度也远超过往。对此，城市管理应当尽快走出过去被动危机公关的状态，以更为主动、积极的姿态引导公众，要充分利用新媒体，在第一时间披露权威事实、核心信息，引导公众情绪。此外，在日常工作创新中要综合运用社交媒体等手段，保持政府与公众间的有效沟通，引导公众成为城市安全风险管理的有力支持者和共同参与者。

1.3.5　城市地下空间开发建设风险

1. 城市地下空间开发建设风险的定义

地下空间开发建设的安全是城市安全的重要组成部分,其风险管控同样是城市安全风险管理的重要分支。目前,关于地下工程中风险的认识还比较散乱,没有达到认识上的统一。究竟什么是风险,不同的人、不同部门、不同阶段都有不同的见解。更有甚者将风险与危险和事故相混淆。事实上,危险只是意味着一种坏兆头的存在,而风险则不仅意味着这种坏兆头的存在,甚至还意味着有发生这个坏兆头的渠道、可能性和后果。工程项目的立项、设计和实施的全过程都存在不能预先确定的内部和外部的干扰因素,这种干扰因素称为工程风险。

对于城市地下空间开发建设工程而言,在以工程项目正常施工为目标的行动过程中,如果某项活动或某些客观存在足以导致承险体系统发生各类直接或间接损失的可能性,那么就称地下空间开发建设项目存在风险,而这项活动或客观存在所引发的后果就称为风险事故。

2. 城市地下空间开发建设风险属性和机理

风险的属性包括风险因素、风险事故和风险损失,即由于潜在的风险因素导致风险事故发生,从而导致不良后果。工程风险具有不确定性、可度量性、相对性和可变性。图 1-8 展示了风险的本质关系。

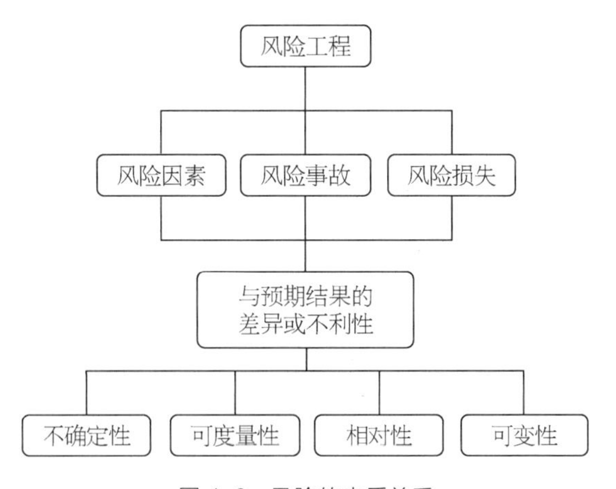

图 1-8　风险的本质关系

地下工程投资较大,施工工艺复杂,施工周期长,周边环境复杂,建筑材料和施工设备繁多,涉及专业工种和人员众多,具体表现为:工程建设的工程地质与水文地质等自然条件的复杂性;工程建设中机械设备、技术人员和技术方案的复杂性;工程建设的决策、管理和组织方案的复杂性;工程建设周边环境(建筑物、道路、地下管线及周边区域环境等)的复杂性。图 1-9 展示了地下工程风险发生的机理。

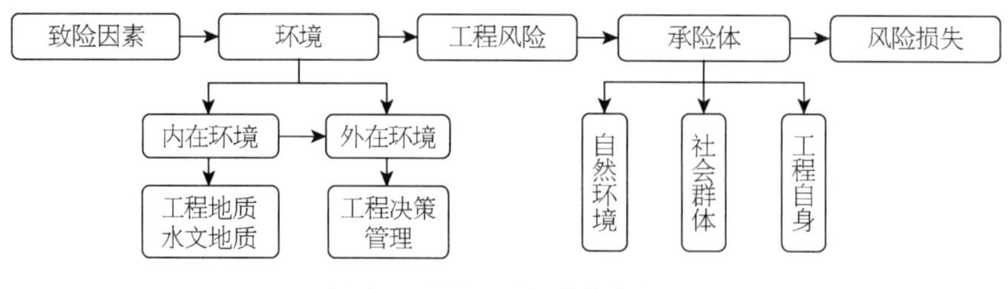

图 1-9　地下工程风险发生机理

3. 城市地下空间开发建设风险分类

按照风险来源分为自然风险和人为风险。

按照项目的建设阶段可分为规划风险、可行性研究风险、设计风险、招标风险、施工风险等。

按照项目建设目标和承险体的不同可分为安全风险、质量风险、环境风险、程序风险、工期风险、投资风险、职业健康风险及对第三方的风险等。

按照管理层次的关系与技术影响的因素可分为总体风险和具体风险。

(1) 总体风险包括:社会、政治和金融影响,合同纠纷,企业破产和体制问题,政府干涉,第三方干扰,员工冲突,自然灾害(台风、地震、暴雨或雷电等)等。

(2) 具体风险包括:工程地质勘察有误或失真,设计失误或漏项,执行的规范或设计存在问题,工程施工有误,施工设备故障,人员决策或操作失误,施工质量不能满足要求,施工工期延误等。

本书按照风险来源进行论述,自然风险主要论述地质环境风险,人为风险主要论述地下工程技术风险、项目管理风险和社会稳定风险。

1.4　城市地下空间开发建设风险管理体系

风险管理就是人为地减少或者控制工程中的风险发生次数。工程风险管理指工程参与各方(包括规划方、业主、承包方、勘察单位、设计单位、施工单位、监测单位、监理单位等)通过风险界定、风险识别、风险估计、风险评估和风险决策,优化组合各种风险管理技术,对工程实施有效的风险控制和妥善的跟踪处理。实施工程风险管理的目的是尽可能合理、可行地降低各种不利后果或不利影响。

风险是不以人的意志为转移并超越人们主观意识的客观存在,在项目全生命周期内风险无处不在、无时不有,即风险具有存在的客观性和普遍性,同时,任一具体风险的发生都是诸多风险因素和其他因素共同作用的结果,是一种随机现象。个别风险事故的发生是偶然的、杂乱无章的,但通过对大量风险事故资料的观察和统计分析,发现其呈现出明显的规律性,这就使人们有可能用概率统计方法及其他现代风险分析方法计算风险发生的概率和损失程度。

地下工程风险管理体系是指:通过风险识别、分析和评估认识地下工程风险,在此基础上合理使用各种风险应对措施和风险管理方法的经济与技术手段,对地下空间开发项目风险实行有效的控制,妥善处理风险事件造成的不利后果。地下空间建设风险管理是整个地下空间开发项目管理的一个重要组成部分。

1.4.1 城市地下空间开发建设风险管理内容

1. 目标

在安全可靠、经济合理、技术可行的前提下,把地下工程建设期中潜在的各种风险降到尽可能低的水平,以获得最大的建设安全与优质的工程质量,控制工程建设投资,降低经济损失或人员伤亡,保障工程建设工期,提高风险管理效益。

2. 范围

(1) 对地下工程自身可能造成经济损失以及意外损失的风险。

(2) 因工程的工期延长或提前而需承受的风险。

(3) 工程建设相关人员的安全和健康等风险,包括人身伤害甚至死亡。

(4) 第三方的财产风险,主要针对邻近既有各类建筑物,尤其注意历史保护性建筑物、地表和地下基础建设的施工风险。

(5) 第三方的人员安全和健康等风险。

(6) 周围区域或环境风险,包括对土地、水资源、动植物的破坏,以及空气污染、电磁辐射、噪声、振动等。

3. 策略

风险管理策略的制订应使工程建设参与各方在实施工程风险管理过程中目标一致。具体包括以下几点:

(1) 制订地下工程建设各阶段的风险管理目标;

(2) 明确地下工程建设参与各方的风险控制责任;

(3) 建立地下工程风险管理方案的实施、监控、完善和评估的制度和程序;

(4) 建立地下工程风险管理的沟通与协调机制;

(5) 建立科学、系统、动态的地下工程风险管理方案,开发地下工程风险预防、预警和预报系统,实时更新地下工程建设信息,动态跟踪风险发展状态,及时实施风险控制措施。

1.4.2 城市地下空间开发建设风险评估标准

风险评估标准是按风险评估矩阵来进行评估的,而风险评估矩阵是由工程风险概率等级标准及工程风险事故损失等级标准组成的。本书借鉴国际隧道协会(International Tunnelling Association, ITA)和《城市轨道交通地下工程建设风险管理规范》(GB 50652—2011)推荐的常用方法，将地下工程风险发生的概率和风险事故损失分为五个等级，如表 1-1 和表 1-2 所列。风险评估矩阵和相应的接受准则如表 1-3 和表 1-4 所列。

表 1-1 工程风险概率等级标准

等级	一级	二级	三级	四级	五级
事故描述	不可能	很少发生	偶尔发生	可能发生	频繁
区间频率	$P<0.01\%$	$0.01\%\leqslant P<0.1\%$	$0.1\%\leqslant P<1\%$	$1\%\leqslant P<10\%$	$P>10\%$

表 1-2 风险事故损失等级标准

等级	一级	二级	三级	四级	五级
描述	可忽略的	需要考虑的	严重的	非常严重的	灾难性的

表 1-3 风险评估矩阵

风险发生概率	风险损失				
	可忽略的	需要考虑的	严重的	非常严重的	灾难性的
$P<0.01\%$	一级	一级	二级	三级	四级
$0.01\%\leqslant P<0.1\%$	一级	二级	二级	三级	四级
$0.1\%\leqslant P<1\%$	一级	二级	三级	四级	五级
$1\%\leqslant P<10\%$	二级	三级	三级	四级	五级
$P>10\%$	二级	三级	四级	五级	五级

表 1-4 风险接受准则

<table>
<tr><th>等级</th><th>接受准则</th><th>控制方案</th><th>应对部门</th></tr>
<tr><td>一级</td><td>可忽略的</td><td>日常管理</td><td rowspan="2">工程建设参与各方</td></tr>
<tr><td>二级</td><td>可容许的</td><td>需注意，加强管理审视</td></tr>
<tr><td>三级</td><td>可接受的</td><td>引起重视，需防范，预警措施</td><td>承包商</td></tr>
<tr><td>四级</td><td>不可接受的</td><td>需决策，制订控制方案，预警措施</td><td rowspan="2">政府部门及工程建设参与各方</td></tr>
<tr><td>五级</td><td>拒绝接受的</td><td>立即停止，整改，规避或启动预案</td></tr>
</table>

1.4.3 城市地下空间开发建设风险评估方法

风险评估是在风险识别的基础上，对各种单因素风险事件发生的可能性及其影响进行综合分析的过程。风险评估包括对风险发生概率、风险影响和风险发生时间的评估。

随着城市地下空间开发及其安全风险管理工作的不断开展，安全风险评估的各类技术及方法得到广泛应用，有些技术方法日趋成熟。根据应用较普遍的技术方法的一般分类，将安全风险评估技术方法主要分为定性方法、半定量半定性方法和定量方法。

下面根据安全风险评估的特点和开展情况，对各类典型的安全风险评估方法分别进行论述。

1.4.3.1 风险评估定性方法

城市地下空间风险评估的定性方法主要包括专家评审法、检查表法、专家调查法、现场调研法等，其中在轨道交通建设领域，应用最为广泛的是专家评审法、专家调查法和现场调研法。

1. 专家评审法

专家评审一般以评审会的形式进行。评审会的主要内容包括听取相关单位的汇报、现场踏勘、审阅图件、评委会成员发表意见、形成评审意见等。

评审意见由出席评审会的评审委员会成员讨论同意，经主任委员签署后生效。当评审委员会成员对评审意见或评审意见中的部分内容分歧较大时，应进行投票表决，经三分之二以上评审委员会成员同意的意见，方可作为评审委员会的评审意见。

目前，国内轨道交通建设方面已建立了较为完善的专家评审制度，对专家评审的组织形式、专家的任职资格、专家委员会的组成、专家评审的适用范围等内容都进行了明确的规定。

2. 专家调查法

专家调查法是通过向有经验的专家咨询、调查、识别、分析和评价危险源的一类方法。其优点在于简便、易行，其缺点在于受专家的知识、经验和占有资料的限制，可能会出现遗漏。常用的专家调查法有头脑风暴法(Brainstorming)和德尔菲(Delphi)法。

头脑风暴法是通过专家创造性的思考，从而产生大量的观点、问题和议题的方法。其特点是多人讨论，集思广益，可以弥补个人判断的不足。常采用专家会议的方式来相互启发、交换意见，使危险、危害因素的辨识更加细致、具体。常用于目标比较单纯的议题，如果涉及面较广，包含因素多，可以分解目标，再对单一目标或简单目标使用本方法。

德尔菲法是采用“背对背”的方式对专家进行调查的方法。其特点是避免了集体讨论中的从众性倾向，更能代表专家的真实意见。要求对调查的各种意见进行汇总统计处理，再反馈给专家，反复征求意见。

1.4.3.2 风险评估半定量半定性方法

安全风险评估的半定量半定性方法主要包括“事故树”和“事件树”法、风险评估矩阵法、工程类比法、单项因素评价法、综合评价法，其中在轨道交通建设领域，应用最为广泛的是“事故树”和“事件树”法、风险评估矩阵法及工程类比法。

1. “事故树”和“事件树”法

事故树分析法(Accident Tree Analysis，ATA)起源于故障树分析法(Fault Tree Analysis，FTA)，是系统工程的重要分析方法之一，它能对各种系统的危险性进行辨识和评价，不仅能分析出事故的直接原因，而且能深入揭示发生事故的潜在原因。用它描述事故的因果关系直观、明了，思路清晰，逻辑性强，既可定性分析，又可定量分析。

事件树分析法(Event Tree Analysis,ETA)起源于决策树分析法(Decision Tree Analysis,DTA),是一种按事故发展的时间顺序由初始事件开始推论可能的后果,从而进行危险源辨识的方法。

一起事故的发生,是许多原因事件相继发生的结果,其中,一些事件的发生是以另一些事件首先发生为条件的,而某一事件的出现,又会引起另一些事件的出现。在事件发生的顺序上,存在着因果逻辑关系。事件树分析法是一种时序逻辑的事故分析方法,它以一初始事件为起点,按照事故的发展顺序分成阶段,一步一步地进行分析,每一事件可能的后续事件只能取完全对立的两种状态(成功或失败,正常或故障,安全或危险等)之一的原则,逐步向结果方向发展,直到达到系统故障或事故为止。由于所分析的情况用树状图表示,故称为事件树。它既可以定性地了解整个事件的动态变化过程,又可以定量计算出各阶段的概率,最终了解事故发展过程中各种状态的发生概率。

2. 风险评估矩阵法

风险因素、风险事件识别有头脑风暴法、专家调查法、核对表法、检查表法,其中工程风险分级的基本方法是风险评估矩阵。各阶段风险可能性和后果的判断、定级与各阶段所识别的风险因素及风险的危害性和环境的易损性、风险控制能力有关。

风险评估是评估危险源所带来的风险大小及确定风险是否可容许的全过程。根据评价结果对风险进行分级,按不同级别的风险有针对性地采取风险控制措施。

1) 风险大小的计算

根据风险的概念,用某一特定危险情况发生的可能性和它可能导致后果的严重程度的乘积来表示风险的大小,可用式(1-1)表达:

$$R = P \times C \tag{1-1}$$

式中 R——风险的大小;

P——危险情况发生的可能性;

C——风险事件发生造成后果的严重程度。

2) 风险等级的划分

工程风险分级的基本方法是风险评估矩阵,由工程风险概率等级标准及工程风险事故损失等级标准组成。各阶段风险可能性和后果的判断、定级与各阶段所识别的风险因素及风险的危害性和环境的易损性、风险控制能力有关,以此确定工程风险概率等级、事故损失等级以及风险评估矩阵。

3. 工程类比法

所谓“工程类比法”就是根据工程的地质条件、几何尺寸、使用要求、施工工艺以及重要性,参照条件相似的已建工程或借鉴有关规范规程提供的经验系数,来确定结构设计参数及进行安全风险评估。

根据现代地下工程设计理念,结构参数应当是广义的,以基坑工程为例,既包括结构类型、材料强度和尺寸,也包括工程开挖程序、方法、施作时机、周边环境以及量测措施的布置等。工程类比法必须遵循以下基本步骤与一般原则。

1) 对工程规模、地质及水文地质进行分级

工程类比法设计的前提是要对工程规模、地质及水文地质进行正确的分级,然后在分级的基础上编制支护结构系统等基本模式。

2) 确定结构类型与设计参数

在上述分级的基础上,初步确定岩土体的情况,并依据地质分区给出的可供选择的结构类型及参数,选择符合拟建工程条件的合理结构类型与参数。

3) 拟定合理的施工方法

施工方法必须在充分调查地质条件、周边环境容许变形值的基础上,按其经济性和施工条件而选定。确定施工方法的一般原则是尽可能少地扰动地基土和周边环境。

4) 制订现场监测计划

根据工程类比法确定的支护参数还要经过现场监测与理论计算才能最终确定。因此,要根据地质条件制订一个详细、周密的监测计划,以便能有效控制地下结构构件的内力与变形,确定所建立的方式是否和地质类型相适应,以及还需要的加强措施。这样,依据现场监测数据指导设计和施工,经过不断修正和调整,可得到更为科学、更加经济的解决途径。

4. 现场调研法

新建地下工程建设周边环境复杂,建(构)筑物众多,评估环境安全风险的关键和前提是对周边建(构)筑物的现状进行针对性的调查、检测、分析及评估。目前这一阶段工作主要采用现场调查法。根据现场调查和评估的因素,现场调查法主要分为单因素评价法和综合评价法。

单因素评价法的特点在于抓住重点因素,并依据相关规范对重点因素进行定量及定性分析。其缺点在于:①确定重点因素较为困难;②容易漏项。

综合评价法是将众多单独的因素综合考虑,对建(构)筑物结构的整体进行定量及定性分析。其难点在于各因素影响因子较难确定。

1.4.3.3　风险评估的定量方法

安全风险评估的定量方法主要包括人工神经网络法、数值分析法、可靠性分析法、动态反分析法。下面结合这四类方法在轨道交通建设领域的应用,详细介绍其特点及应用范围。

1. 人工神经网络法

人工神经网络(Artificial Neural Networks, ANNs),简称为神经网络(Neural Networks, NNs),或称作连接模型,是对人脑或自然神经网络若干基本特性的抽象和模拟。目前,神经网络研究方法已形成多个流派,具有代表性的研究工作包括多层网络 BP 算法、霍普菲尔德

(Hopfield)网络模型、自适应共振理论、自组织特征映射理论等。

人工神经网络的以下优点使其近年来引起学者的极大关注:

(1) 可以充分逼近任意复杂的非线性关系;

(2) 所有定量或定性的信息都等势分布,储存于网络内的各神经元,故有很强的稳健性和容错性;

(3) 采用并行分布处理方法,使得快速进行大量运算成为可能;

(4) 可学习和自适应未知或不确定的系统;

(5) 能够同时处理定量、定性知识。

人工神经网络的特点和优越性,主要表现在以下三个方面:

第一,具有自学习功能。例如实现图像识别时,只要先把许多不同的图像样板和对应的应识别的结果输入人工神经网络,网络就会通过自学习功能,慢慢学会识别类似的图像。自学习功能对于预测具有特别重要的意义。预期未来的人工神经网络计算机将为人类提供经济预测、市场预测、效益预测,其应用前景广阔。

第二,具有联想存储功能。用人工神经网络的反馈网络可以实现这种联想。

第三,具有高速寻找优化解的能力。寻找一个复杂问题的优化解,往往需要很大的计算量,利用一个针对某问题而设计的反馈型人工神经网络,发挥计算机的高速运算能力,可以很快找到优化解。

由于人工神经网络具有上述特点和优点,其在轨道交通建设领域主要应用于施工建设过程中监测数据的分析和预测,即依据工程特点,将建设初期的实测数据输入人工神经网络,凭借其自学习功能和可以充分逼近任意复杂非线性关系的特性,实现对监测数据的分析及预测,从而更好地指导施工。

2. 数值分析法

连续介质力学方法尽管为分析复杂的地下工程受力体系提供了理论依据,但只能得到几何形状简单的地下结构解析解,如圆形、椭圆形、矩形等,要想得到任意形状地下结构的解析解则是非常困难的。但随着数值分析方法和计算机技术的发展,这种困难局面有了很大突破,目前,地下结构的数值模拟分析法已发展成为一个在理论界和工程界都非常常见的分析手段。

从各国的地下结构设计和评估实践来看,目前地下工程设计和评估的计算模型大致可归纳为三大类。

第一类是荷载-结构模型,它是一种基于结构力学的分析模型,岩土对结构产生荷载,承载主体是地下结构,同时岩土体对结构变形有约束作用。

第二类是围岩-结构模型,它是一种基于连续介质力学的分析模型,地下结构对围岩的变形起限制作用,承载主体是围岩。

第三类是收敛-约束模型,它是一种以连续介质力学、结构力学等理论为基础,结合实测和经验的分析模型。

目前，许多通用化、商用化大型软件被陆续开发，如国外的有 ANSYS 软件、FLAC3D 软件、SAP 2000 软件、ADINA 软件等，国内的有同济大学的启明星软件、理正软件公司的理正软件等。数值分析手段正逐渐被广大工程师所接受，在越来越多的工程实践中得到广泛应用，也为设计、施工和安全风险评估发挥了积极的理论指导作用。

3. 可靠性分析法

上述各项评估方法都属于确定性方法，但是由于地下工程所处环境复杂，因此，存在很多不确定性因素，如围岩介质物理力学参数可能由于测定方法导致误差，岩土介质力学模型的假定条件及参数选取也可能使模型与真实性状存在差异，开挖及支护施工方法与顺序也会带来很多不确定性因素，自然地质条件的不确定性也会使工程结构及周边环境在施工和使用过程中存在不同受力状态等。因此，产生了以概率与数理统计理论为基础的可靠性分析和评估理论。

蒙特卡罗法是目前在工程分析及评估领域应用较为广泛的一种可靠性分析和评估方法。其基本步骤是：

(1) 构造实际问题的概率模型；

(2) 根据概率模型的特点，设计和使用降低方差的各类方法；

(3) 给出概率模型中各种不同分布的随机变量；

(4) 统计结果，给出问题的解和精度估计。

由于地下工程结构所处的环境条件甚为复杂，存在大量的不确定性因素，目前仅求出结构中的可靠指标。地基土的物理力学指标的可靠性分析和评估方法还处于发展之中，地基土和地下结构的各项特性的统计特征仍远不能满足完善设计和安全风险评估的需要，随机理论如何用于地下工程空间特性分析尚需深入研究，整个地下结构断面的系统可靠性指标和地下工程各子项综合的系统可靠性指标的计算方法均有待进一步研究，但应用可靠性理论和推行概率极限状态设计及安全风险评估是当今国内外工程结构分析和风险评估发展的必然趋势。

4. 动态反分析法

动态反分析法是将实测数据与理论分析和模拟计算的结果相比较，不断反馈，不断修正的过程。一方面，根据实测结果的反馈，对模拟计算进行必要的修正，使模拟计算的结果更好地符合工程实际；另一方面，对修正后的各阶段变形预测结果进行科学的分析，确定下一工况的变形控制标准，并针对新的变形预测及控制标准提出相应的技术措施。

1.4.3.4 风险评估技术方法特点及对比分析

根据上述各类风险评估技术方法的特点进行归纳总结，并重点对比其优缺点，如表 1-5 所列。

表 1-5　　各类风险评估技术方法对比

分类	名称	优点	缺点
定性评估方法	专家评审法	直观判断	(1) 主观因素影响较大； (2) 不能考虑分项系数
	专家调查法	多轮调查表	(1) 受专业限制； (2) 容易漏项
半定性半定量评估方法	"事故树"和"事件树"法	(1) 系统分析； (2) 逻辑清晰	(1) 过程复杂； (2) 指定某一失效概率； (3) 容易漏项
	风险评估矩阵法	多因素综合分析和评估	(1) 主观因素影响较大； (2) 容易漏项； (3) 因素多时较为复杂
	工程类比法	多因素综合分析和评估	(1) 主观因素影响较大； (2) 容易漏项； (3) 因素影响因子较难确定
	单因素评价法	重点因素定量及定性分析	(1) 确定重点因素较为困难； (2) 容易漏项
	综合评价法	多因素综合评价	因素影响因子较难确定
定量评估方法	人工神经网络法	(1) 学习能力强； (2) 可以逼近任意复杂非线性关系	模型多样
	数值分析法	适应性强	计算人员水平对结果影响较大
	可靠性分析法	适应性强	(1) 过程复杂； (2) 主观因素影响较大
	动态反分析法	动态修正	(1) 过程复杂； (2) 影响因素多

1.5　城市地下空间开发建设风险管理路线

本书针对城市地下空间开发建设的特点，从地质环境、技术、管理和社会稳定四方面分别进行风险源识别和风险评估，并提出相应的风险控制措施。结合实际工程案例，介绍了融合信息化技术的风险控制措施，以及上海地区与保险相结合的工程质量风险管理(Technical Inspection Service，TIS)机构。探索了以城市安全为焦点的城市地下空间开发全过程风险防范机制。针对城市地下空间向深层开发和水平网络化拓展的趋势，展望了未来城市地下空间开发面临的新风险与新挑战。本书技术框架如图 1-10 所示。

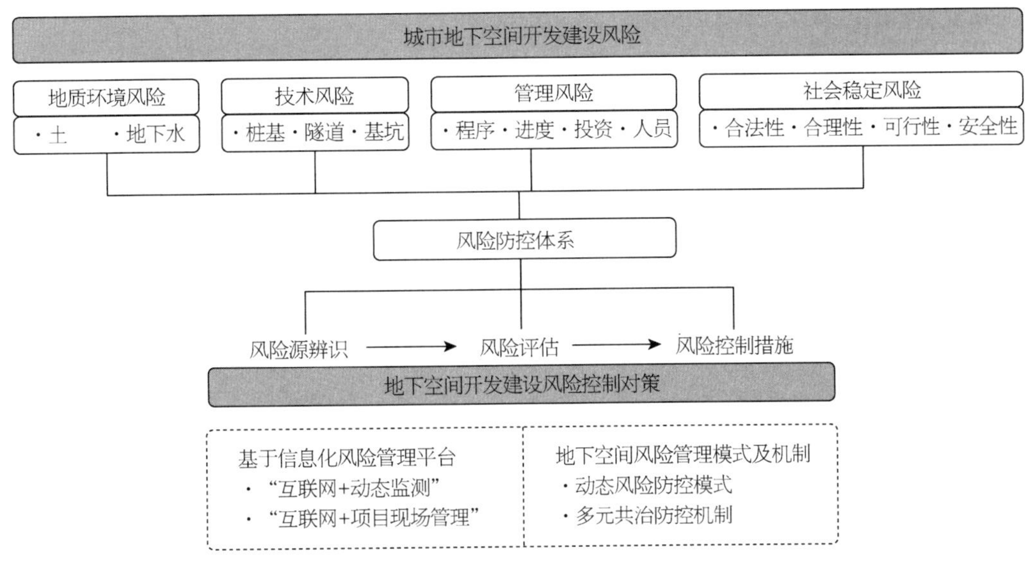

图 1-10 本书技术框架

1.6 小结

本章主要介绍了地下空间开发的现状以及地下空间开发的风险概念、风险评估方法等，提出了城市地下空间开发"两个平台 + 三个机制 + 五个转变"的风险管理理念，论述了地下空间开发的风险管理体系。

后续章节将结合案例详细介绍城市地下空间开发建设过程中对地质环境风险、技术风险、管理风险和社会稳定风险的识别、评价与防控。

2　城市地下空间地质环境风险

2.1　引言

城市地下空间开发主要涉及地下工程，与地质环境密切相关。地质环境是自然环境的一种，指由岩石圈、水圈和大气圈组成的环境系统。在长期的地质历史演化过程中，岩石圈和水圈之间、岩石圈和大气圈之间、大气圈和水圈之间进行物质迁移和能量转换，组成了一个相对平衡的开放系统。本书所涉及的地质环境仅为与城市地下空间开发相关的地质环境，即与人类建设工程活动相关的工程地质和水文地质条件。

我国幅员辽阔，地质环境复杂，地形地貌多变，地质条件与地貌特征密切相关，而地貌特征是地质构造、剥蚀、风化与沉积等地质作用在地表的综合反映，表 2-1 为根据地质成因划分的地貌单元。

表 2-1　地貌单元分类

地质成因	地貌单元
构造、剥蚀	山地、丘陵、剥蚀残丘、剥蚀准平原
山麓斜坡堆积	河谷、河间地带
河流堆积	冲积平原、河口三角洲
大陆停滞水堆积	湖泊平原、沼泽地
大陆构造-侵蚀	构造平原、黄土塬、黄土梁、黄土峁
海成	海岸、海岸接地、海岸平原
岩溶(喀斯特)	岩溶盆地、峰林地形、石芽残丘、溶蚀准平原
冰川	冰斗、幽谷、冰蚀凹地、冰水阶地等
风成	沙漠、风蚀盆地、残丘

城市一般选择建立在地形平坦开阔、气候适宜居住、交通便利、水源充足的地方。长江流域、黄河流域是中华文明的摇篮和发源地。我国的大中型城市大部分位于冲积平原、河口三角洲平原地带，如北京的平原区主要由永定河、潮白河、温榆河等五大水系冲积、洪积作用形成；天津的平原区主要为冲积平原和海积冲积平原，系由海侵和河流冲积而成；上海、南京、杭州等位于长江三角洲平原；广州、深圳、珠海等则位于珠江三角洲平原；大连、连云港、青岛、厦门等处于

海岸和海岸平原上。在各类地貌单元地势广平、水资源丰富、交通便利的地方均有城市分布，如贵阳、桂林等西南地区处于岩溶地貌区，太原、兰州等西部城市位于黄土高原。

我国各地的地质环境差异很大，即使同为长江三角洲、珠江三角洲的城市群，地质条件也存在较大差异，考虑到我国大型城市主要位于东部沿海，其重要的特点是浅部软土发育，而地下空间开发在软土地区的地质风险一般较高，故本章以软土地区的城市代表——特大型城市上海作为案例，分析在城市地下空间开发建设中地质风险的识别、评估以及风险控制的工作。

2.2 上海地质环境

2.2.1 工程地质条件

上海地处长江三角洲平原前缘，可细分为湖沼平原、滨海平原、河口沙嘴沙岛、潮坪以及剥蚀残丘五大地貌类型。除剥蚀残丘外，其余四大地貌类型区深部地层的分布特征基本类似，主要差异在于浅部地层的分布。上海地区第四系厚度一般为 200～350 m(市区西南局部区域厚度小于 100 m，崇明凹陷区厚度大于 400 m)，人类工程活动主要集中在 100 m 以内的浅地层内。

上海的城市区域通常所指的是外环线以内，故本章对上海地区地质环境的分析重点阐述上海外环线以内的地质条件。

1. 地层层序组合

上海城区均位于滨海平原区，地表下 100 m 深度范围内土层主要分为 9 大工程地质层，地质时代为晚更新世—全新世。

全新世土层(Q_4)共分为五个大层，土层序号为①—⑤层，一般厚度为 20～30 m，在古河道切割区，土层厚度深达 60 m。

晚更新世土层(Q_3)共分为四大层，土层序号为⑥—⑨层(注：局部区域 100 m 深度范围涉及第⑩层，属 Q_2 地层)。

上海地区地表下 100 m 深度范围内涉及地层的沉积年代、地层层序、土层名称及分布状况见表 2-2。

表 2-2　上海地区 100 m 深度范围内地层层序

年代	工程地质层组		地层序号	土层名称	分布状况
Q_h^3	填土层	①	①$_1$	人工填土	遍布
			①$_2$	浜填土、浜底淤泥	仅分布于明浜、暗浜(塘)区
			①$_3$	灰黄～灰色粉土	仅分布于黄浦江沿岸，俗称“江滩土”
	硬壳层	②	②$_1$，②$_2$	褐黄～灰黄色粉质黏土	广泛分布，江滩土分布区、明(暗)浜及厚层填土区缺失
	第一粉土、砂土层		②$_3$	灰色粉土、粉砂	分布于吴淞江古河道及其他零星地区

(续表)

年代	工程地质层组		地层序号	土层名称	分布状况
Q_h^2	第一软土层	③	③	灰色淤泥质粉质黏土	广泛分布,仅在吴淞江古河道及黄浦江江滩土分布区缺失。局部夹粉土、粉砂多,可分出③$_2$层或③$_{夹}$层
		④	④	灰色淤泥质黏土	遍布,局部缺失。局部底部分布粉土、粉砂层,可分出④$_2$层
Q_h^1	第二软土层	⑤	⑤$_1$	灰色黏土	遍布,局部缺失
	第二粉土、砂土层		⑤$_2$	灰色粉土、粉砂、粉砂与粉质黏土互层	主要分布于古河道地区
	第二软土层		⑤$_3$	灰色粉质黏土	古河道区分布
			⑤$_4$	灰绿色粉质黏土	主要分布于古河道底部,呈局部零星分布
Q_{p3}^2	第一硬土层	⑥	⑥	暗绿～草黄色粉质黏土	分布较广,古河道区缺失
	第三粉土、砂土层	⑦	⑦$_1$	草黄～灰色粉土、粉砂	分布较广,古河道区缺失或较薄
			⑦$_2$	灰色粉细砂	遍布,仅局部缺失
	第三软土层	⑧	⑧$_1$	灰色黏土	分布较广,市区南部呈条带状缺失
			⑧$_2$	灰色粉质黏土、粉砂互层	
Q_{p3}^1	第四砂土层	⑨	⑨$_1$	青灰色粉细砂夹黏土	分布较稳定
			⑨$_2$	青灰色粉、细砂夹中、粗砂	

2. 各土层的分布特征

第①$_1$层填土:杂色,一般上部含较多碎砖石等建筑垃圾,下部以黏土为主,含少量杂质;土质松散、杂乱。该层在表部遍布,市中心区、大型工厂和原有建筑区填土厚度大,一般厚2～4 m;周边地区填土厚度较小,一般厚度在1.0 m左右。

填土层土质不均,状态差,对城市地下空间开发中地下工程施工有一定影响。

第①$_2$层浜填土、浜底淤泥:灰色或灰黑色,夹较多黑色有机质,具臭味;土质呈软塑～流塑状,高压缩性;层底深度一般为3.0～5.0 m,厚度一般为2～3 m;分布于明浜、暗浜(塘)区。

第①$_3$层灰黄～灰色粉土(俗称"江滩土"):含螺壳、碎贝壳屑、棕丝等杂质,以黏质粉土为主,局部夹较多淤泥质土,局部砂质较纯,呈砂质粉土状;土质松散～稍密,高～中压缩性。第①$_3$层为新近沉积土,分布于黄浦江两岸,符合一定的河床沉积规律,其中凸岸处呈堆积地形,凹岸处呈冲刷地形,一般浦西堆积宽度大于浦东,浦西最大堆积宽度为150～250 m。该层厚度变化大,上游和下游厚度一般为4～6 m,中部厚度较大,中华路—半淞园路地区以及浦东陆家嘴地区沉积厚度最大,厚10～15 m。

该层在动水压力条件下,易发生流砂;在抗震设防烈度为7度时可能发生液化。

第②$_1$,②$_2$层褐黄～灰黄色粉质黏土:含铁锰质结核及灰色条纹,一般自上而下土质渐软。第②$_1$,②$_2$层俗称"硬壳层",直接位于人类活动频繁的填土层之下,其特点是分布广泛,但其埋深、厚度与人类活动有关。城区周边受人类工程建设影响小,第②$_1$层埋深在 1.0 m 左右,第②$_1$和②$_2$层合计厚度在 2～3 m 之间;市中心受工程建设影响,填土厚度大,上部的第②$_1$层往往缺失,第②$_1$或②$_2$层埋深一般在 1.5～2.5 m 之间,第②$_1$和②$_2$层合计厚度在 1～2 m 之间。

该层分布广泛,但在黄浦江沿岸江滩土分布区、明(暗)浜区以及填土厚度大的区域缺失。

第②$_3$层灰色粉土、粉砂:含云母、贝壳屑等,夹薄层黏土,局部夹黏土多些,以黏质粉土或砂质粉土为主,局部砂性较重,以粉砂为主;该层状态松散～稍密,中压缩性。第②$_3$层主要分布于吴淞江古河道,呈条带状延伸至苏州河以北地区,由西向东经长宁、普陀、黄浦、虹口以及杨浦五角场地区,至浦东高桥一带,直入长江,另外在彭浦、江湾、北蔡一带有零星分布。吴淞江古河道区第②$_3$层具有河流沉积特点,两侧厚度相对较薄,中部厚度大,最大厚度一般为 10～15 m,在共青森林公园附近最大厚度达 20 m;其他零星分布区,厚度薄,为 1～3 m。

该层状态一般优于①$_3$层,在动水压力条件下,易发生流砂现象;在抗震设防烈度为 7 度时也可能发生液化。

第③层灰色淤泥质粉质黏土:含云母及少量有机质,夹薄层粉砂,局部地段夹砂较多,存在③$_{夹}$层或③$_2$层粉土层;该层土质不均匀,呈流塑状,高压缩性。第③层分布较广,仅在吴淞江古河道及黄浦江江滩土分布区缺失。该层层顶埋深一般为 3～5 m,在第②$_3$层零星分布区及缺失区边缘埋藏较深。

该层土质软弱,具高压缩性、高灵敏度、低强度特性,对地下空间开发具有不利影响;因局部夹粉土或粉砂,在动水压力作用下易发生流砂。

第④层灰色淤泥质黏土:含云母,夹少量极薄层粉砂,底部一般含较多贝壳碎屑;土质均匀,呈流塑状,高压缩性。第④层分布较广,仅在黄浦江江滩土及吴淞江古河道粉土及砂土层厚度大的区域局部缺失。该层分布较为稳定,一般层顶埋深为 8～10 m,浦东高桥地区层顶埋深为 10～15 m;吴淞江古河道及黄浦江江滩土分布区,上部受切割,层面起伏大。

该层与第③层构成上海地区第一软土层,但比第③层更软弱,且厚度大,其高压缩性、流变特性、触变性对地下空间开发具有不利影响。

第⑤$_1$层灰色黏土:含云母、泥钙质结核及半腐植物根茎;呈软塑状,高压缩性。第⑤$_1$层遍布,仅在上海北部地区厚度较薄或缺失。该层层顶埋深为 15～21 m,具有由西南向东北方向层顶埋深逐渐加大的趋势;共青森林公园以及浦东高桥一带,受吴淞江古河道影响,上部受切割,层顶埋深为 20～25 m。

该层属第二软土层,状态较第③,④层淤泥质黏土略好。

第⑤$_2$层灰色粉土、粉砂、粉砂与粉质黏土互层:含云母,土质不均。砂性较重时,为粉砂、砂质粉土夹薄层粉质黏土;夹黏土较多时,以粉砂与粉质黏土互层或黏质粉土状出现。土质稍密～中密(黏土为可塑状),中压缩性。第⑤$_2$层主要分布于古河道区或古河道与正常区的交界地带,该层在市区南部分布范围较大,且有一定连续性,层顶埋深一般为 18～25 m,而在闵行梅陇地区层顶埋深较浅,为 14～18 m;在市中心及北部地区呈零星状分布,层顶埋深一般为

20～25 m。第⑤$_2$层厚薄不一，一般为 4～10 m，局部区域厚度可达 20 m。

该层属微承压含水层，基坑开挖深度大或隧道掘进涉及该层时有可能引发涌水。

第⑤$_3$层灰色粉质黏土：含云母、夹薄层粉砂；土质均匀性差，呈软塑～可塑状，高～中压缩性。第⑤$_3$层分布于古河道区，受第⑤$_2$层影响，层位起伏大，厚度变化大。

该层在空间分布上具有不均匀性，局部分布有粉土、粉砂夹层或透镜体，易造成不均匀沉降。

第⑤$_4$层灰绿色粉质黏土：为次生硬土层，含少量氧化铁斑点及有机质条纹；土质呈可塑～硬塑状，中压缩性。第⑤$_4$层主要分布于古河道的底部，呈局部零星分布，厚度一般为 1～3 m。

第⑥层暗绿～草黄色粉质黏土：含氧化铁斑点及少量有机质斑点，呈可塑～硬塑状，中压缩性。该层为上海地区晚更新世的标志层，第⑥层分布区一般称为“正常区”，缺失区一般称为“古河道区”。根据上海地区已有的研究成果，上海市区南部自西向东有古河道穿过，宽度为6～8 km，并在瑞金路及河南路一带有支流向北延伸；另外还有许多零星区域缺失第⑥层。第⑥层层顶埋深一般为 24～30 m，在上海市区西北部埋深较浅，层顶埋深为 15～20 m。

第⑦$_1$层草黄～灰色粉土、粉砂：一般为草黄色砂质粉土，含氧化铁斑点，夹少量薄层黏土，局部地区夹黏土较多，呈黏质粉土状，状态中密，中压缩性。

第⑦$_2$层灰色粉细砂：含云母、石英、长石等，土质均匀，状态密实，中～低压缩性。

第⑦层在上海市区广泛分布，但在市区北部一般无第⑦$_2$层粉砂层分布，且有较多零星散布的缺失区。第⑦层在正常区分布较稳定，层顶埋深一般为 30～35 m，市区西北部层顶埋深为 18～25 m；古河道区第⑦层层顶起伏大，一般层顶埋深为 35～45 m，南部为 45～55 m。

该层为第Ⅰ承压含水层，基坑开挖深度大或隧道掘进涉及第⑦层时，可能引发水土突涌。

第⑧$_1$层灰色黏土：含云母及少量有机质，夹少量薄层粉砂，软塑状，高～中压缩性。

第⑧$_2$层灰色粉质黏土夹砂(或与粉砂互层)：含云母，具有交错层理，夹砂互层呈“千层饼”状，土质不均，呈软塑～可塑状(中密)。

第⑧层广泛分布，但在市区南部呈条带状缺失，缺失带自西南角的莘庄地区，经植物园、南浦大桥、世纪公园，直至金桥出口加工区，缺失带宽度为 6～8 km。缺失带以北地区，第⑧层层顶埋深自北向南逐渐加深，层顶埋深为 24～50 m，缺失带附近层顶埋深大，层顶埋深为 50～70 m；在缺失带以南区域，层顶埋深为 45～75 m。

该层属第三软土层，但沉积年代属 Q_3 地层，超固结比为 1.2～1.3，状态较第一软土层及第二软土层明显好。

第⑨$_1$层青灰色粉细砂夹黏土：含云母，夹薄层黏土，砂粒自上而下变粗，状态密实。

第⑨$_2$层青灰色粉、细砂夹中、粗砂或砾石，状态密实。

第⑨层分布稳定，层顶埋深一般在 65～80 m，厚度大。

该层属第Ⅱ承压含水层，局部与第Ⅰ承压含水层连通，当地下空间开发深度很大时，应考虑该层的不利影响。

上海中心城区地层分布宏观特征详见典型工程地质剖面图(图 2-1 和图 2-2)。

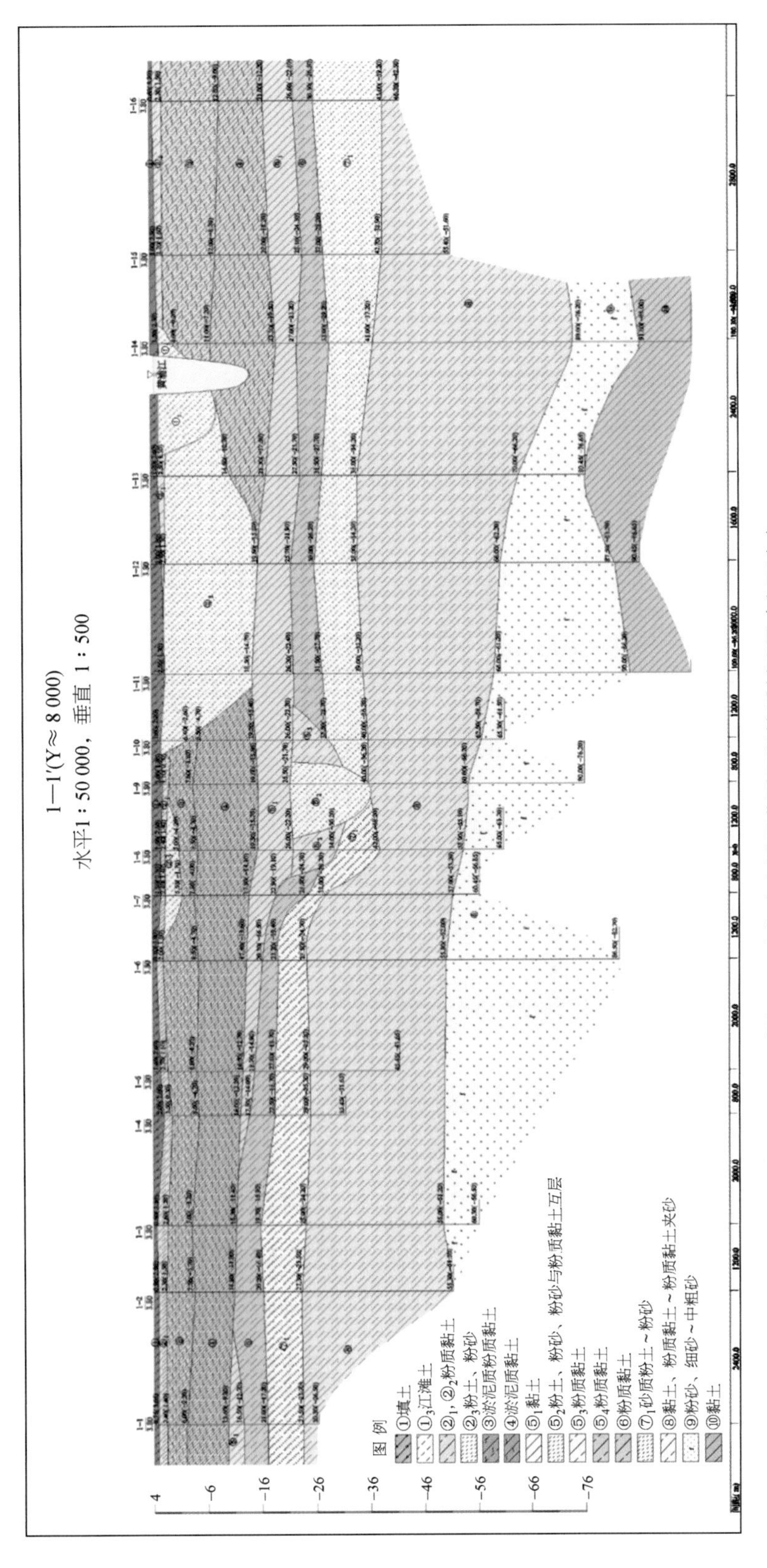

图 2-1　上海中心城区典型工程地质剖面图（东西向）

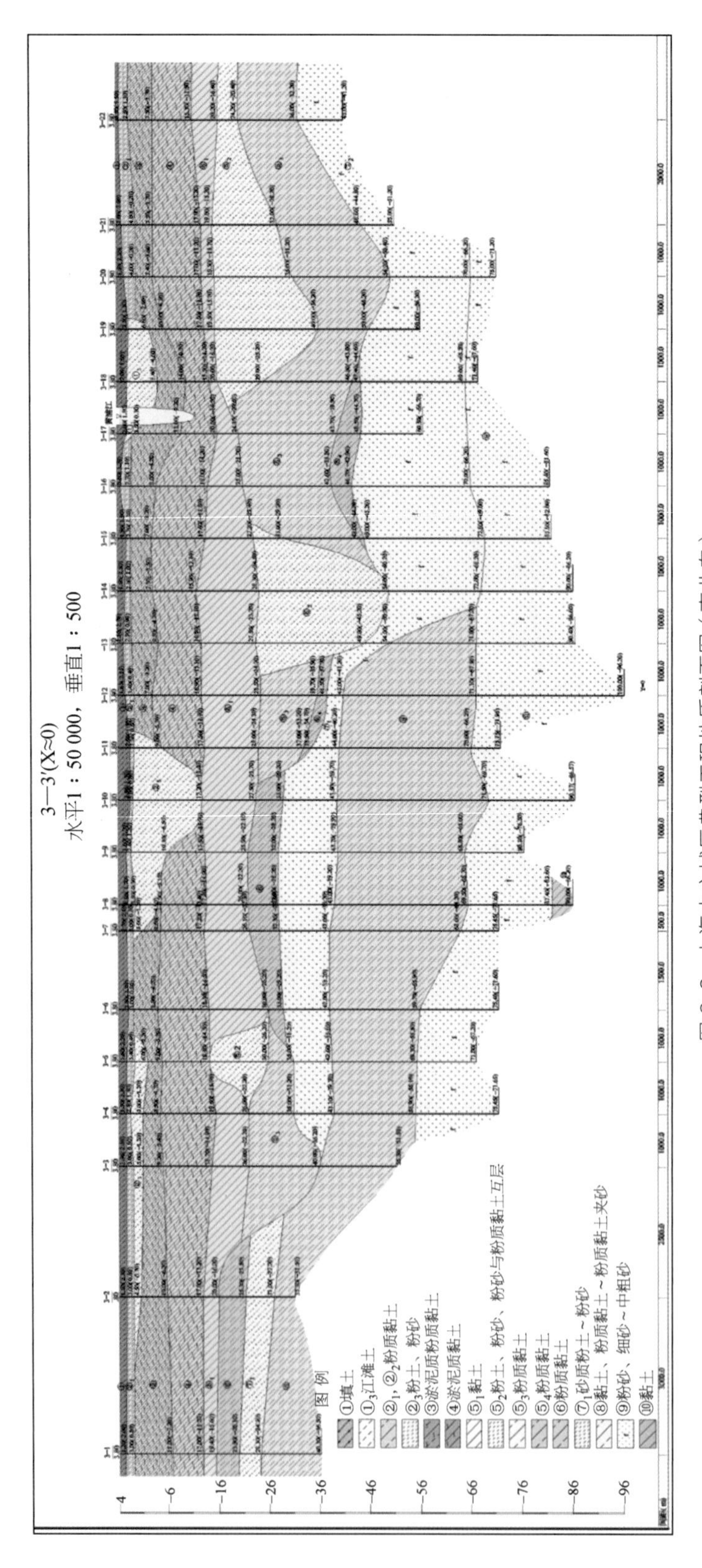

图 2-2　上海中心城区典型工程地质剖面图（南北向）

2.2.2 水文地质条件

上海地区的地下水分为潜水和承压水，承压水又根据形成年代和分布特征分为5个承压含水层，古河道中全新统(Q_4)地层中分布的第⑤$_2$层粉土、粉砂土层具有承压性，称为“微承压水”。目前与地下空间开发建设密切相关的含水层主要为潜水含水层和承压含水层(包括第⑤$_2$层微承压含水层、第⑦层第Ⅰ承压含水层和第⑨层第Ⅱ承压含水层)。

沿海软土地区地下水位埋深一般较浅，以上海为例，常年地下水位一般离地表面0.3～1.5 m，年平均水位埋深在地面下0.5～0.7 m，而且水位变化幅度小，一般在1 m以内。

1. 潜水含水层

潜水含水层为全新世中晚期(Q_4^{2-3})滨海相沉积，含水层岩性结构类型较为复杂，一般可概括成两种结构类型：一种以单一黏土为介质，基本无成层的粉土、砂土层分布；另一种上部是黏土，下部为粉土、砂土介质，且有一定厚度。

两种结构类型的分布区较为明显，由成层粉土、粉砂组成的潜水含水层，从浦东新区高桥地区—杨浦区—闸北区—普陀区以北东—南西向横穿中心城区中部，呈带状分布(“吴淞江”古河道)及零星透镜体分布，含水层厚度为3～20 m不等，“吴淞江”古河道中心线附近的厚度最大，向两侧逐渐变小，零星分布地区粉土、砂土层厚度一般在1～3 m。其余地区以黏土或淤泥质黏土为介质的潜水含水层，分布面积相对较大。

潜水含水层渗透性能总体较差，但粉土、砂土层分布地区的渗透性较黏土分布地区稍好。潜水含水层富水性较差，口径为500 mm、降深为2 m的单井出水量在1～10 m^3/d，粉土、砂土层发育地带富水性相对较好，相同条件下的单井出水量大于10 m^3/d。

2. 微承压含水层

微承压含水层(第⑤$_2$层)土性为粉土或粉砂，夹黏土程度不一，土质不均，渗透系数变化大。该含水层的水头埋深3～11 m，呈周期性变化。该含水层呈不连续分布，局部与第Ⅰ承压含水层连通。当微承压含水层夹黏土少且厚度大，或与第Ⅰ承压含水层连通时，水量丰富。需要特别指出的是，“微承压含水层”不是水文地质专业术语，考虑上海市五个承压含水层划分体系已形成，且第⑤$_2$层中地下水具有承压性、分布呈不连续状、富水性较承压含水层相对差等因素，1999年《上海市地基基础设计规范》修订时，定义该层为“微承压含水层”。

因第⑤$_2$层一般埋深较浅，水头压力高，水量也较丰富，上海地区承压水引发事故大多是由于不重视第⑤$_2$层中承压水引起的，因此应对微承压含水层(第⑤$_2$层)引起足够的重视。

3. 第Ⅰ承压含水层

第Ⅰ承压含水层(第⑦层)土性为粉土或砂土，上部⑦$_1$层颗粒较细，中下部⑦$_2$层颗粒略粗，局部区域与微承压含水层或第Ⅱ承压含水层连通。部分地区第⑦层的表部夹较多黏土，渗透性相对差。受工程建设及其他因素的影响，水位在不同时期、不同区域有一定变化。从2014年第Ⅰ承压含水层地下水位等值线(图2-3)分析，上海市中部即大致位于轨道交通2号线以南的市区、浦东大道至金桥公园一线以南的浦东新区部分区域承压水水头埋深一般较深，为吴淞高程 －4～－2 m(埋深 6～9 m)；相应该线以北，承压水水头埋深一般较浅，为吴淞高程－2～0 m(埋深 3～6 m)。

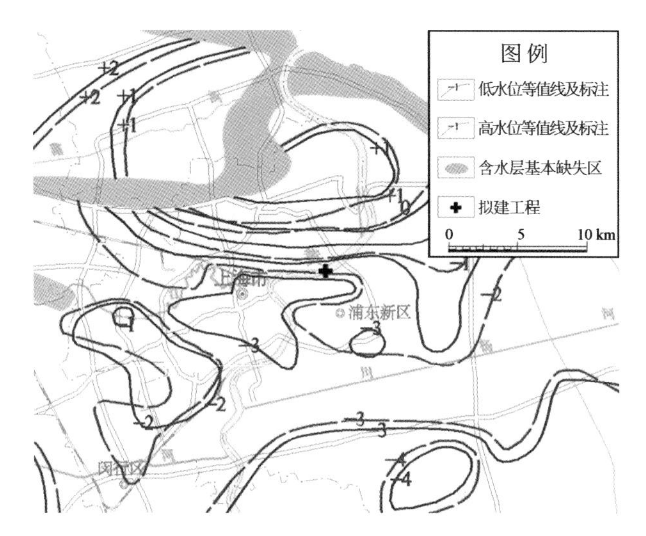

图 2-3　第Ⅰ承压含水层地下水位标高分布图（2014 年）

4. 第Ⅱ承压含水层

第Ⅱ承压含水层(第⑨层)土性为粉细砂、中粗砂，受工程建设、回灌量的差异以及部分区域与第Ⅰ承压含水层连通的影响，不同区域水位变化较大。从 2014 年第Ⅱ承压含水层地下水位等值线(图 2-4)分析，第Ⅱ承压水水位埋深在市区为吴淞高程－5～1 m(埋深 3～10 m)，水位东北高、西南低。

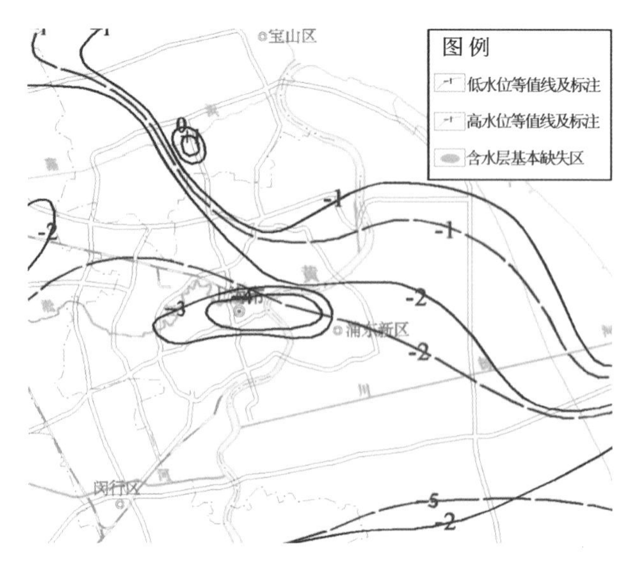

图 2-4　第Ⅱ承压含水层地下水位标高分布图（2014 年）

2.2.3 地质结构类型的划分

不同地层结构类型其地下空间开发涉及的岩土工程问题不同,相应的地质风险、开发成本、治理对策(工程技术措施)等亦有很大不同,因此进行地质结构分区研究是城市地下空间开发建设风险防控研究的一项重要基础性工作。目前,城市地下空间开发深度大多在 30 m 以内,未来若干年亦主要集中在 40 m 以内。因此地质结构分区主要根据地表下 50 m 深度范围内土层组合进行。

2.2.3.1 地质结构分区的原则

1. 分区依据的第一要素:地表下 20 m 以浅的全新世地层

浅部地层的土性差异对地下空间开发影响最大,如浅部分布的第①$_3$,②$_3$层松散～稍密粉土及砂土层区域与第③,④层淤泥质土厚度大的区域,地下空间开发时涉及的地质风险具有明显差别。此外,即使同为软黏土区,软土性质差异(如抗剪强度、压缩性、灵敏度)对地下空间开发建设产生的影响也有一定差异。因此,地质结构分区时考虑的第一要素是地表下 20 m 以浅的全新世地层。

根据对上海中心城区地层组合及土层特性的研究,可将研究区分为三个区:首先将分布有浅部粉土及砂土的区域作为Ⅰ区,然后根据软土区土性差异进一步划分为Ⅱ区、Ⅲ区,其中Ⅲ区为土性相对差的区域。

Ⅰ区:浅部分布厚层粉土、砂土,位于吴淞江古河道、黄浦江江滩土分布区。

Ⅱ区:浅部无厚层粉土层分布,且除Ⅲ区以外区域。

Ⅲ区:浅部土质相对差的区域,如漕河泾、金桥等地区。

2. 分区依据的第二要素:中部地层分布特征——是否受古河道切割,是否存在承压水

随着城市地下空间的不断开发,越来越多的地下空间开发深度超过 20 m,轨道交通、超高层建筑下的地下空间深度在地下 20～30 m,甚至超过 30 m,因此中深部地层分布对地下空间开发的影响也越来越密切,例如,是正常区还是古河道区、是否分布第⑤$_2$层粉土、粉砂(微承压含水层)等,对基坑围护设计(包括降水设计)、隧道设计、施工对策及环境影响均不同。因此,地质结构分区考虑的第二要素是中部地层的分布特征,即是否受古河道切割,是否存在承压水等。

根据对上海中心城区地层分布特点的研究,按中深部地层的分布情况在上述三个分区基础上进一步划分多个亚区。

A 亚区:第⑥,⑦层正常分布区,其中上海市区西北部第⑥,⑦层埋深浅的区域定为 A′区。

B 亚区:为古河道区,缺失第⑥,⑦$_1$层。

A 亚区和 B 亚区中出现第⑤$_2$层粉土、粉砂时,分别划分出 AE 亚区和 BE 亚区。

2.2.3.2 中心城区地质结构分区

综合考虑浅部土层、中部地层对地下空间开发的影响,把整个中心城区按上述原则分成三个区(Ⅰ,Ⅱ,Ⅲ),每个区再分为若干个亚区,各分区的地层组合见表 2-3。

表 2-3　　上海中心城区各地质结构区的地层组合

地质分区		地层组合(40 m 深度范围)	备注
Ⅰ	ⅠA	①,②$_1$,②$_3$,④,⑤$_1$,⑥,⑦	
	ⅠB	①,②$_1$,②$_3$,④,⑤$_1$,⑤$_3$	
	ⅠBE	①,②$_1$,②$_3$,④,⑤$_2$,⑤$_3$	
Ⅱ	ⅡA′	①,②$_1$,③,④,⑥,⑦,⑧	晚更新统地层埋深较浅
	ⅡA	①,②$_1$,③,④,⑤$_1$,⑥,⑦	
	ⅡAE	①,②$_1$,③,④,⑤$_1$,⑤$_2$,⑤$_3$,⑥,⑦	
	ⅡB	①,②$_1$,③,④,⑤$_1$,⑤$_3$	
	ⅡBE	①,②$_1$,③,④,⑤$_1$,⑤$_2$,⑤$_3$	
Ⅲ	ⅢA′	①,②$_1$,③,④,⑥,⑦,⑧	晚更新统地层埋深较浅
	ⅢA	①,②$_1$,③,④,⑤$_1$,⑥,⑦	
	ⅢAE	①,②$_1$,③,④,⑤$_2$,⑤$_3$,⑥,⑦	
	ⅢB	①,②$_1$,③,④,⑤$_1$,⑤$_3$	
	ⅢBE	①,②$_1$,③,④,⑤$_2$,⑤$_3$	

注：A′ 亚区是指晚更新统地层埋深较浅的区域。

上海中心城区地质结构分区详见图 2-5。

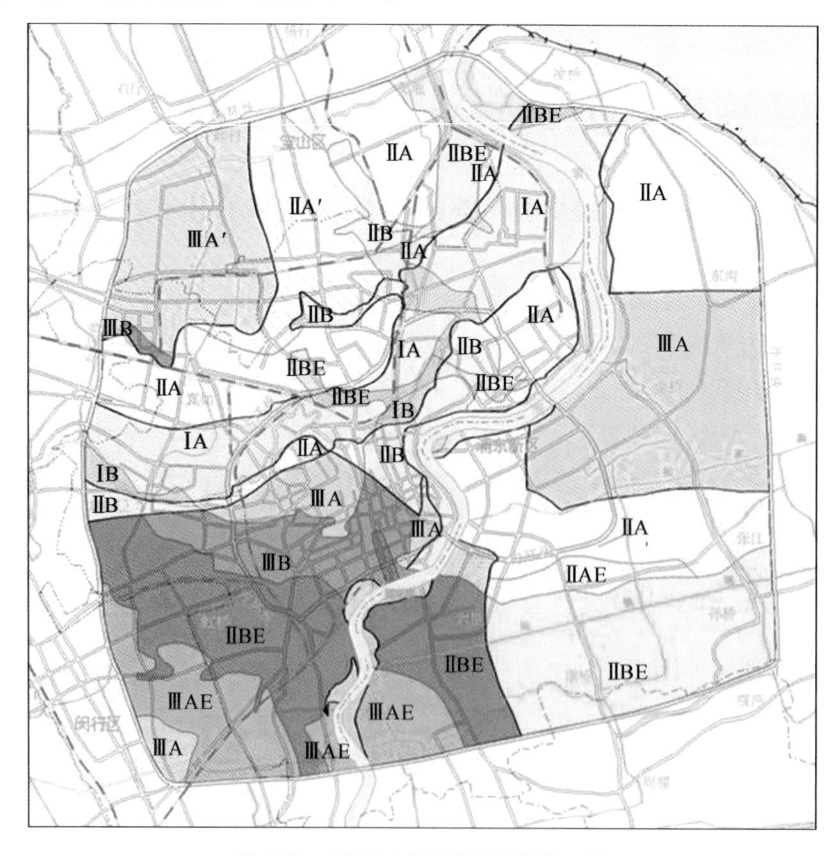

图 2-5　上海中心城区地质结构分区图

2.3 上海地下空间开发地质风险识别

地下空间开发主要是地下工程的建设,自然离不开周围的土和水。地下工程建设中遭遇的许多风险事故往往是由于未能认识到地质环境(土与地下水)中的风险源引起的。因此,在工程建设前需查清工程地质和水文地质条件,事先识别与土和地下水相关的地质风险源,考虑可能发生的地质风险事件,提前采取工程措施或做好施工预案。

2.3.1 土的风险源识别

根据上海地区地下工程建设的经验,当涉及填土、软土以及粉土、砂土时,发生地质风险事件的概率较高。因此,将地下空间开发中填土、软土以及粉土、砂土等作为主要的地质风险源。

2.3.1.1 填土

1. 填土的分类

填土根据堆填方式、组成物质特征等因素,分为杂填土、素填土、冲填土、浜填土等。

(1) 杂填土:由建筑垃圾、工业废料、生活垃圾等杂物组成的填土。

(2) 素填土:由黏土、粉土、砂土等组成的填土。

(3) 冲填土:由水力冲填泥沙形成的填土,俗称"吹填土"。

(4) 浜填土:在原浜、塘范围内,由人工填埋形成的填土,俗称"浜填土",对浜底含大量黑色有机质、流塑状的土,可定名为"浜底淤泥"。

2. 不同填土的工程特性

(1) 杂填土:由于填料杂乱,土质不均,工程性质差,对地下工程的设计和施工都会带来不良的影响。

(2) 素填土:土质相对较为均匀,素填土的密实度与堆填的时间、材料、堆填时是否压实有关。素填土完成自重固结的时间一般为5～10年,当以黏土为主时,完成自重固结时间相对较长,当以粉土为主时,完成自重固结时间相对较短。素填土土性较为均匀时,对地下空间开发影响相对小。

(3) 冲填土:由人力冲填泥沙形成,其特性与冲填料相关,同时与冲填形成时间密切相关。如上海临港地区在冲填形成的前3～5年时间内,冲填土基本可以分为三大类,各类冲填土填料成分、静探 P_s 值以及静探曲线详见表2-4。

冲填土土质松散,土质不均,承载力低且差异大,如临港地区,形成10多年的吹填土土质仍然较为松散,静探 P_s 值在1～2 MPa之间,地基承载力仅为40～60 kPa,不能满足大型施工设备的接地要求,需进行一定的地基处理。冲填土一般以粉土为主,还有可能发生流砂,对地下空间开发较为不利。

表 2-4　　冲填土土性和典型静探曲线

分类	土性	静探 P_s 值	典型静探曲线
Ⅰ类	砂质粉土	约为 1.5 MPa	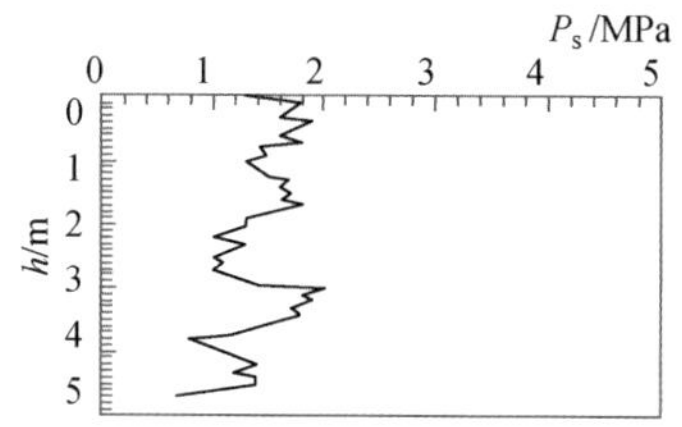
Ⅱ类	黏土	0.3～0.6 MPa	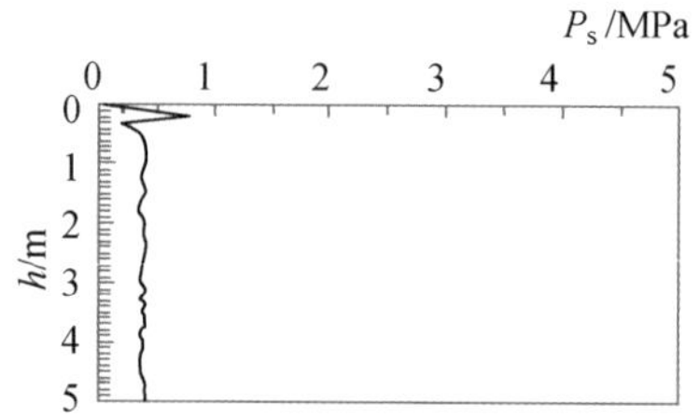
Ⅲ类	砂质粉土 夹黏土	上部为 1.0～2.0 MPa, 下部为0.4～0.7 MPa	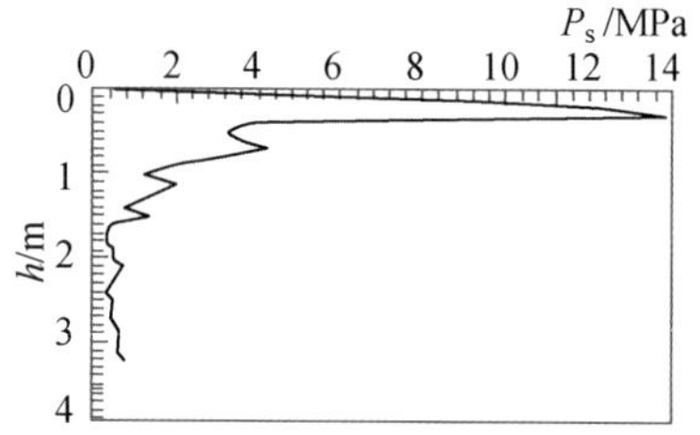

(4) 浜填土:夹较多黑色有机质,具臭味;呈软塑～流塑状,高压缩性,土质极其软弱,工程特性较差。即使填埋几十年的浜填土,如果回填时未作清淤处理,由于浜底有有机质、垃圾、淤泥等,其工程性质仍然很差,具有土质不均匀、地基承载力差、抗剪强度低等特点。对地下工程而言,暗浜区往往是风险高发的区域。如基坑工程暗浜区坑外地基变形一般较其余区域大,对周边环境影响大;隧道施工时暗浜区的地表沉降较大,易发生地基不均匀沉降、房屋开裂等问题。

根据工程经验,杂填土、冲填土和浜填土是地下空间开发的地质风险源。对基坑工程,容易导致成槽、成墙质量差,围护结构的止水效果达不到要求,易引发围护体侧向变形大和坑外地基变形大等风险事件,对周边环境影响大。对隧道工程,厚层杂填土和暗浜区盾构施工对地表沉降较其他区域大。冲填土主要以松散的粉土为主,基坑开挖时,在动水力条件下易产生流砂风险事件。

2.3.1.2　软土

1. 软土层分布特征

上海中心城区与地下空间开发最为密切的软土层有三个。

第一软土层：第③，④层，均为淤泥质土层，为上海地区最典型的软土层，大部分区域第一软土层遍布，厚度一般为10～20 m，仅吴淞江古河道和黄浦江沿岸江滩土分布区厚度较薄或缺失。

第二软土层：第⑤层中黏土，正常区一般仅分布第$⑤_1$层，厚度为5～10 m，而古河道区还涉及第$⑤_3$层，第二软土层厚度最大处可达30 m。

第三软土层：第⑧层黏土，除市区南部的缺失带外广泛分布，层顶埋深为30～60 m，自北向南埋深逐渐增大，第三软土层厚度自北向南逐渐减少。

2. 软土层工程特性

上海地下空间开发建设涉及的三个软土层，沉积环境较为类似，但沉积年代不同，第一软土层沉积年代为距今4 000～6 000年，第二软土层沉积年代为距今7 000～12 000年，第三软土层属晚更新世土层。三大软土层特性比较见表2-5。

表2-5　　软土层特性比较

软土层组	软土层的物理力学性质比较	综合评价
第一软土层	含水量一般为40%～60%，第③层孔隙比大于1.0，第④层孔隙比大于1.3，压缩系数为0.67～1.15 MPa^{-1}，压缩模量为2.45～3.50 MPa，固结快剪内聚力为11～14 kPa，内摩擦角为10.0°～19.0°，静探P_s值一般为0.4～0.6 MPa，超固结比接近于1.0，灵敏度一般为3～4	该软土层具有高含水量、低强度、高压缩性、高灵敏度等特性，且具有触变性和流变性等特点。上海地区软土不良作用主要发生在该软土层中，对地下空间开发的不利影响最大
第二软土层	第$⑤_1$层含水量一般为35%～45%，孔隙比约为1.0，压缩系数为0.50 MPa^{-1}，压缩模量为4.0 MPa，固结快剪内聚力为16 kPa，内摩擦角为18.0°，静探P_s值为1.1 MPa，超固结比一般约为1.10，灵敏度一般为2～3。第$⑤_3$层含水量一般为34.0%，孔隙比为0.95，压缩系数为0.39 MPa^{-1}，压缩模量为5.2 MPa，固结快剪内聚力为19.0 kPa，内摩擦角为20°，静探P_s值为1.2～2.5 MPa，超固结比一般为1.1～1.2，灵敏度约为2	第$⑤_1$层状态虽较第一软土层稍好，但仍属于高压缩性、低强度土层，具有一定触变性、流变性，同样需重视软土对地下空间开发的不利影响。第$⑤_3$层沉积时间较久，且一般夹薄层粉砂，压缩性介于高压缩～中压缩性之间，第$⑤_1$和$⑤_3$层组合使软土总厚度增大，且第$⑤_3$层空间分布不稳定，因此易引发不均匀沉降，对地下空间开发具有不利影响
第三软土层	含水量一般为30%～40%，孔隙比为1.0，压缩系数为0.45 MPa^{-1}，压缩模量为4.5 MPa，固结快剪内聚力为18 kPa，内摩擦角为19.0°，静探P_s值为1.8～2.3 MPa，超固结比一般为1.2～1.3	物理力学指标略好于第$⑤_3$层，因属晚更新世土层，具有一定的超固结度。该层对地下空间开发的影响明显小于第一、第二软土层，但随着地下空间开发深度增大或附加荷载很大时，该层引的发变形问题也不可忽视

由上述比较可知，第一软土层第③，④层以及第二软土层中第$⑤_1$层具有高含水量、大孔隙

比、低强度、高压缩性等特点，而且还具有低渗透性、触变性和流变性等不良工程特点，是地下空间开发中的主要地质风险因子。第二软土层中的第⑤$_3$层和第三软土层虽物理力学指标较第一软土层略好，但仍介于高压缩性～中压缩性土之间，具有弱透水性、土质不均等特点，且深度较大，亦是地下空间的地质风险源。

在地下空间开发中，软土易引发基坑工程围护体侧向变形大、坑外地基变形大、坑底回弹等风险事件，对周边环境影响大；对隧道工程易引发地表沉降大、隧道沉降大、软土冻胀和融沉等地质风险事件。

2.3.1.3 粉土、砂土

1. 粉土、砂土层的分布特征

上海中心城区与地下空间开发最为密切的粉土、砂土主要有以下三层。

第一粉土、砂土层：浅部粉土及粉砂，主要指分布于吴淞江古河道中的第②$_3$层以及黄浦江两岸新近沉积的江滩土层（第①$_3$层），厚度一般在 5～10 m，局部厚度大的区域可达 15～20 m。

第二粉土、砂土层：主要指分布于古河道区的第⑤$_2$层粉土、粉砂或粉砂与粉质黏土互层，一般厚 4～10 m，局部厚度大的区域可达 15～20 m。

第三粉土、砂土层：主要指上海市区普遍分布的第⑦层粉土及砂土。

2. 粉土、砂土的工程特征

根据上海地区研究成果，第一、第二、第三粉土、砂土层沉积环境有一定差异，其中第一粉土、砂土层符合一定河流相沉积的特点；第二粉土、砂土层为古河道区滨海、沼泽相沉积；第三粉土、砂土层为滨海～河口相沉积。

各粉土、砂土层的沉积时间有先后，第一粉土、砂土层沉积年代为距今约 2 000 年，第二粉土、砂土层沉积年代为距今 7 000～12 000 年，第三粉土、砂土层属晚更新世土层。沉积年代越久远，粉土及砂土的密实度越好，土层性质相对好。

各粉土、砂土层的物理力学性质比较以及对地下空间开发影响的评价见表 2-6。

从上海地区工程实践看，地下工程的突发性事故主要在粉土、砂土地层中发生，因此，粉土和砂土是地下空间开发的主要地质风险源，其引发的地质风险事件主要为流砂。

上海地区的三大粉土、砂土层均满足发生流砂的条件。埋于浅部的第一粉土、砂土层，由于其埋深浅，涉及工程范围广，发生流砂风险事件的可能性最大。埋深较大的第⑤$_2$层粉土、粉砂，甚至下部第⑦层粉土、砂土，在一定的动水压力条件下，均有发生流砂风险的可能，同时中深部粉土、砂土又为承压含水层，承压水水头高，如发生流砂风险事件则危害更大。基坑工程、隧道工程等地下空间开发施工工程中，应特别重视粉土、砂土地质风险因子引发的流砂风险事件。

因此，地下空间开发时应加强岩土工程勘察工作，查清土的分布和特点，正确认识易于引发地质风险的风险源（填土、软土以及粉土、砂土），是地下空间开发风险识别和控制的前提和基础。

表 2-6 粉土、砂土层组特性比较

粉土、砂土层组	粉土、砂土层的物理力学性质比较	综合评价
第一粉土、砂土层	第①$_3$层含水量一般为 30%～42%，孔隙比为 0.87～1.06，第②$_3$层孔隙比为 0.70～1.15，压缩系数为0.19～0.72 MPa^{-1}，压缩模量为 3.5～8.5 MPa，静探 P_s 值为 0.9～3.2 MPa，标贯击数为 2～11 击。 第②$_3$层含水量一般为 25%～40%，孔隙比为 0.70～1.15，压缩系数为 0.08～0.46 MPa^{-1}，压缩模量为 4.4～11.6 MPa，静探 P_s 值为 1.0～5.0 MPa，标贯击数为 1.5～16 击	埋深浅，沉积年代新，土质松散～稍密，土颗粒较细，易发生流砂、管涌及液化等问题，对地下空间造成的危害大且普遍
第二粉土、砂土层	第⑤$_2$层含水量一般为 28%～37%，孔隙比为 0.78～1.09，压缩系数为 0.12～0.47 MPa^{-1}，压缩模量为 4.5～11.5 MPa，静探 P_s 值为 2.5～7.5 MPa，标贯击数为 10～25 击	埋深中等，沉积年代较久，土质稍密～中密，土颗粒稍粗，但局部夹较多黏土。对地下空间开发有较大的不利影响，另外该层中地下水具有承压性，应注意承压水的不利影响
第三粉土、砂土层	第⑦层含水量一般为 19%～34%，孔隙比为 0.59～0.95，压缩系数为 0.07～0.30 MPa^{-1}，压缩模量为6.5～20.0 MPa，静探 P_s 值为 3.5～25 MPa，标贯击数为16～50 击	埋深大，属晚更新沉积土层，土质中密～密实，土颗粒自上而下逐渐加粗。该层中地下水具有承压性，应注意承压水的不利影响

2.3.2 地下水风险源识别

类似上海软土地区地下水埋深浅，含水层以粉土、砂土为主时地下水量丰富，在一些地下工程风险事故中，地下水在其中起到了关键的或主要的作用。因此，地下空间开发中地下水是主要的地质风险源。

根据 2.2.2 节，上海地区目前与地下空间开发建设密切相关的地下水风险源主要为潜水、微承压水（第⑤$_2$层）和承压水（第⑦层第Ⅰ承压含水层和第⑨层第Ⅱ承压含水层）。

1. 潜水

潜水含水层的分布特点如 2.2.2 节所述。潜水含水层有两种结构类型：一种以单一黏土为介质；另一种上部是黏土，下部为粉土、砂土介质且有一定厚度。第一种类型在上海市区分布范围广，基本为图 2-6 中空白区域，地下水以结合水为主，自由水量较少。第二种类型为图 2-6 中黄色和紫色的区域，含水层的土性为粉土、砂土，水量较为丰富，紫色区域粉土、砂土厚度较大，层底深度大于 10 m，黄色区域厚度较薄，层底深度小于 10 m。

当潜水水量丰富，含水层介质以粉土、砂土为主时，水和土共同作用，地下空间开发时发生流砂地质风险事件的概率较高。抽降潜水会引起地基土固结变形，对周边环境的影响较大。

2. 微承压水

微承压含水层(第⑤$_2$层)的分布特征如 2.2.2 节所述。其分布范围如图 2-7 中黄色和紫色部分所示,黄色区域第⑤$_2$ 层的层顶埋深小于 20 m,紫色区域第⑤$_2$ 层的层顶埋深大于 20 m。

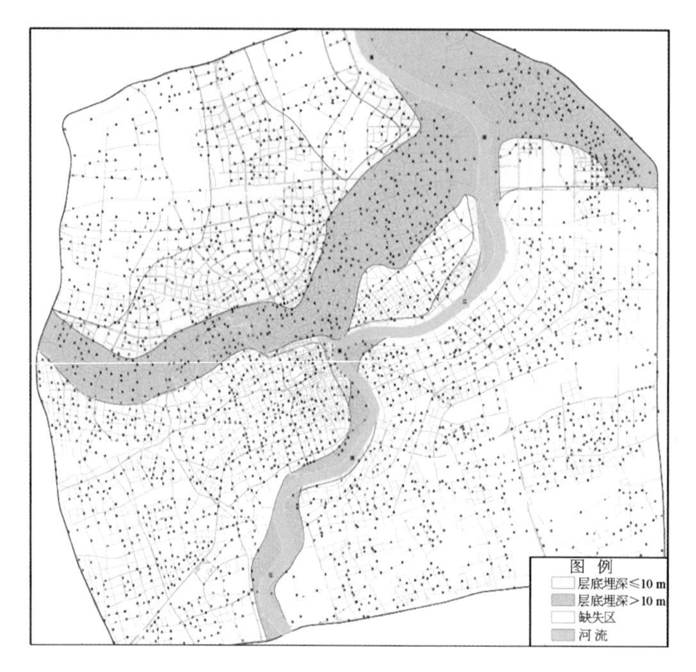

图 2-6 上海市区浅部粉土、砂土分布图

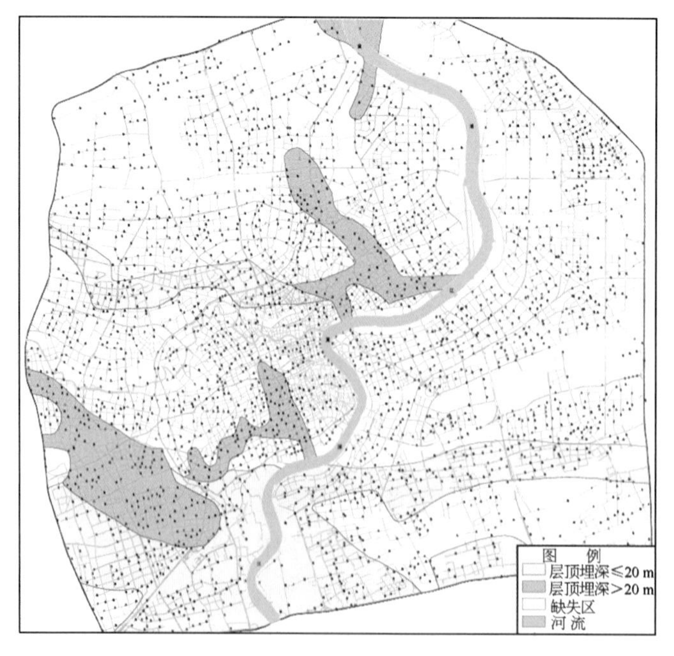

图 2-7 上海市区第⑤$_2$层粉土、砂土分布区

第⑤$_2$层主要分布于古河道区或古河道与正常区的交界地带，第⑤$_2$层在上海市区南部分布范围较大，且有一定连续性；在市中心及北部地区呈零星状分布。第⑤$_2$层厚薄不一，一般为4～10 m，局部厚度大的区域可达15～20 m。

第二粉土、砂土(第⑤$_2$层)中的微承压水，水头压力高，存在承压水突涌的地质风险事件，隧道施工时存在喷水、冒砂等地质风险事件，危害极大。地下空间开发抽降该微承压水时，由于缺失第⑥层硬土层隔离，地下水位下降引起的地基变形(地表沉降)量较大，对周边环境影响较大。

3. 承压水

第Ⅰ，Ⅱ承压含水层(第⑦，⑨层)的分布特征如2.2.2节所述。第Ⅰ，Ⅱ承压含水层间一般有第⑧层黏土作为隔水层，但局部区域第⑧层缺失，导致第Ⅰ，Ⅱ承压含水层直接相连。上海地区第Ⅰ，Ⅱ承压含水层常见的组合形式如图2-8所示。

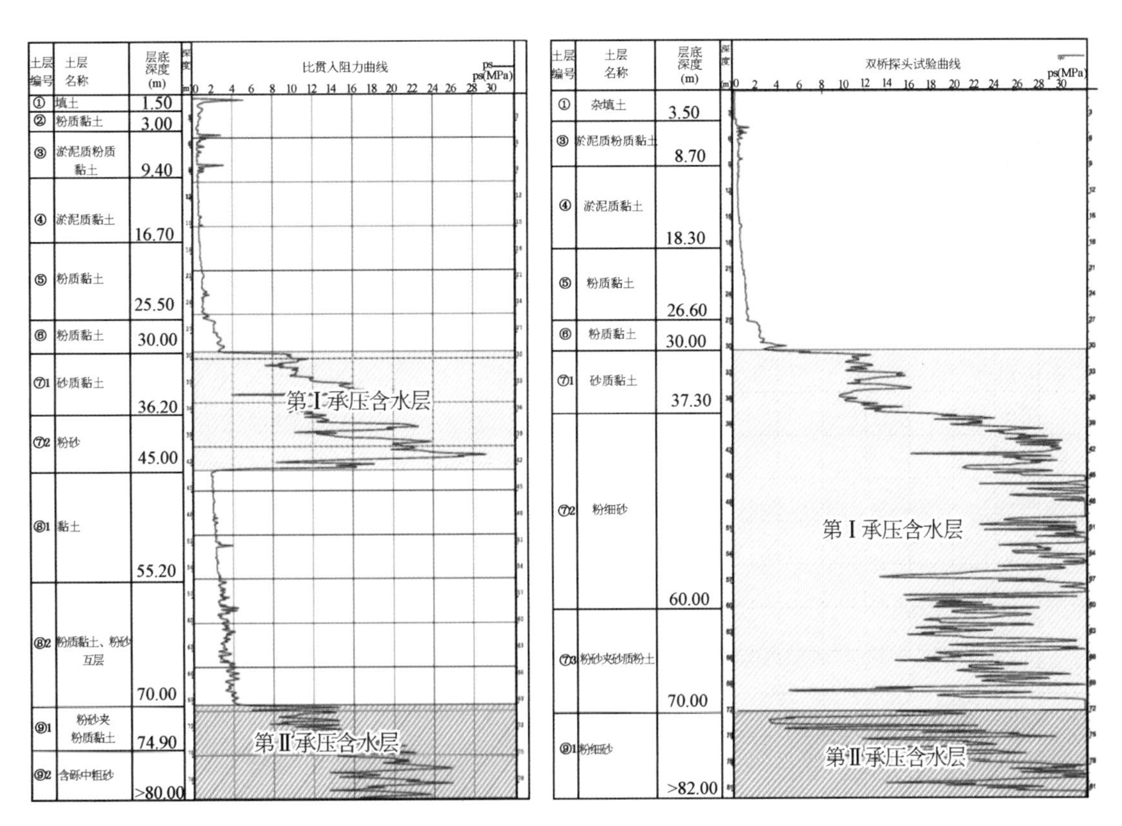

图2-8　上海市区第Ⅰ，Ⅱ承压含水层的分布示意图

第三粉土、砂土层(第⑦层)为承压含水层，同样存在基坑工程的承压水突涌和隧道工程的喷水、冒砂等地质风险事件，由于该承压水的水头压力大，水量丰富，一旦发生，其危害更大。当地下空间开发需要抽降该承压水时，同样会引起地基变形(地表沉降)，一般在古河道区(缺失第⑥层)地基变形(地表沉降)量大，对周边环境影响大。

地质环境中水与土的风险往往是“相伴相生”的，2.3.1.3节所述地质风险源粉土、砂土产生流砂风险事件的必要条件是地下水，粉土或砂土与地下水缺一不可。上海地区地下水位高，地下工程施工首先需要控制地下水风险源，尤其是深部(微)承压水的风险。

因此，地下空间开发首先要查明工程地质和水文地质条件，对地质环境中地基土和地下水的风险源应能做到事先充分识别，在设计、施工时予以重视，并采取相应的对策，如做好地下水的控制，确保止水帷幕、隧道结构等不发生渗漏等问题，则发生地质风险的可能性会大大降低。

2.3.3 主要地质风险事件

上海位于长江入海口，濒临东海，属长江三角洲平原，虽没有泥石流、滑坡、崩塌等突发性的地质灾害型风险事件，但软土地区常见的一些地质风险事件，对其他软土地区的城市地下空间开发具有一定的参考价值。上海地区常见的地质风险事件主要有地基变形、流砂、承压水突涌、浅层天然气害等，对地下空间开发具有重大的影响。本章从地下空间开发最为普遍的基坑工程和隧道工程两个方面梳理地下空间开发的主要地质风险事件。

2.3.3.1 基坑工程的主要地质风险事件

1. 围护体的侧向位移过大

上海是软土地区，基坑开挖引起地下墙两侧的土压力差导致墙体变形是必然的，即使目前深基坑采用地下连续墙，有较大的刚度，在墙体受力后仍会发生一定变形，而在支撑设置不及时或不密贴时，围护体侧向位移则会更大。

在工程地质ⅡB区、ⅢB区(古河道区，分布深厚的软黏土)，深基坑围护体的侧向位移一般较工程地质ⅡA区、ⅢA区(正常地层区)要大许多，图2-9为ⅡA区和ⅡB区两个同等规模、深度相近深基坑开挖的侧向位移监测成果。

由于基坑围护体侧向位移过大引起的基坑失稳事故不多，但对周边环境的影响却较为显著。在软土深厚的软土地区也曾发生过由于基坑围护侧向变形过大导致基坑垮塌的事故。如某市轨道交通1号线某站点基坑坍塌事故，该处软土厚度达33 m，由于基坑土方开挖过程中，基坑超挖，钢管支撑架设不及时，垫层未及时浇筑，钢支撑体系存在薄弱环节等因素，引起局部范围地下连续墙产生过大侧向位移，造成支撑轴力过大及严重偏心，致使部分钢管支撑失稳，钢管支撑体系整体破坏，基坑两侧地下连续墙向坑内产生严重位移，其中西侧中部墙体横向断裂并倒塌，周边道路塌陷。

2. 坑外地基变形大

软土地基基坑开挖会使坑外发生地基变形，主要由基坑降水和开挖引起。

1) 基坑降水引起的地基变形

基坑降水包括潜水层疏干降水和承压水层减压降水，它会使地基产生固结，从而引发周围

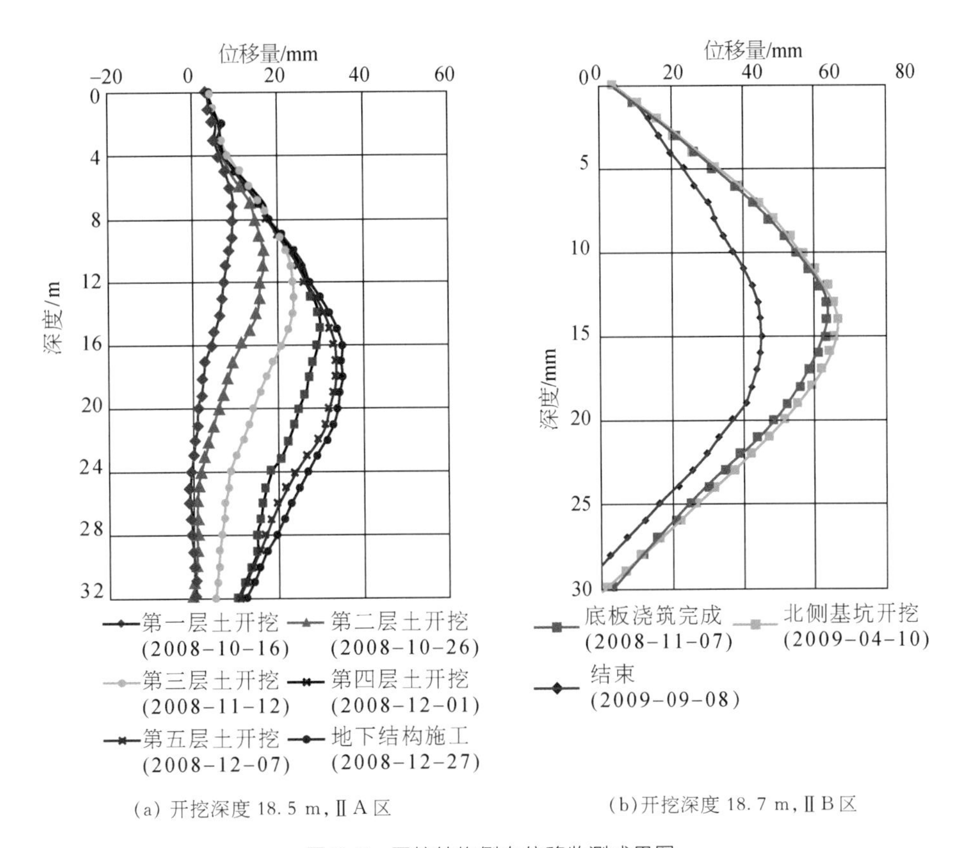

(a) 开挖深度 18.5 m，ⅡA 区　　(b)开挖深度 18.7 m，ⅡB 区

图 2-9　围护结构侧向位移监测成果图

地基土层变形。施工降水引起的潜水位或承压水水头的下降，对周围环境的影响主要表现在以下几方面。

(1) 降水导致水位下降，增加土体的有效压力，使土体产生附加沉降变形。

(2) 降水产生的动水压力使砂土产生流砂、潜蚀、管涌现象，使粉土产生“流土”现象，导致局部地层被掏空，周围地面产生塌陷。

(3) 当由于施工降水引起的沉降较大时，可能导致基坑周围建筑物及地下管线产生过大的不均匀沉降，影响建(构)筑物使用及安全。

2) 基坑开挖引起的地基变形

基坑开挖引起的地基变形与地层条件、围护结构形式、基坑开挖深度、施工、气候降雨等因素密切相关。基坑开挖引起的地基变形主要表现在以下几个方面。

(1) 基坑开挖改变了原有的应力平衡，土体向坑内发生侧向位移，坑外地基发生变形，其侧向位移量与土层性质及基坑围护体刚度有关，还与水平支撑形式及挖土流程有关。上海地区基坑开挖深度范围内主要为第③层淤泥质粉质黏土、第④层淤泥质黏土、第$⑤_{1-1}$层黏土，在古河道地区还涉及第$⑤_3$层粉质黏土，均为软黏土，具有高含水量、高压缩性、低强度、弱渗透性、高触变性和流变性等特点。若围护方式或开挖过程不当，均会引起坑壁较大的侧向位移，并导致周围地表沉降。

(2) 在基坑开挖过程中，若涉及第①$_3$，②$_3$，⑤$_2$，⑦$_1$层粉土、砂土时，如止水帷幕隔水效果不佳，发生渗水，土颗粒随地下水流动，将引发流砂地质风险，使周边地面下沉，严重时可能引起地面坍塌，对周边环境影响甚大。

(3) 坑外地基变形部分是由于坑底回弹引起的，根据工程经验和相关研究，基坑回弹量与坑外地基变形量具有正相关性。在开挖卸载的作用下，坑底软土将产生一定的回弹，回弹量与基坑开挖深度、基坑规模、暴露时间以及坑底以下的软土厚度有关。

基坑工程引起的坑外地基变形是基坑开挖和基坑降水对周边环境的综合体现。上海是软土地区，即使按相关规范采用了合适的围护结构，坑外 3 倍基坑深度范围内仍会有一定的地基变形，其中坑外 1 倍基坑深度附近为显著影响范围。坑外地基变形过大，对周边环境影响大。如地下管线差异沉降大，可能会引起开裂继而造成管道破裂；其他如天然地基建筑物不均匀沉降会导致建筑物的倾斜、开裂等，对建筑物的安全造成危害。

3. *流砂*

工程实践表明，地下工程涉及饱和的粉土、砂土层，普遍具有流砂的特性。流砂发生时会造成大量的水土流失，引发滑坡、塌方及塌陷等现象，使周围环境受到严重破坏。

上海第一粉土、砂土层(第①$_3$和②$_3$层)土质较为松散，在动水压力下易发生流砂、涌砂等，根据目前施工工艺与施工水平，在此类地层要完全杜绝止水帷幕、地下连续墙接头渗水的难度很大，因此在该类地层中流砂、渗水风险事件时有发生，如不及时堵漏，就会发展为流砂、管涌(图 2-10)。上海浅部第一粉土、砂土发育地区，基坑工程发生流砂事故较多，一旦有渗漏，墙外水土不断流失将导致地下空洞，随着地下空洞的扩大将导致地面过大的沉降或突然塌陷，对周边环境影响极大，甚至会影响整个工程的进度。

图 2-10 基坑流砂、管涌

近年来，随着基坑开挖越来越深，部分深基坑挖深已达第⑤$_2$，⑦层，因此在中深部的第二、第三粉土、砂土层中流砂地质风险事件亦时有发生，由于深度较深，处理难度很大，对基坑安全和周边环境构成威胁。第⑤$_2$，⑦层为承压含水层，水头压力大，一旦基坑围护结构发生局部渗漏,流砂风险事故的发展会非常迅速,需要在第一时间采取有效的堵漏措施,一旦错失有利时机,将会酿成重大灾难性事故。

4. 承压水突涌

上海地区第⑤$_2$层和第⑦层中的承压水,具有较大的水头压力,如果在基坑底以下的不透水层较薄,上覆土重不足以抵挡下部承压水水压时,基底就会隆起破坏,墙体就会失稳(图 2-11)。

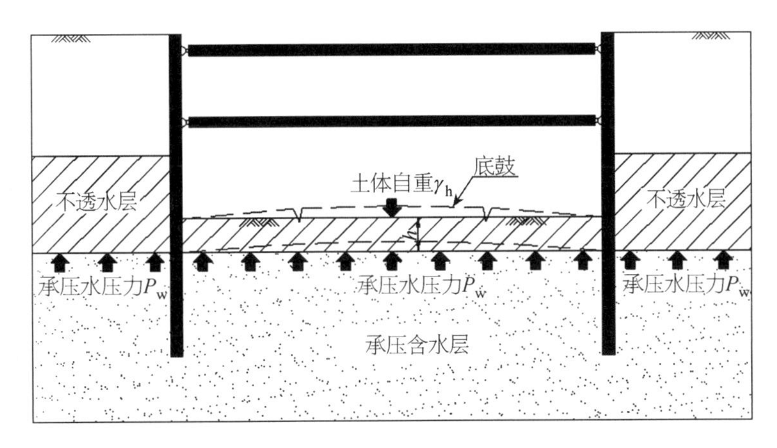

图 2-11 承压水基坑突涌示意图

目前发生承压水突涌事故的原因主要有以下四种。

(1) 第⑤$_2$层微承压含水层未查明;

(2) 降水井失效引起承压水突涌;

(3) 承压含水层厚度大,地下连续墙质量缺陷引起承压水流入基坑;

(4) 勘探孔未封孔。

上海曾多次因承压水处理不当,引发水土突涌事故,如 20 世纪 80 年代上海某电厂工作井因未对承压水进行有效降压,盲目在井筒内挖土,导致井底土体在承压水上托压力下破裂,并大量涌入井内,是当时一起典型的因对承压水的危害缺乏认识而酿成的水土突涌事故。

目前,工程界对承压水突涌风险事件已有充分认识,当按规范验算有承压水突涌可能时,均已采取相应的控制措施,但近年来随着基坑越来越深,发生了多起由于围护墙质量有缺陷,承压水从侧壁涌入基坑,酿成重大风险事故。如某深基坑工程,第⑦,⑨层相连,第⑦层层顶埋深约 28 m,由于地下连续墙施工质量有缺陷,导致基坑开挖至 30 m 左右时局部出现地下连续墙渗水,邻近地铁沉降超过预警值,地面出现开裂现象,最终只能采用注浆回灌的方法控制险情(图 2-12),经济损失达到上亿元。

5. 坑底回弹

上海是软土地区,软土在卸载作用下,将产生一定的土体回弹。深基坑开挖卸载引起的土

图 2-12　某深基坑工程第⑦层承压水渗入事故

体回弹可能造成工程桩拉裂、基坑围护立柱以及支撑隆起、周围土体变形显著增大等风险，应引起重视。当基坑坑底位于第④层或第⑤₁层软弱黏土中，坑底下有一定厚度的软黏土，在卸载作用下软土层会发生回弹。当基坑开挖深度越大、卸载越多时，回弹量就越大；坑底下软黏土越厚，回弹量也越大。

图 2-13 和图 2-14 为收集的ⅡA 区(正常地层区)和ⅡB 区(古河道区)深基坑工程立柱桩的垂直位移历时曲线。同等规模的基坑正常地层区坑底软土厚度小，坑底回弹约 3 cm，而古河道区坑底软土厚度大，坑底回弹量达 8 cm。

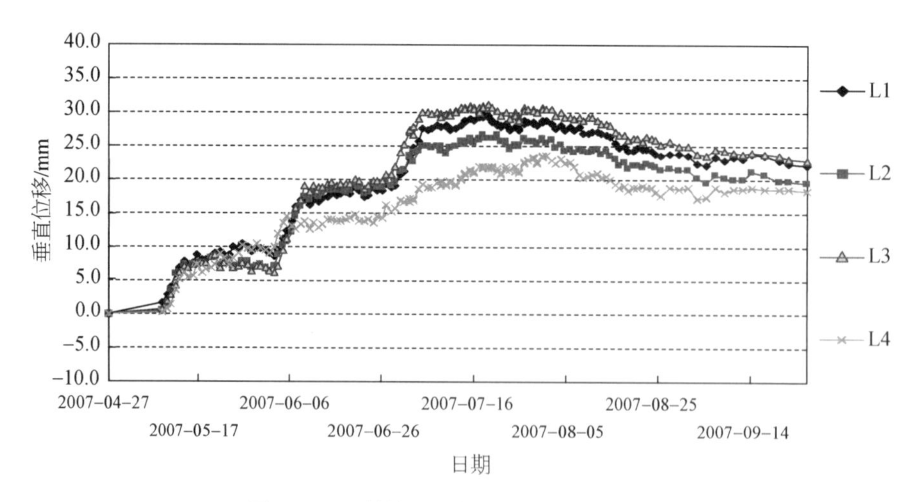

图 2-13　深基坑工程立柱垂直位移历时曲线

(开挖深度 18.3 m，正常地层区，坑底下有 5 m 厚的软黏土)

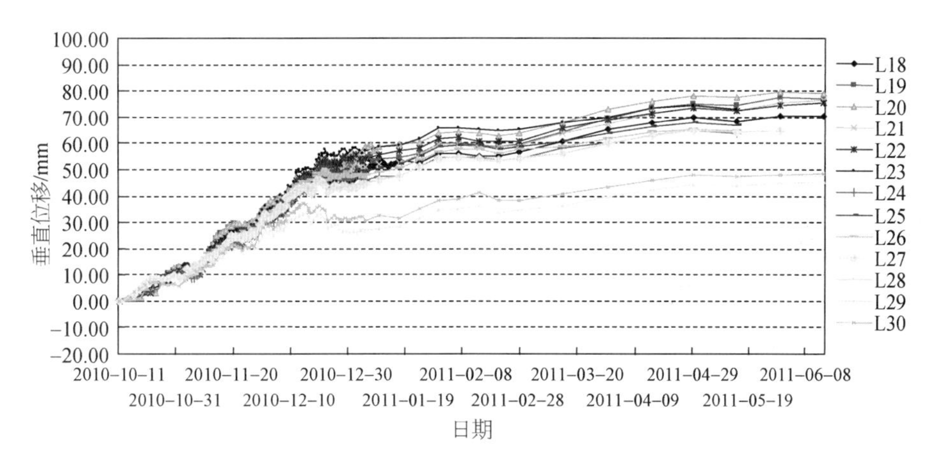

图 2-14 深基坑工程立柱垂直位移历时曲线

(开挖深度 18.8 m,古河道区,坑底下有 15 m 厚的软黏土)

6. 不良地质条件对基坑围护体施工质量和环境影响大

上海地区明浜、暗浜以及厚层填土、地下障碍物对基坑工程影响较大。

明浜:明浜区在施工时需要回填,但回填时往往浜底淤泥未清除干净,新近回填土土质较为松散或采用碎砖石等大粒径骨料回填,将会造成围护墙后土体脱空、围护墙施工质量不佳,导致围护墙渗水、周边环境变形大等问题。

暗浜:暗浜区浜中填土一般上部为杂填土,下部为含有黑色有机质的浜填土,土质较为软弱。基坑工程部分险情是由于未能事先查明暗浜分布,未对暗浜进行处理或采取措施,导致侧向变形以及坑外周边环境变形较大。

厚层填土:由于城市建设,普遍填土厚度大,局部厚度大于 3 m。厚层填土中的杂填土含大块石、多层地坪等对围护体施工构成障碍物,对杂填土清理时如不采取一定的支护措施也会对周边环境产生一定的影响。

地下障碍物:基坑工程涉及原有地下人防、原建筑物地下室、原有桥梁桩基等各类地下障碍物,当地下障碍物影响施工时,一般需要清障,而清障深度较大时对周边环境会有影响,同时清障区域后期回填土一般较为松散或杂乱,对基坑围护施工以及基坑变形均有很大的影响。

综上所述,上海地区基坑工程由于填土、软土、粉土(或砂土)以及地下水引起的地质风险事件主要有围护体侧向变形大、坑外地基变形大、流砂、承压水突涌、坑底回弹、不良地质条件对基坑围护体施工质量和环境影响大。

2.3.3.2 隧道工程的主要地质风险事件

1. 隧道施工对土体扰动大,地表沉降过大

上海为软土地区,隧道工程一般在城市中心地带的地下施工,为减少盾构施工对周围环境的影响,在施工中应尽可能减少对周围土体的扰动。

图 2-15 显示了盾构上方某监测点在盾构推进过程中典型地表沉降发展情况,地表变形受

影响范围为切口前 20 m 至盾尾后方 40～70 m，地表在距离切口约 20 m 时，在切口压力的作用下开始隆起；盾构正上方的地表主要呈振荡变形，变形量为 2～3 mm；盾尾脱出后，地表发生约 5 mm 沉降；后期变形占总变形量的 30%～50%，盾尾脱出 15～25 d 后变形趋于稳定。

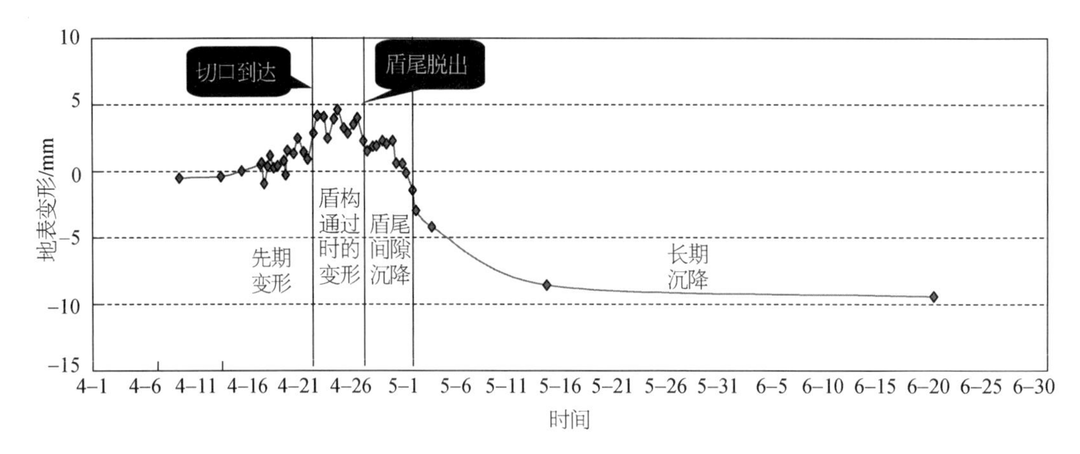

图 2-15　盾构推进地表沉降发展曲线

根据工程经验，盾构施工引起地表沉降与地层有较为密切的关系。

(1) 在第③，④层软黏土中，由于其土体具有高压缩性、高灵敏度的特点，受到掘进扰动后地基土重新固结沉降，引发较大的地表沉降，且沉降稳定时间很长。

(2) 盾构穿越粉土、砂土层时土压难以平衡，出土量控制较难，隧道沉降量大。

这主要是由于要使土舱压力与盾构正面在动水压力作用下的粉土、砂土的水土压力达到理想的平衡状态相当困难，盾尾空隙的注浆效果也因动水压力作用下的粉土、砂土的流动性而降低，特别是在弯道上推进时，盾构转弯产生的地层损失难以用同步注浆弥补，故在粉土、砂土层中盾构推进产生的地面变形具有比在黏土层变化较多、幅值范围大的特征。

(3) 盾构穿越古河道地层时，土质不均，施工参数不易调整，地表沉降量过大。

古河道中沉积的土层纵向和横向相变均较大。如古河道区第$⑤_2$层粉土、砂土纵横向分布不均，即沿线路方向第$⑤_2$层土性有较大变化，同时在深度方向沉积规律、密实度、均匀性亦有变化。如古河道区第$⑤_3$层是溺谷相沉积物，土性变化大，局部深度段可能有粉土、砂土夹层分布，但沿线路方向又缺乏一定的连续性。盾构掘进土层可能涉及粉土与黏土的变化，即使同为软土层，但土的结构或层理有一定差异，当盾构操作员设备操作能力差，施工参数控制不好，姿态控制较差时，就会引起地表沉降过大。

2. 盾构施工对土层扰动大，隧道沉降过大

过去岩土工程界常认为隧道附加荷载不大，因而沉降不会很大。然而，目前地下隧道实测沉降量却较大，根据相关研究成果，影响隧道沉降的因素包括：

(1) 各种施工因素引起的地层损失；

(2) 隧道周围土层性质不同引起的差异沉降；

(3) 运营期长期动荷载作用下引起的沉降；

(4) 区域性的地面沉降；

(5) 周边人类活动引起的沉降。

由于隧道附加的荷载小，隧道沉降的实际情况大部分是由于施工期引起的地层损失造成的。故上述盾构施工引起地表沉降大的地层条件，如第③，④层软土、粉土或砂土层以及古河道地层均是引起隧道沉降过大的主要地质风险源。曾发生从正常地层区向古河道区掘进时，盾构发生“磕头”现象，隧道破裂；古河道区的隧道沉降明显大于正常地层区。隧道沉降过大，尤其是差异沉降大，容易发生隧道管片开裂，管片之间止水带失效，当发生渗水、流砂时，局部范围的沉降更大，易发生险情。

本书主要探讨城市地下空间开发建设风险防控，不包括运营期，故上述第(2)—(5)方面的因素在此不再展开讨论。

3. 隧道施工中发生涌水、涌砂险情

对于盾构施工，流砂会导致开挖面失稳、塌方，造成周边环境尤其是其上地下管线、防汛墙的变形、开裂，严重时甚至会导致掘进机械掩埋，造成不可估量的损失。只要控制好盾构掘进的水土压力平衡，上海地区在隧道掘进过程中发生涌水、涌砂的风险并不多。

盾构在工作井出洞或进洞时，需要凿除预留在洞口处的钢筋混凝土挡土墙，而后由盾构刀盘切削洞口加固土体进入洞圈密封装置，此过程中洞口土体及加固土体暴露时间较长，且受前期工作井施工方法及其施工扰动影响，容易因加固土体或洞圈密封装置的缺陷而发生洞口水土流失或塌方。如遇饱和含水粉土、砂土层，易发生向井内的大量涌砂、涌水，继而导致盾构出洞“磕头”或盾构进洞突沉，甚至在盾构进洞突沉中拖带盾尾后一段隧道严重变形或垮塌，造成极严重的工程事故，并严重破坏周边环境。盾构进出洞事故概率较高，其后果亦可能极为严重。2005 年 8 月 3 日，某轨道交通一区间隧道盾构进洞时，发生流砂险情，砂土流失 100 余立方米，地表塌陷(图 2-16)。

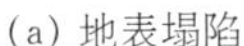
(a) 地表塌陷

(b) 大量砂土流失

图 2-16　进出洞流砂险情的现场照片

联络通道一般深度大，往往会涉及深部第⑤$_2$，⑦层粉土、砂土，由于其中地下水水头压力大，在(微)承压含水层中发生局部渗漏，涌水、涌砂的风险事件一旦发生，其发展非常迅速，需要在第一时间采取有效的堵漏措施，一旦错失有利时机，可能会酿成重大灾难性事故。如2003年7月1日凌晨，正在施工中的轨道交通4号线区间联络通道工程(位于第⑦层中)因冻结法失效，在第⑦层承压水巨大的水头压力下，大量流砂涌入，引起地面大幅沉降，造成部分建筑严重倾斜，一座8层建筑的裙楼倒塌，工程损失巨大。该事故是较为典型的承压水突涌引起的涌水、涌砂地质风险事件，深部第Ⅰ承压含水层(第⑦层)发生涌水、涌砂的危害是相当巨大的，并产生严重的次生灾害。

4. 软土出现冻胀和融沉现象

目前，软土地区隧道联络通道大部分采用冻结法施工，部分进出洞也有采用冻结法加固土体。但冻结法用于软土存在冻胀和融沉两方面的问题。

冻胀是指土体在冻结过程中，土中水分凝冰引起土体体积的膨胀。土体膨胀的大小主要与土层的含水量、孔隙比等性质有关。根据上海地区工程经验及第④，⑤层黏土的性质，综合冻胀系数为5%～8%。土体融沉时，水从土中排出，同时冻土之间的胶结作用发生破坏，结构松散，在上覆土层重力作用下，冻土发生收缩变形，产生融沉。融沉的大小与土层的含水量及力学性质有关，上海地区第④，⑤层土的综合融沉系数在10%～18%之间。冻胀和融沉现象，与冻结时间有关，时间越长，现象越明显。融沉的过程是缓慢的，土体的融化、失水和土体收缩同步发生。

上海轨道交通某联络通道，旁通道位于地面下15.2 m，地层为第④层淤泥质土与第⑤层粉质黏土，冻结55 d后开挖，冻胀对隧道产生影响，靠近通道钢管片的前后三环管片环缝不同程度地出现了渗漏水现象，部分管片内弧面出现明显纵向裂纹。采用注浆方法控制融沉，注浆量约40 m^3，注浆时间约3个月，累计地面沉降约15 cm。

5. 浅层天然气造成隧道开挖面失稳、盾构“磕头”、人员伤亡等

浅层天然气是地下空间开发的地质风险源，由于浅层天然气可燃，并具有一定压力，工程若揭遇，会造成一定危险。上海地区浅层天然气常赋存于第③$_夹$，④$_2$，⑤$_2$层等粉土、砂土层中。例如，上海某工程在长江口进行排污隧道推进作业时，由于浅层天然气释放，造成下覆土层失稳，使已建好的隧道产生位移、断裂，造成无可挽回的重大经济损失。该工程的教训是十分深刻的，因此上海地区隧道工程施工对浅层天然气十分重视。

浅层天然气对地下空间安全施工有严重的危害性，必须慎重对待，在含浅层天然气的土层中进行地下工程施工时，必须认真研究已有的地质勘察资料，分析在工程影响范围内是否存在浅层天然气，并对浅层天然气的成因、成分、分布及含气量等进行专门的勘察，然后提出处理方案和安全施工对策，如不注意，便有遭受浅层天然气危害的可能性。

6. 近距离穿越地下建(构)筑物，易导致建(构)筑物变形过大

在城市中进行隧道工程建设，难免会涉及隧道水平向或垂直向与建(构)筑物距离较近的情

况，一般距离小于1.0倍隧道直径时属于近距离穿越。

在盾构的穿越施工过程中稍有不慎，就易对高灵敏度软土产生相对较大的扰动，从而引起较大地层损失率，引起地基变形，对近距离穿越的重要交通设施、深埋管道以及天然地基或短桩基础的建筑物等产生较大的不均匀变形。而运行中的地铁隧道、立交桥以及上水管道、煤气管道、原水箱涵等对变形控制要求极为严格，因此近距离穿越节点对盾构施工引起的变形控制极为严格。

综上所述，上海地区隧道工程由于软土、粉土(或砂土)以及地下水引起的地质风险主要有：

(1) 隧道施工对土体扰动大，地表沉降过大；

(2) 盾构施工对土层扰动大，隧道沉降过大；

(3) 隧道施工中发生涌水、涌砂险情；

(4) 软土出现冻胀和融沉现象；

(5) 浅层天然气造成隧道开挖面失稳、盾构“磕头”、人员伤亡等；

(6) 近距离穿越地下建(构)筑物，易导致建(构)筑物变形过大。

本小节分析了上海地区与地下空间开发相关的土和地下水中主要的地质风险源，并梳理了基坑工程和隧道工程建设中常见的地质风险事件，部分地质风险事件一旦发生，对社会和环境影响巨大，会造成巨大的经济损失，威胁公众生命安全。因此，在地下空间开发时，应重视岩土工程勘察工作，详细查明工程地质和水文地质条件，对土和地下水(局部地区甚至涉及天然气)的地质风险源充分重视，准确充分预判地质风险事件，各参建方对地质风险应予以充分重视，采取科学合理的工程措施和预案，加强监测，防患于未然。

2.4 地质风险评估

由于地质条件的不均匀性和变异性，导致在不同区域进行地下工程设计施工可能面临的问题有所不同，采用的设计方案和施工方法也会存在差异，发生破坏的可能性和面临的风险也不同，这一点鲜明地体现在地质环境对地下空间开发的影响。本节主要就地质条件对地下空间开发(包括基坑工程和隧道工程)引起的风险进行评估，以达到分级预警的目的。

2.4.1 地质风险评估方法

近年来，随着城市大型市政设施、交通工程建设的快速发展，我国在地下工程的风险管理研究方面取得了一定的进展。目前，各大设计院、保险公司以及高校都在进行相关研究。一些重点工程也已进行了风险评估，如崇明越江隧道、上海轨道交通多条线路工程的风险评估。这些风险评估报告提交有关保险公司后，作为投保依据和今后相关问题的解释依据。目前，对隧道工程风险进行评估的最有效方法仍然是基于事故树、事件树、决策树、层次分析法、蒙特卡罗法、专家调查法等实现对风险的估计。

本书主要参考国际隧道协会(ITA)发表的隧道工程风险管理指南,以及以往学者的研究成果,采用风险矩阵的定性分析方法,对不同地质条件引起的基坑风险和隧道风险进行对比分析、划分等级。

1. 风险事件发生概率分级

风险事件的发生具有一定的概率或可能性,根据其发生的概率或频率可以划分为不同等级。如果可以计算得到确定的失效概率值,则可按表 2-7 中的概率区间划分等级。当不具备确定的失效概率值时,则可按照表 2-7 中给出的等级描述,结合常规经验和专家意见统计结果进行等级划分。

表 2-7 根据失效概率划分风险等级

失效概率区间	等级	失效概率中心值	等级描述
>0.3	5	1	很频繁
0.03~0.3	4	0.1	频繁
0.003~0.03	3	0.01	偶尔
0.000 3~0.003	2	0.001	较少
<0.000 3	1	0.000 1	非常少

本章通过专家调查统计结果和常规工程经验确定各种地质条件下,地下空间开发的地质风险发生概率和风险损失等级,从而确定风险等级。

2. 风险损失分级

风险损失指风险事件发生后带来的经济损失、人身伤害、工程延误、环境破坏和社会不良影响等内容。按风险损失的程度可以分为不同等级,地下工程中风险损失的等级划分如表 2-8 所列。

表 2-8 风险损失等级划分

程度	等级	说　明
轻微	1	风险并不导致延误或明显损失
中等	2	风险导致少量损失及/或较少延误
严重	3	风险导致可补偿的损失及/或较大延误
重大	4	风险导致相当大而可补偿的损失及/或很长延误
灾难性	5	风险导致不可补偿的损失及/或超长延误

3. 风险水平等级评定

ITA 的隧道工程风险管理指南中建议采用风险矩阵确定风险水平等级(表 2-9)。各风险水平对应的风险等级、风险接受程度见表 2-10。

表 2-9 风险水平等级评定

频率	后果				
	灾难性(5)	重大(4)	严重(3)	中等(2)	轻微(1)
非常频繁(5)	极高(4)	不可接受(4)	不可接受(4)	不希望(3)	不希望(3)
频繁(4)	不可接受(4)	不可接受(4)	不希望(3)	不希望(3)	可接受(2)
偶尔(3)	不可接受(4)	不希望(3)	不希望(3)	可接受(2)	可接受(2)
较少(2)	不希望(3)	不希望(3)	可接受(2)	可接受(2)	可忽略(1)
非常少(1)	不希望(3)	可接受(2)	可接受(2)	可忽略(1)	可忽略(1)

表 2-10 风险等级划分

风险水平	等级	说　明	风险接受程度
低度	1	风险是可忽略的,不必另设措施	可忽略
中等	2	风险处于可忽略的边缘,但可以接受,必要时可采取降低风险的措施	可接受
严重	3	风险不希望出现,应明确并执行预防措施以减少风险	不希望
极高	4	为减少风险的预防措施必须不惜代价实行	不可接受

实际上,地下工程风险受到多种因素制约,比如在简单环境条件下,风险损失较小;而在复杂环境条件下,则有可能引起较大风险损失。风险损失的等级还与风险承担者的承受能力相关,即与投资者对风险的主观要求相关。本章讨论的风险水平,若无特殊说明,均指理想的同等条件。

2.4.2 地质风险定性化评估

2.4.2.1 地质条件对基坑工程影响的风险评估

1. 基坑工程的地质风险源及其引发的地质风险事件

根据 2.3.1 节所述,土的风险源主要是填土、软土、粉土或砂土,其中杂填土、暗浜等不良地质条件属于共性影响因素,在各个地质分区中均有可能涉及,软土、粉土或砂土可通过 2.2.3 节所述地质结构分区来体现其差异性。2.3.1 节将软土、粉土或砂土分为三大层,并对对其性质进行了对比,其对地下空间的风险程度有一定的差异。故在风险评估时,软土、粉土或砂土的地质风险源分别按三大层进行评估。

2.3.2 节分析了地下水是地下空间开发主要的地质风险源。对基坑工程有影响的主要是潜水、第⑤$_2$层中的微承压水、第⑦层中的承压水。潜水引发的地质风险事件同第一粉土、砂土层(第①$_3$,②$_3$层),故不再单独列出;第⑤$_2$层中的微承压水和第⑦层中的承压水引发的地质风险事件基本一致,故合并考虑。

基坑工程各种地质风险源以及引发的风险事件见表 2-11。

表 2-11　　基坑工程地质风险源及其可能引发的风险事件

编号	风险源性质	地质风险源	相应地层	可能发生的风险事件
1	共有风险源	填土	杂填土、浜填土	不良地质条件对基坑围护体施工质量和环境影响大
2		第一软土层	第③,④层	(1) 围护体侧向位移过大; (2) 坑外地基变形大
3		第二软土层	第⑤$_1$,⑤$_3$层	(1) 围护体侧向位移过大; (2) 坑外地基变形大; (3) 坑底回弹大
4		第三软土层	第⑧层	(1) 围护体侧向位移过大; (2) 坑外地基变形大; (3) 坑底回弹大
5	不同地质分区有差异的风险源	第一粉土、砂土层	第①$_3$,②$_3$层	(1) 流砂; (2) 坑外地基变形
6		第二粉土、砂土层	第⑤$_2$层	(1) 流砂; (2) 坑外地基变形; (3) 承压水突涌
7		第三粉土、砂土层	第⑦层	(1) 流砂; (2) 坑外地基变形大; (3) 承压水突涌
8		承压水	第⑤$_2$,⑦层	(1) 承压水突涌; (2) 坑外地基变形大

2. 不同地质分区的基坑工程风险评估

本章分别按基坑开挖深度 5 m,10 m,15 m 和 20 m,对地质条件因素(按 13 个地质分区)引起的基坑工程风险进行评估。

1) 基坑开挖深度 5 m 风险评估

深度为 5 m 的浅基坑主要影响深度为 15 m 以内的浅部土层,主要涉及第一软土层和第一粉土、砂土层,各地质分区 5 m 基坑主要影响土层及风险评估如表 2-12 所示,从表中所示结果可见,存在第①$_3$,②$_3$ 层粉土的Ⅰ区和浅部土质差的Ⅲ区风险水平较高,为 3 级。

2) 基坑开挖深度 10 m 风险评估

深度为 10 m 的基坑主要影响深度为 25 m 以内的土层,主要涉及第一软土层、第二软土层的第⑤$_1$层和第一粉土、砂土层,在有第⑤$_2$层分布区和第⑥层暗绿色硬土层埋深浅的分区涉及承压水的控制。各地质分区 10 m 基坑主要影响土层及风险评估如表 2-13 所示,从表中所示结果可见,同时存在第一粉土或砂土层、第二粉土或砂土层的 IBE 区的风险水平最高,达 4 级。

表 2-12　　5 m基坑风险评估

地质分区	地质风险源							风险概率	风险损失	风险评估
	第一软土层	第二软土层	第三软土层	第一粉土、砂土层	第二粉土、砂土层	第三粉土、砂土层	承压水			
IA				★				4	3	3
IB				★				4	3	3
IBE				★				4	3	3
IIA	★							3	2	2
IIA′	★							3	2	2
IIAE	★							3	2	2
IIB	★							3	2	2
IIBE	★							3	2	2
IIIA	★							4	3	3
IIIA′	★							4	3	3
IIIAE	★							4	3	3
IIIB	★							4	3	3
IIIBE	★							4	3	3

注：表中★表示各地质分区存在的地质风险源。下同。

表 2-13　　10 m基坑风险评估

地质分区	地质风险源							风险概率	风险损失	风险评估
	第一软土层	第二软土层	第三软土层	第一粉土、砂土层	第二粉土、砂土层	第三粉土、砂土层	承压水			
IA	★			★				4	3	3
IB	★			★				4	3	3
IBE	★			★			★	5	3	4
IIA	★							3	2	2
IIA′	★						★	2	3	2
IIAE	★						★	3	3	3
IIB	★							3	2	2

（续表）

地质分区	地质风险源							风险概率	风险损失	风险评估
	第一软土层	第二软土层	第三软土层	第一粉土、砂土层	第二粉土、砂土层	第三粉土、砂土层	承压水			
IIBE	★						★	3	3	3
IIIA	★							4	3	3
IIIA′	★						★	3	4	3
IIIAE	★						★	4	3	3
IIIB	★							3	4	3
IIIBE	★						★	4	3	3

3）基坑开挖深度 15 m 风险评估

深度为 15 m 的基坑主要影响深度为 35 m 以浅的土层，主要涉及第一、第二软土层和第一、第二粉土或砂土层，大部分分区涉及承压水的控制。各地质分区 15 m 基坑主要影响土层及风险评估如表 2-14 所示，从表中评估结果可见，同时存在第一、第二粉土、砂土层的 IBE 区、IIBE 区、IIIBE 区，以及 IIIAE 区（浅部软土土性差、有第⑤$_2$层分布）的风险水平最高，达 4 级。

表 2-14　　15 m 基坑风险评估

地质分区	地质风险源							风险概率	风险损失	风险评估
	第一软土层	第二软土层	第三软土层	第一粉土、砂土层	第二粉土、砂土层	第三粉土、砂土层	承压水			
IA		★		★			★	3	4	3
IB		★		★				3	4	3
IBE				★	★		★	4	4	4
IIA	★	★					★	3	3	3
IIA′	★						★	2	3	2
IIAE	★				★		★	3	4	3
IIB	★	★						3	3	3
IIBE	★				★		★	4	4	4
IIIA	★	★					★	3	4	3
IIIA′	★						★	3	3	3
IIIAE	★				★		★	4	4	4
IIIB	★	★						3	3	3
IIIBE	★	★			★		★	4	4	4

4）基坑开挖深度 20 m 风险评估

深度为 20 m 的基坑主要影响深度为 40 m 以内的土层，主要涉及第一软土层、第二软土层（局部涉及第三软土层）和第一粉土、砂土层和第二粉土、砂土层（局部涉及第三粉土、砂土层）。各地质分区 20 m 基坑主要影响土层及风险评估如表 2-15 所示，从表中所示结果可见，此类深度的风险水平普遍较高，达 4 级。

表 2-15 20 m 基坑风险评估

地质分区	地质风险源							风险概率	风险损失	风险评估
	第一软土层	第二软土层	第三软土层	第一粉土、砂土层	第二粉土、砂土层	第三粉土、砂土层	承压水			
IA		★		★			★	3	4	3
IB		★		★				3	4	3
IBE				★	★		★	4	5	4
IIA	★	★					★	3	4	3
IIA′	★		★			★	★	3	4	3
IIAE	★	★			★		★	4	5	4
IIB	★	★						4	4	4
IIBE	★	★			★		★	4	5	4
IIIA	★	★					★	3	4	3
IIIA′	★	★	★			★	★	4	4	4
IIIAE	★	★			★		★	4	5	4
IIIB	★	★						4	4	4
IIIBE	★	★			★		★	4	5	4

5）各地质分区基坑工程风险汇总

不同地质分区、4 种基坑开挖深度的基坑工程的风险等级汇总如表 2-16 所示。

表 2-16 不同地质条件引起的基坑工程风险等级评价汇总表

地质分区	基坑开挖深度			
	5 m	10 m	15 m	20 m
IA	3	3	3	3
IB	3	3	3	3
IBE	3	4	4	4
IIA	2	2	3	3
IIA′	2	2	2	3
IIAE	2	3	3	4

(续表)

地质分区	基坑开挖深度			
	5 m	10 m	15 m	20 m
IIB	2	2	3	4
IIBE	2	3	4	4
IIIA	3	3	3	3
IIIA′	3	3	3	4
IIIAE	3	3	4	4
IIIB	3	3	3	4
IIIBE	3	3	4	4

根据对上海中心城区大量基坑工程建设经验的总结,对上述4种不同开挖深度及地质条件引起的基坑工程风险进行对比分析。需要指出的是,本章中给出的各地质分区基坑工程风险等级系相对比较结果,对具体的基坑工程项目还需结合设计、施工等具体问题具体分析。风险等级的划分为根据现有技术水平条件确定的相对等级。

2.4.2.2 地质条件对隧道工程影响的风险评估

1. 隧道工程的地质风险源及其引发的地质风险事件

对隧道工程而言,不同地质分区对隧道工程建设的风险也有很大的差异,故隧道工程同样针对软土、粉土或砂土的地质风险源分别按三大层进行评估,地下水风险源重点考虑(微)承压水。隧道工程在不同地质分区共有的影响因素有以下四方面。

1) 地下障碍物

由于市中心建筑物密集,地下设施、地下构筑物较多,隧道掘进时因地下障碍物未事先查明,遇地下障碍物引起的风险较高。因此,施工前一般需要先进行物探工作,查清地下障碍物的位置、深度,设计时进行避让。针对近距离穿越采取一定的施工措施。地下障碍物总体属于风险大的关键节点。

2) 浅层天然气

随着中心城区地下空间开发的规模扩大,市中心的天然气(沼气)已经大部分被释放,储量非常少,中心城区被评价为天然气较不发育区,但也不排除局部存在的天然气将对隧道工程带来风险。中心城区外的边缘地区沼气储量则大一些,但不在本章评估范围之内。

3) 软硬土层变化

由于隧道有一定的直径,并有深度方向的线位渐变,故掘进断面难免会涉及软硬不同、土性不同等变化。当盾构从较软土层掘进至较硬土层时,极大的推力载荷和瞬间载荷作用在刀盘刀具上,掘进中地层的性质多变性影响盾构的掘进速度和刀头的寿命,并易造成掘进偏向。

4）地形地貌变化

通常隧道穿越地形地貌变化区（如河床及近岸地带）时，为保证河床区覆盖层厚度满足设计要求，隧道底标高变化很大，涉及不同土层，其风险也较高。

上海地区隧道工程涉及的各种地质风险源及其风险事件见表 2-17。

表 2-17　　隧道工程地质风险源及其可能引发的风险事件

编号	风险源性质	地质风险源	地层条件	风险事件
1	共有风险源	地下障碍物	—	盾构机较大磨损甚至无法正常推进，工期延误
2		浅层天然气	—	隧道开挖面失稳、盾构“磕头”、人员伤亡
3		软硬土层变化	复杂地层条件	(1) 地表沉降大； (2) 隧道沉降大
4		地形地貌变化	隧道覆盖层厚度变化大、隧道位置土性变化大	(1) 地表沉降大； (2) 隧道沉降大
5	不同地质分区有差异的风险源	第一软土层	第③,④层	(1) 地表沉降大； (2) 隧道沉降大； (3) 软土的冻胀和融沉
6		第二软土层	第⑤$_1$,⑤$_3$层	(1) 地表沉降过大； (2) 隧道沉降大； (3) 软土的冻胀和融沉
7		第三软土层	第⑧层	(1) 隧道沉降大； (2) 软土的冻胀和融沉
8		第一粉土、砂土层	第①$_3$,②$_3$层	(1) 地表沉降过大； (2) 隧道沉降大； (3) 涌水、涌砂险情
9		第二粉土、砂土层	第⑤$_2$层	(1) 隧道沉降大； (2) 地表沉降大； (3) 发生涌水、涌砂险情； (4) 承压水突涌
10		第三粉土、砂土层	第⑦层	(1) 隧道沉降大； (2) 地表沉降大； (3) 发生涌水、涌砂险情； (4) 承压水突涌
11		承压水	第⑤$_2$,⑦层	发生涌水、涌砂险情

2. 不同地质分区的隧道工程风险评估

本章分别评价不同地质分区（13 个地质分区）对地表下 10～20 m,20～30 m,30～40 m 三种深度段地质条件因素引起的隧道工程风险。风险等级的划分为根据现有技术水平条件确定的相对等级。

1）隧道埋深 10～20 m 风险评估

此深度范围内各地质分区隧道掘进涉及的主要影响土层及风险评估如表 2-18 所列，从表中所示结果可见，存在第二粉土或砂土层的 AE 区、BE 区以及第三粉土或砂土层的 A′区风险水平最高，达 4 级。

表 2-18　　埋深 10～20 m 隧道涉及土层及风险评估

地质分区	地质风险源							风险概率	风险损失	风险评估
	第一软土层	第二软土层	第三软土层	第一粉土、砂土层	第二粉土、砂土层	第三粉土、砂土层	承压水			
IA	★			★				4	3	3
IB	★			★				4	3	3
IBE				★	★		★	4	4	4
IIA	★							2	2	2
IIA′	★					★	★	3	4	3
IIAE	★				★		★	4	4	4
IIB	★							2	3	2
IIBE	★				★		★	4	4	4
IIIA	★							3	3	3
IIIA′	★					★	★	4	4	4
IIIAE	★				★		★	4	4	4
IIIB	★							3	4	3
IIIBE	★				★		★	4	4	4

2）隧道埋深 20～30 m 风险评估

此深度范围内各地质分区隧道掘进涉及的主要土层及风险评估如表 2-19 所列，从表中所示结果可见，古河道且存在第⑤$_2$ 层的 BE 区风险水平最高，达 4 级。

表 2-19　　埋深 20～30 m 隧道涉及土层及风险评估

地质分区	地质风险源							风险概率	风险损失	风险评估
	第一软土层	第二软土层	第三软土层	第一粉土、砂土层	第二粉土、砂土层	第三粉土、砂土层	承压水			
IA		★				★	★	3	4	3
IB		★						3	4	3
IBE		★			★		★	4	5	4
IIA		★				★	★	3	4	3

（续表）

地质分区	地质风险源							风险概率	风险损失	风险评估
	第一软土层	第二软土层	第三软土层	第一粉土、砂土层	第二粉土、砂土层	第三粉土、砂土层	承压水			
IIA′						★	★	3	4	3
IIAE		★			★	★	★	3	4	3
IIB		★						3	3	3
IIBE		★			★		★	4	4	4
IIIA		★				★	★	3	4	3
IIIA′						★	★	3	4	3
IIIAE		★			★	★	★	4	4	3
IIIB		★						3	3	3
IIIBE		★			★		★	4	4	4

3）隧道埋深 30～40 m 风险评估

此深度范围内各地质分区隧道掘进涉及的主要影响土层及风险评估如表 2-20 所列，从表中所示结果可见，涉及第⑦层或第$⑤_2$ 层的 AE 区、BE 区以及涉及古河道的 B 区风险水平最高，为 4 级。

表 2-20　　埋深 30～40 m 隧道涉及土层及风险评估

地质分区	地质风险源							风险概率	风险损失	风险评估
	第一软土层	第二软土层	第三软土层	第一粉土、砂土层	第二粉土、砂土层	第三粉土、砂土层	承压水			
IA			★				★	3	4	3
IB		★					★	4	4	4
IBE		★			★		★	4	5	4
IIA			★				★	3	4	3
IIA′			★				★	3	4	3
IIAE			★				★	4	5	4
IIB		★					★	4	4	4
IIBE		★			★		★	4	5	4
IIIA			★				★	3	4	3
IIIA′			★				★	3	4	3
IIIAE			★				★	4	4	4
IIIB		★					★	4	4	4
IIIBE		★			★		★	4	5	4

4）各地质分区隧道工程风险汇总

对不同地质分区、三种不同深度隧道工程的风险等级汇总如表 2-21 所列。需要指出的是，本章给出的各地质分区隧道工程风险等级为相对比较成果，对具体的隧道工程项目还需要考虑设计、施工等具体问题具体分析。

表 2-21　　不同地质分区对不同深度隧道影响的风险等级评价汇总

地质分区	埋深 10～20 m	埋深 20～30 m	埋深 30～40 m
IA	3	3	3
IB	3	3	4
IBE	4	4	4
IIA	2	3	3
IIA′	3	3	3
IIAE	4	3	4
IIB	2	3	4
IIBE	4	4	4
IIIA	3	3	3
IIIA′	4	3	3
IIIAE	4	3	4
IIIB	3	3	4
IIIBE	4	4	4

本节主要就地质条件对地下空间开发（包括基坑工程和隧道工程）引起的地质风险做了探讨和评估。

（1）基于上海地区工程经验，分析地质条件对基坑工程、隧道工程地质风险源，采用风险矩阵的方法评价基坑工程、隧道工程的风险水平。

（2）需要指出的是，本节中给出的各地质分区基坑工程和隧道工程风险等级系相对比较结果，对具体的基坑工程项目还需要具体问题具体分析。风险等级的划分为根据现有技术水平条件确定的相对等级。

2.4.3　地质风险的控制措施

2.4.3.1　基坑工程的地质风险控制措施

根据表 2-16，不同深度的基坑开挖有不同程度的地质风险，基坑越深，风险水平越高，另外当涉及多层粉土、砂土以及承压水时，风险水平总体比较高。根据上海地区的工程经验，针对土和地下水的风险源，基坑工程建设中通常采取的工程技术措施如下。

1. 针对填土的技术措施

(1) 当杂填土厚度大时,应事先清除影响围护体施工的障碍物,采用较为均质的黏土,并分层夯实。

(2) 对暗浜区的软弱浜土应作换填处理,对墙后土体应进行适当的地基处理或注浆加固处理。

(3) 对厚层填土区和暗浜区应适当加强围护结构的刚度和强度。

2. 针对软土的技术措施

(1) 应适当加强围护结构的刚度和强度,坑底采取地基加固措施。

(2) 适当增加围护结构的插入深度。

(3) 开挖中应充分利用土体时空效应规律,严格掌握施工工艺要点:沿纵向按限定长度逐段开挖,在每个开挖段分层、分小段开挖,随挖随撑,按规定时限开挖及安装支撑并施加预应力,按规定时间施工底板钢筋混凝土,减少暴露时间。

(4) 尽快浇筑底板混凝土,防止超挖和基坑暴露时间过长。

3. 针对粉土、砂土的技术措施

(1) 做好围护墙或止水帷幕的隔水和止水。对连续墙精心配制槽段内的护壁泥浆,确保槽壁土体稳定,保证槽段连接节点的施工质量;对环境复杂地段,在厚层粉土分布区可采取槽壁加固措施。

(2) 如发生渗漏水现象,可针对渗漏水的清浊以及水量大小等不同情况采取相应的堵漏措施。如情况较严重,则立即回填土,再在坑外打孔后施工旋喷桩或注入聚氨酯堵漏。

(3) 当基坑开挖深度大,第⑤$_2$层和第⑦层有突涌可能时,应采取减压降水措施。

(4) 当降水含水层有隔断可能时尽量隔断;当不能隔断时,应按“按需降水”的原则控制降水时间和降水量,减轻降水对周边环境的影响。

(5) 降水井的数量、深度、滤管设置等应进行专门的降水设计,并在正式挖土前进行试抽水,以调整水文参数并优化设计方案。为确保工程安全,应布置一定数量的备用井(可兼作观测井)。

(6) 为把降水对周围环境的不利影响控制在最小限度内,降水井一般宜设置在围护结构内。当受条件限制,降水井设置于坑外时,需设置必要的回灌井。

(7) 注意坑内降水井封孔,防止其后期渗水对工程造成不良影响。

2.4.3.2　隧道工程的风险防范措施

根据表 2-21,不同地质分区的隧道施工风险均较大,尤其是 10～20 m 浅埋和 30～40 m 深埋的隧道。有第⑤$_2$ 层分布(地质分区中带“E”的)时,风险普遍较大。

由于上海土质较软,隧道掘进过程中破坏了原有的水土平衡,为减少隧道施工对周围地质环境的影响,避免对邻近建(构)筑物、地下管线、轨道交通等造成不良影响和危害,根据上海市大量工程实践,隧道工程建设中应采取如下工程技术措施。

1. 针对软土变形的技术措施

(1) 隧道在软土中掘进,较为适宜,但由于软土的流变性和触变性,后期沉降大,一般通过二次注浆控制后期沉降。注浆应结合监测信息及时调整。

(2) 选用合适的掘进设备,针对软土特性,调整施工参数,防止偏离掘进轴线或引发过大地面沉降。

(3) 为控制隧道纵向不均匀沉降的影响,应注意盾构工作井、地铁车站、隧道区间连接处以及隧道底部土层和土性特征突变处的差异沉降,宜在适当的位置设缝。

(4) 在隧道进出洞位置进行地基加固,加固措施有水泥土加固和冻结法加固等。

(5) 隧道施工时应进行土体变形和地面沉降监测,并进行地面建(构)筑物及地下管线的变形监测工作。

2. 针对流砂、涌砂的技术措施

(1) 采用全封闭、高度机械化、自动化的现代化盾构机。为解决正面刀盘摩阻力和盾构姿态控制问题,在设计中应适当提高切削刀盘扭力并在施工中向正面注入适量的泥浆。

(2) 为满足开挖面稳定要求,防止渗水引起流砂、流土继而引起地面沉降过大,因此盾构在粉土、砂土中施工时要及时补充新鲜泥浆。泥浆可渗入砂土层一定深度,在很短时间内形成一层泥膜。这种泥膜有助于提高土层的自立能力,从而使泥水舱土压力泥浆对整个开挖面发挥有效的支护作用。

(3) 盾构在第⑤$_2$,⑦层等粉土、砂土中掘进时,水量丰富,且具承压性。一般盾构机能在该地层中正常掘进,但仍应做好以下工作:

① 加强同步注浆管理。严格控制浆液初凝时间,一般控制在5~7 s。

② 充分压注盾尾油脂,防止土体从盾尾涌入。

③ 加强泥水管理。由于工作泥浆易被劣化,需要不断调整泥水的各项参数,添加黏土、膨润土、CMC。施工过程中采用重浆掘进,密度不低于1.25 g/cm^3,黏度不小于22 s。

3. 针对天然气的技术措施

隧道在含天然气的地层中掘进时,天然气能从盾构头部,沿螺旋输送器随泥土一起进入隧道内,使盾构部位天然气含量超标,易引起火灾或爆炸事故,或者使盾构周围土层产生扰动,继而使盾构推进偏离轴线,甚至引起盾构下陷,造成重大工程事故。因此,在含天然气的地层中进行盾构法隧道施工时,一般采取如下技术措施:

(1) 在勘察阶段查明天然气的分布范围及分布形式;

(2) 隧道施工时,控制隧道内天然气含量指标;

(3) 在盾构刀盘位置设置天然气超前触探导引;

(4) 加强盾构设备的密封措施;

(5) 隧道内加强通风;

(6) 加强隧道施工工作面的测试手段;

(7) 制定隧道施工安全规则。

2.5　案例分析

2.5.1　工程概况

北横通道是上海中心城区东西向的交通干道，起自中环线北虹路、北翟路交会处，经长宁路后跨越苏州河，沿光复西路于凯旋路进入苏州河，沿苏州河绕过中山公园后向东依次沿长宁路、余姚路、新会路、天目西路、海宁路、周家嘴路延伸至内江路。

北横通道采用高架、明挖地道与盾构地道相结合的布置方式，其中西端结合北虹路立交改造采用高架形式，高架段长 970 m；从泸定路—中江路，主线由高架转为地道，采用明挖法，明挖段长 739 m；从中江路—长寿路桥段，采用盾构形式，共布置 3 处工作井，中山公园工作井以西隧道长 2 741 m，中山公园工作井以东隧道长 3 665 m；从筛网厂工作井—天目西路，转为明挖穿越苏州河，明挖段长 528 m；从恒丰路—西藏北路，结合天目路立交，采用高架形式，高架段长 1 654 m；从西藏北路—虹口港，采用明挖地道形式，明挖段长 2 372 m。北横地面扩容段从虹口港向东至内江路，全长 6 177 m。北横通道平面布置详见图 2-17。

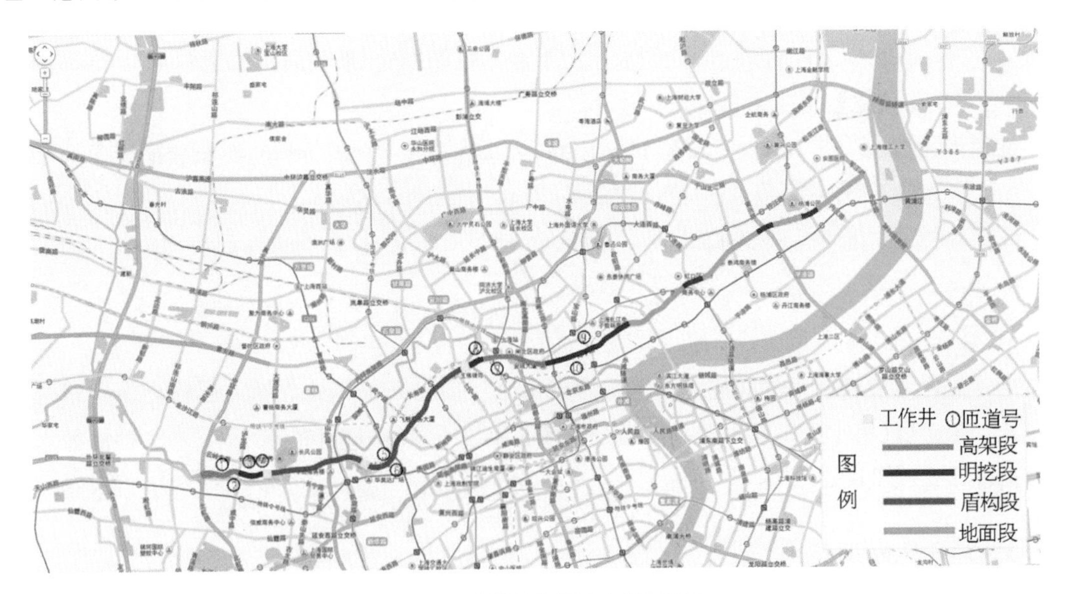

图 2-17　北横通道平面布置示意图

拟建工程贯穿长宁区、普陀区、静安区、闸北区、虹口区及杨浦区，沿线高楼林立、商业繁华、管线密布、交通繁忙，环境条件十分复杂。沿线的高架路、轨道交通、高层建筑桩基、地下管线等，既是本工程面临的复杂环境条件，同时对工程建设构成地下障碍。

2.5.2　工程地质及水文地质条件

2.5.2.1　沿线地基土分布特征

根据该工程勘察结果，沿线 90 m 深度范围内地基土均属第四系沉积物，主要由饱和黏土、粉土以及砂土组成，一般具有成层分布特点。根据土的成因、结构及物理力学性质差异，可划分为9个主要层次，其中部分土层根据土性差异，进一步划分为若干亚层。由于线路较长，选取盾构段，其工程地质剖面图详见图2-18。

本工程沿线地层分布复杂，局部区段受古河道切割，缺失第⑥层暗绿色硬土层，第⑦层缺失或厚度较薄；沿线分布的第$②_3$，$⑤_2$层粉土对工程建设影响大。故对工程地质条件进行分区，首先区分正常区和古河道，然后再根据第$②_3$，$⑤_2$层粉土分布特征划分亚区。全线路工程地质分区详见图2-19。

2.5.2.2 地表水和地下水

1. 地表水

本工程沿线涉及的主要河道有苏州河、虹口港、杨树浦港等。

苏州河：又名吴淞江，是黄浦江最大的支流，平均河宽40～50 m，每年7～9月潮位最高，1～3月潮位最低。苏州河河口建有单向挡潮闸（吴淞路闸桥），其设计防潮标准为千年一遇。根据水文站的实测资料，调水前苏州河流量为6～12 m^3/s，调水后流量为12～15 m^3/s，在黄浦公园处与黄浦江交汇，受黄浦江潮汐影响较大。吴淞路闸桥未建前最高水位达5.00 m，平均水位为2.20 m，最低水位为0.24 m，建闸后水位受闸的控制，当汛期最高潮位达到4.40 m时闸门关闭，绝对最高潮位控制在4.70 m。

虹口港：河底宽6～10 m，河面宽16～20 m，河底标高0.00～0.50 m，防汛墙顶标高4.80～5.30 m。河道设防潮水闸，平时关闸水位为3.20 m，雨天为2.80 m。

杨树浦港：位于杨浦区南部，河道南通黄浦江，北接东走马塘，河宽16 m，河底标高-0.30 m。

2. 地下水

与本工程建设密切相关的地下水主要为浅部土层中分布的潜水，第$⑤_2$层粉土中分布的微承压水和第⑦层（第Ⅰ承压含水层）与第⑨层（第Ⅱ承压水层）中赋存的承压水，本工程沿线水文地质剖面示意图见图2-20。

2.5.3 地质风险识别

北横通道主要涉及高架段、明挖段、盾构段、地面段相结合的布置方式。工程建设涉及的地质风险主要集中在明挖段以及盾构段，而高架段、地面段地质风险相对较小，故按明挖段和盾构段工程建设涉及的地质风险分别进行识别。

2.5.3.1 明挖段地质风险识别

北横通道涉及3个明挖段，长度约为3.6 km，开挖最大深度达26.5 m；3处下立交，长度约为1.5 km，最大开挖深度接近10 m；3处工作井，最大开挖深度达34.5 m。

本章选取北横通道工程明挖段部分区段进行地质风险的评估。明挖段基坑地质风险事件的识别详见表2-22。

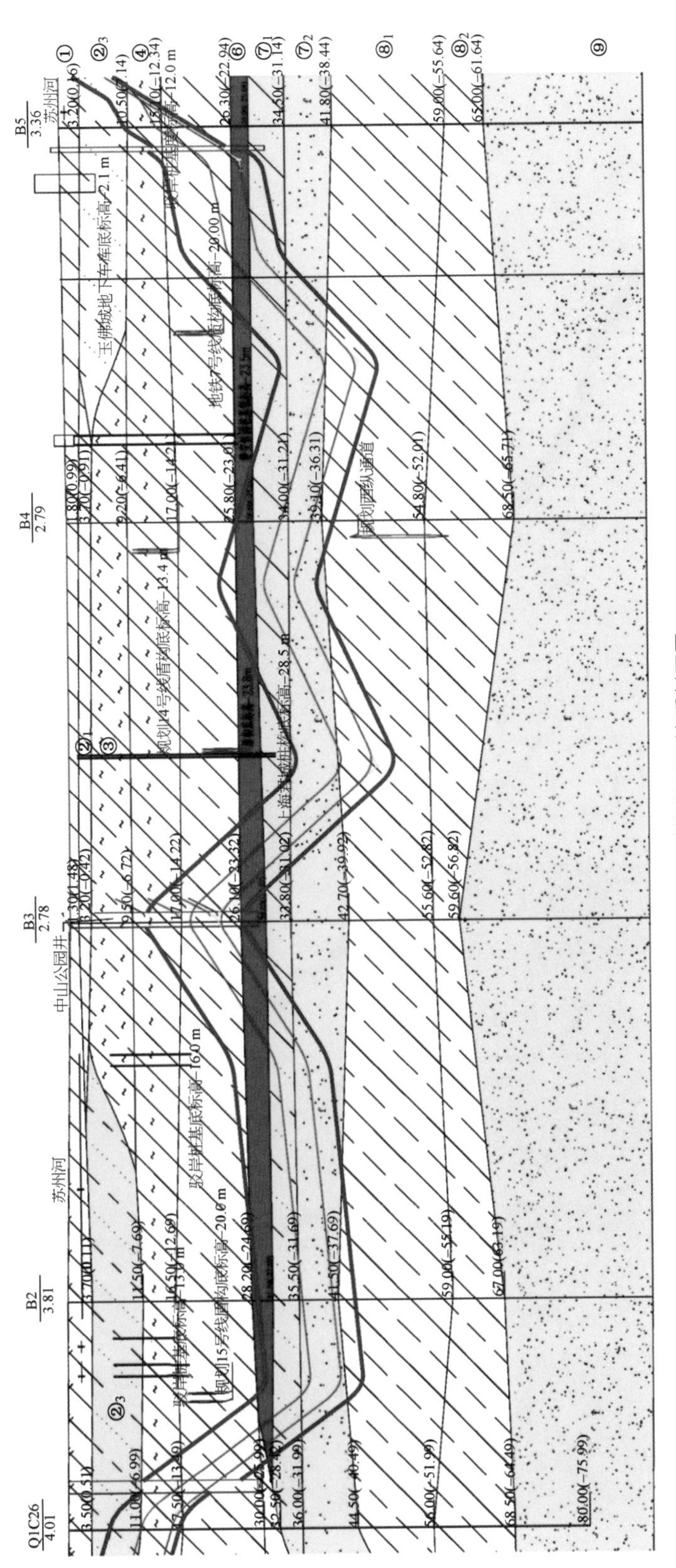

图 2-18 盾构段工程地质剖面图

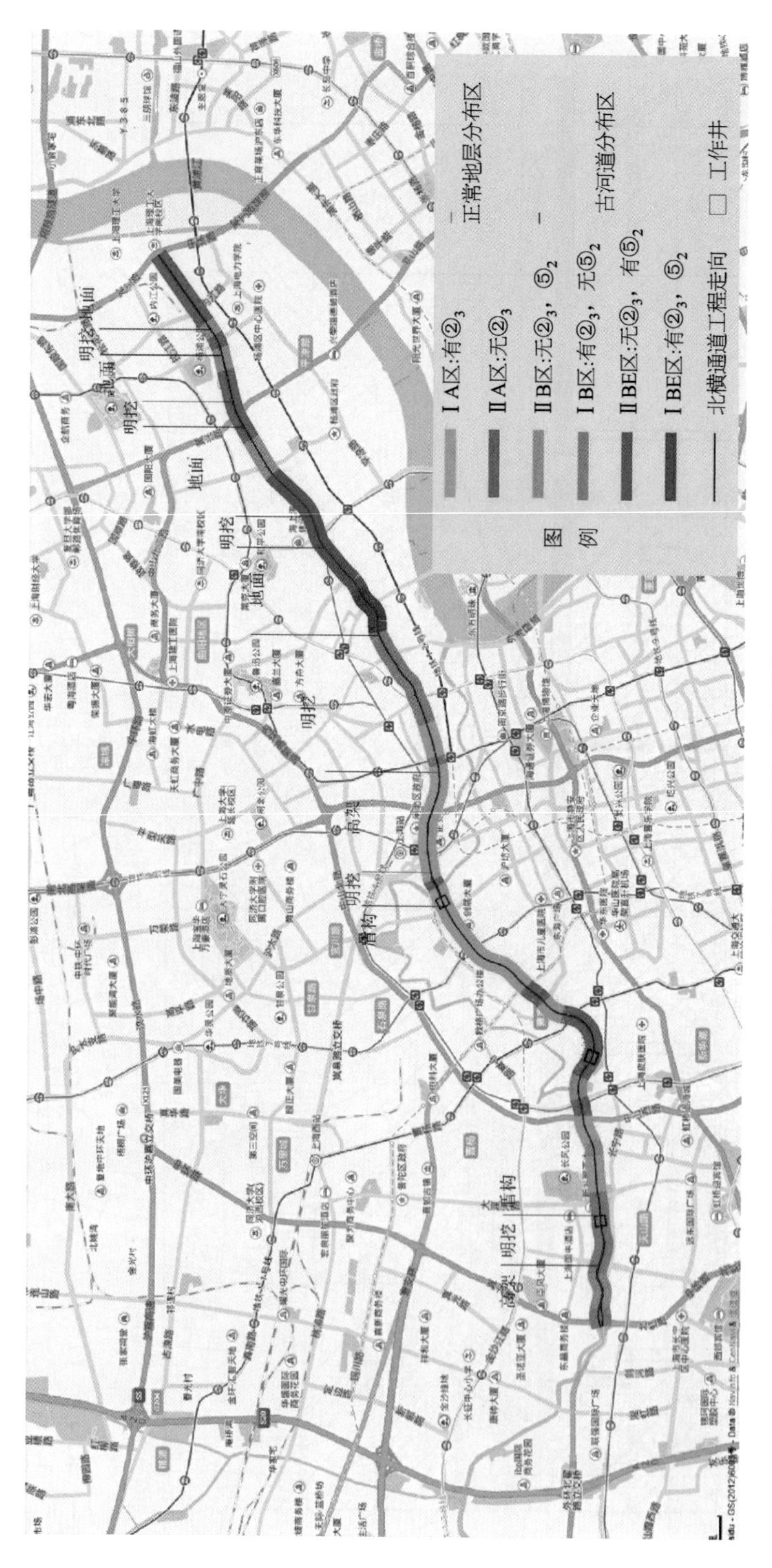

图 2-19　北横通道工程地质分区

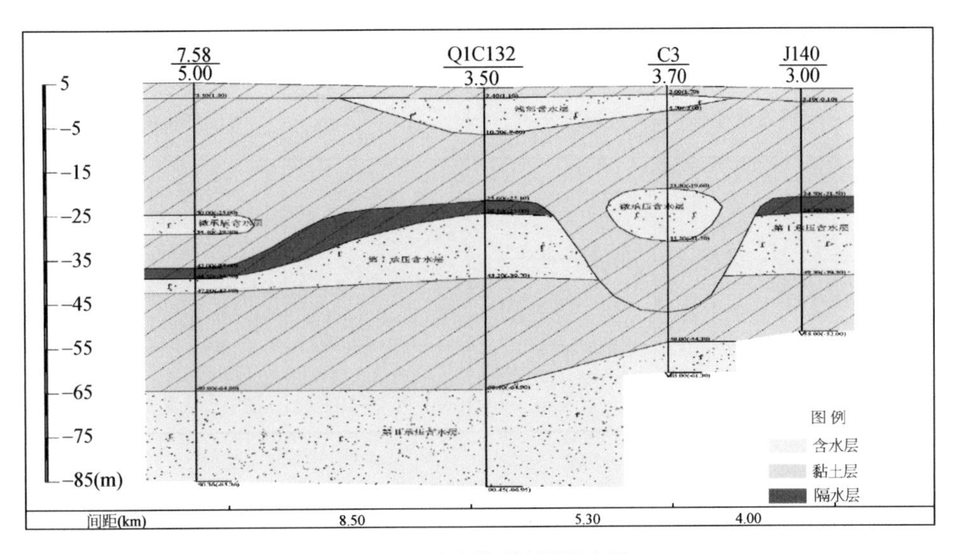

图 2-20 水文地质剖面示意图

表 2-22 明挖段地质风险识别

范围	工程地质分区	基坑最大深度	可能产生的地质风险事件(事故)
主线(接高架段—中江路工作井)	ⅠB	22.9 m	(1) 围护体侧向位移过大; (2) 流砂; (3) 承压水突涌; (4) 坑底回弹过大; (5) 不良地质条件对施工质量和环境影响大
隆昌路下立交	ⅡA, ⅡB	9.2 m	不良地质条件对施工质量和环境影响大
中山公园工作井	ⅡA	30.5 m	(1) 围护体侧向位移过大; (2) 流砂; (3) 承压水突涌; (4) 不良地质条件对施工质量和环境影响大

2.5.3.2 盾构段地质风险识别

本工程盾构覆土 9.5～34.5 m,盾构段隧道管片结构外径为 15.0 m,内径为 13.7 m。选取部分盾构段及进出洞的主要地质风险进行识别,如表 2-23 所列。

表 2-23 盾构隧道地质风险识别

盾构段范围	隧道顶埋深	地质分区	盾构掘进涉及土层	可能产生的风险事件(事故)
中江路工作井—中山公园工作井	11～28 m	ⅠA, ⅡA, ⅡB, ⅠB	④,⑤$_1$,⑤$_3$,⑥,⑦$_1$,⑦$_2$,⑧$_{1-1}$	(1) 隧道沉降量大; (2) 地表沉降量大; (3) 涌水、涌砂; (4) 近距离穿越建(构)筑物,易导致建(构)筑物变形过大

（续表）

盾构段范围	隧道顶埋深	地质分区	盾构掘进涉及土层	可能产生的风险事件(事故)
中山公园工作井—筛网厂工作井	11～49 m	ⅠA,ⅡA	④,⑤$_1$,⑤$_3$,⑥,⑦$_1$,⑦$_2$,⑧$_{1-1}$	(1) 隧道沉降量大； (2) 地表沉降量大； (3) 涌水、涌砂； (4) 近距离穿越建(构)筑物,易导致建(构)筑物变形过大
筛网厂工作井进出洞	—	ⅠA	④,⑤$_1$,⑥,⑦$_1$	发生涌水、涌砂险情

2.5.4 地质风险评估

2.5.4.1 地质风险等级确定

1. 地质风险事件发生的概率和后果等级

根据勘察资料、地质分区及专家的工程经验,采用风险评估矩阵法的评价标准确定的各地质分区各种地质风险事件的发生概率见表 2-24,发生地质风险事件的后果等级见表 2-25。

表 2-24　各地质分区发生地质风险事件的概率

拟建物性质	地质风险事件	地质分区				
		ⅠA	ⅡA	ⅡB	ⅠB	ⅡBE
明挖段	侧向位移过大	3	4	5	4	4
	流砂、管涌	5	2	1	5	2
	承压水突涌	4	3	1	1	3
	坑底回弹过大	2	2	4	4	3
	不良地质条件影响围护墙施工质量,周边地表沉降大	4	4	4	4	4
盾构段	隧道沉降量大	4	4	2	2	—
	地表沉降量过大	1	1	4	4	—
	涌水、涌砂	3	3	1	1	—
	近距离穿越建(构)筑物,导致其变形过大	4	4	4	4	—
	进出洞发生涌水、流砂险情	4	1	—	4	—

2. 各地质分区地质风险事件的风险等级确定

基于各种地质风险事件发生概率(表 2-24)及后果等级(表 2-25),依据表 2-9 评价不同地质分区下不同地质风险事件的风险等级,见表 2-26。

表 2-25 地质风险事件后果等级

拟建物性质	地质风险事件	后果等级
明挖段	侧向位移过大	3 严重
	流砂、管涌	4 非常严重
	承压水突涌	5 灾难性
	坑底回弹过大	2 需考虑
	不良地质条件影响围护墙施工质量，周边地表沉降大	4 非常严重
盾构段	隧道沉降量大	4 非常严重
	地表沉降量过大	3 严重
	涌水、涌砂	5 灾难性
	近距离穿越建(构)筑物，导致其变形过大	4 非常严重
	进出洞发生涌水、流砂险情	4 非常严重

表 2-26 各地质分区不同地质风险事件风险等级

拟建物性质	岩土工程风险事件	地质分区				
		ⅠA	ⅡA	ⅡB	ⅠB	ⅡBE
明挖段	侧向位移过大	3 级	3 级	4 级	3 级	3 级
	流砂、管涌	4 级	3 级	2 级	4 级	3 级
	承压水突涌	4 级	4 级	3 级	3 级	4 级
	坑底回弹过大	2 级	2 级	3 级	3 级	2 级
	不良地质条件影响围护墙施工质量，周边地表沉降大	4 级	4 级	4 级	4 级	4 级
盾构段	隧道沉降量大	4 级	4 级	3 级	3 级	
	地表沉降量过大	2 级	2 级	3 级	3 级	
	涌水、涌砂	4 级	4 级	4 级	4 级	
	近距离穿越建(构)筑物，导致其变形过大	4 级	4 级	4 级	4 级	
	进出洞发生涌水、涌砂险情	4 级	2 级		4 级	

2.5.4.2 地质综合风险评估结果

根据表 2-26 确定的各地质分区下不同地质风险事件发生的风险等级，分段确定北横通道的地质风险等级，结果详见表 2-27。

表 2-27　　北横通道的地质风险等级

拟建物性质		深度/m	地质分区	地质风险等级
明挖段	主线(接高架段—中江路工作井)	0～10	ⅠB	4级
		10～15	ⅠB	4级
		15～20	ⅠB	4级
		20～22.9	ⅠB	4级
	隆昌路下立交	0～9.2	ⅠA	4级
			ⅡB	3级
	中山公园工作井	30.5	ⅠA	4级
盾构段	中江路工作井—中山公园工作井	10～20	ⅠB	3级
		20～28	ⅠA,ⅡA,ⅡB	4级
		20～10	ⅡA	3级
	中山公园工作井—筛网厂工作井	10～20	ⅡA	3级
		20～49	ⅠA	4级
		20～10	ⅠA	3级
	筛网厂工作井进出洞	—	ⅠA	4级

2.5.5　地质风险控制措施

结合前述对北横通道基坑工程和隧道工程地质风险的分析和评估,针对北横通道基坑工程(明挖段)中各项常见地质风险的处理对策如表 2-28 所示,针对北横通道隧道工程(盾构段)中各项常见地质风险的处理对策如表 2-29 所示。

表 2-28　　北横通道明挖段主要地质风险事件及处理对策

序号	主要地质风险事件	处理对策
1	侧向位移过大	(1) 在古河道分布区(软土层厚度大),建议适当增加围护结构入土深度; (2) 在环境条件复杂区域,建议适当增加围护结构入土深度; (3) 按规定时限开挖及安装支撑并施加预应力,按规定时间施工底板钢筋混凝土,减少暴露时间; (4) 加强监测巡视,制订应急预案
2	流砂	(1) 在开挖前对围护设施止水效果(围护体隐患)进行预先检测,确保围护墙的止水效果; (2) 采取对地墙进行坑内外的搅拌桩槽壁加固; (3) 采用止水效果好的接头; (4) 对地墙接缝处进行三轴搅拌桩或粉喷桩加固处理等措施; (5) 如发现局部渗漏,及时采取封堵措施; (6) 加强监测巡视,制订应急预案

（续表）

序号	主要地质风险事件	处理对策
3	承压水突涌	(1) 确保降水方案合理、可行，降水井施工质量可靠，保障现场电力供应，配置应急发电机； (2) 在环境敏感区域设置回灌井备用； (3) 加强钻探孔封孔措施； (4) 地下连续墙采取防渗漏措施； (5) 加强监测巡视，制定应急预案
4	坑底回弹过大	(1) 对软黏土层厚的区域进行坑内加固； (2) 监测立柱的垂直位移，制订应急预案
5	不良地质条件影响围护墙施工质量，周边地表沉降大	(1) 查明不良地质条件和地下障碍物的具体分布范围； (2) 清障区回填土应按要求压实，必要时采取加固措施； (3) 加强围护措施的强度； (4) 围护墙施工期间加强监测

表 2-29　　北横通道盾构段主要地质风险事件及处理对策

序号	主要地质风险事件	处理对策
1	隧道沉降量大	(1) 盾构选型宜结合类似工程经验确定； (2) 施工时应根据不同的地层分层情况及时调整盾构施工参数(如盾构工作姿态、顶力、注浆量等)； (3) 应检查盾尾密封性，确保性能达到抵抗底部承压水最高水土压力及注浆压力要求
2	地表沉降量过大	(1) 详勘阶段准确划分古河道与正常地层分界线； (2) 施工时应根据不同的地层分层情况及时调整盾构施工参数(如盾构工作姿态、顶力、注浆量等)
3	进出洞发生涌水、流砂险情	(1) 在化学加固法的情况下，配合降水法，由此来排除地下水或降低水头，稳定开挖面的土体； (2) 在某些特殊工况下，如场地小、周边有管线、离构筑物比较近，风险比较大的情况下，含水层地基加固应考虑冻结法

2.6 小　结

本章以上海市中心城区北横通道工程作为案例，针对基坑工程和隧道工程，根据其实际的地质条件(地质分区)分别梳理了地质风险事件，并评估了风险等级，具体确定工程沿线各区段的地质风险等级，并提出了针对性的处理对策，为建设方和设计方提供了咨询意见，对类似工程具有指导作用。

地质环境是客观存在的，地质风险源以及由此引发的风险事件，只要各方重视，按先勘察再设计最后施工的建设流程，一般能做到地质风险源事先识别，通过采取有效的工程措施或预防措施，风险一般是可以防控的。随着城市的发展，地下空间开发向着更大、更深的趋势发展，深层地下空间开发将会涉及更复杂的地质风险，需要进一步的理论探索和实践，在实践中掌握更多经验，不断完善提升理论。

造成工程风险的因素很多，地质风险仅仅是其中之一，在后续章节将从技术、管理、社会等方面阐述地下空间开发的风险和防控措施。

3　城市地下空间开发建设技术风险

3.1　引　言

地下空间的开发，离不开地下工程建设技术的进步。近些年来，地下工程建设技术有着越来越广泛的运用和夺目诱人的商业前景，在工程建设的众多技术领域中显得十分突出。第 2 章对承载地下工程开发建设的地质环境风险进行了详细分析，然而地下工程项目具有隐蔽性强、技术复杂、作业条件差、建设工期长、作业空间有限等特点，而且动态施工过程中土体的力学状态是变化的，在实施过程中存在着许多不确定的不安全因素，使得地下工程开发建设成为一项具有高风险的工程项目。对于这些不确定的风险因素，如果掉以轻心就可能酿成重大灾害事故，造成重大的损失。为了确保工程建设目标的实现，地下工程项目实施过程中迫切需要进行有效的技术风险管理。

由于地下空间开发历史较短，经验不足，在建设中存在着一些不容忽视的技术问题和安全隐患，目前存在的主要问题包括以下两个方面。

1. *地下工程建设技术挑战*

1）地质条件异常复杂

工程地质及水文地质条件是城市地下工程设计、施工最重要的基础资料，把握好工程地质及水文地质资料是减少安全事故的前提。但由于地下工程的隐蔽性，区域地质构造、土体结构、夹砂层、地下水、地下空洞及其他不良地质体等在开挖揭示之前，很难被准确地判明。大量的试验统计结果表明，岩土体的工程地质和水文地质参数也是十分离散和不确定的，具有很大的空间变异性，这些复杂因素的存在给城市地下工程建设带来了巨大的风险，也蕴含了导致安全事故的根本因素。

2）工程结构自身及周边环境复杂

城市地下空间开发建设面临着开挖面不断增大、结构形式日益复杂、结构埋深越来越深的技术难题。地铁车站、地下商场、地下停车场和地下仓库等地下工程，单体最大地下建筑面积已超过 30 万 m^2，最大基坑面积超过 15 万 m^2，且单体及互通空间关系愈加多元，是地下工程施工中极为复杂的问题。而地下工程往往是在管线密布、建筑物密集、大车流和大人流的环境下进行施工，在这种客观环境条件下，决定了城市地下工程施工的高风险性，一旦发生事故，后果将非常严重。

3）设计理论不完善

由于地质条件异常复杂，地下结构形式多样，地下结构体与其赋存的地层之间的相互作用关系至今仍不明确，使得目前城市地下工程相关的设计规范、设计准则和标准均存在一定程度的不足，导致工程设计中所采用的力学计算模型及分析判断方法与实际情况存在一定的差异。因此，在设计阶段就可能埋下导致工程事故的风险因素。

4）施工设备及操作技术水平参差不齐

城市地下工程建设队伍众多，施工设备及技术水平参差不齐。由于工程施工技术方案与工艺流程复杂，不同的施工方法又有不同的适用条件，因此，同一个工程项目，不同单位进行施工可能会得到完全不同的施工效果，施工设备差、操作技术水平低的队伍在施工中更容易发生意外安全事故。

2. 地下工程建设技术风险管控机制不足

1）缺乏系统科学的地下空间开发建设安全监督体系，未建立事前预防机制

目前对地下工程安全监督还没有出台操作性较强的、具有一定强制意义的法规体系，实施安全管控的责任系统和流程不完善、不规范。“事故处理”与“安全检查”是建设安全控制的日常工作重心，这种被动的事后控制模式，无法做到对地下工程风险的事前管控和施工过程中事中监控，不能有效地将施工监测成果及时动态地用于反映工程安全情况，无法开展系统全面的安全风险管控和预防。

2）地下工程质量安全管理责任主体不够合理

地下工程发生事故的原因包括业主、勘察、设计、施工、信息沟通和不可抗力等多方面，而目前工程合同管理模式中，工程安全风险管理的责任主体主要由施工方承担，这是不够全面和合理的。

3）地下工程质量安全管控专业队伍不够规范

政府的质量监督和安全监督职能部门不能作为工程安全的实施单位，而只能是引导和规则制定、监督单位。但目前地下工程，对工程安全管理咨询的从业单位和人员没有明确的资质管理，对于工程安全咨询评估工作的内容、质量评价标准、咨询工作的责任认定、从业人员资格认定等都没有统一的管理，安全管理专业水平参差不齐。监理单位作为管控工程质量的主要角色，受市场恶性竞争和人员素质影响，在风险管控方面的能力受到了社会质疑。对于提供监控数据的第三方监测单位，在资质、人员技术素质等方面均没有相应的能力，针对第三方监测的管理也还不够到位。

通过以上分析可以看出，由于城市地下工程赋存于高风险的地质环境和城市环境中，其致险因子多而复杂，一旦工程建设中某个环节出了问题，就有可能引发各类事故。在这种形势下，有必要对城市地下空间开发建设中的重要分项工程（桩基、基坑、隧道）出现的事故原因进行深入的分析，在明确事故原因的基础上，梳理出主要风险源，并制订相应的风险控制对策，以有效降低安全事故的发生率。

3.2　桩基工程风险

桩基工程是地下空间开发建设中最重要的隐蔽工程，其工程质量直接关系到后续地下工程整体的功能和安全性，一旦发生安全事故，后果将不堪设想。因此，地下空间开发建设风险控制的第一步应进行桩基风险的识别与评估。

3.2.1　桩基事故分析

3.2.1.1　软土地区常见桩基问题

1. 打(压)入式预制桩

(1) 桩身质量问题。主要原因有预制桩生产过程中材料、胎膜、生产工艺、养护龄期等控制不严导致桩身强度不够、桩身几何尺寸偏差大等质量问题，装卸、运输、堆放不当造成桩身裂缝等缺陷，在施工前又未能及时发现。桩身本身质量有缺陷的桩经锤击打入或静力压入后，将严重影响桩基承载力，造成的事故很难处理。

(2) 接桩质量问题。主要原因有接桩材料、接桩方法等原因，如上下节平面偏差、焊接不牢、焊接后停歇时间过短、螺栓未拧紧、胶泥质量差等。可采用对接桩部位进行补强的方法处理。

(3) 桩身垂直度问题。原因很多，如施工中垂直度控制、布桩密度、打桩路线、持力层面坡度、地面超载、基坑开挖、相邻工程挤土桩施工等，造成桩基倾斜，严重影响桩身质量及桩基承载力。处理方法将根据事故原因采用纠偏补强、补桩等方法。

2. 钻(冲)孔灌注桩

钻孔灌注桩施工包括泥浆护壁、水下成孔、水下下笼、清孔、水下灌注等工序，每道工序或轻或重容易出现一些缺陷。

(1) 钻孔倾斜。在钻进过程中，遇孤石等地下障碍物使得钻杆偏斜，桩倾斜程度不同，对桩基承载力的影响不同，由于该类事故较难通过桩基质量检测手段测定，所以施工中的垂直度检验显得尤其重要，特别是大直径钻孔灌注桩。

(2) 坍孔。易造成断桩、沉渣、孔径突变等缺陷。产生的主要原因包括护壁不力、钻进速度过快、操作碰撞等。

(3) 充盈系数过大。一般设计要求混凝土浇灌充盈系数在1.05～1.25之间，但由于成孔工艺、地质条件等原因，造成充盈系数超过1.3，甚至达到1.6或更大，这都属于施工不正常现象，既浪费材料，也造成左右桩刚度不一致的弊病。

(4) 桩身缩径、夹泥、断桩、离析。这些均为不同程度的桩身质量问题，对桩基承载力有很大影响，具体发生的原因如下。

① 断桩。混凝土浇筑过程中，导管不慎拔出混凝土面，或由于堵管、停电等原因而采取的拔管措施，或软土层中流土、砂土层中流砂挤入钢筋笼内，或是导管大量进水。混凝土灌注中出

现的这些事故,会使混凝土灌注面与护壁泥浆混合,形成断裂面。此外,采用机械挖土时,机械设备对桩头的碰撞易使桩浅部断裂。钻孔灌注桩在使用商品混凝土时,在混凝土浇筑过程中,由于坍孔较大,实际灌注的混凝土量大大超过预估的混凝土量,再灌时的混凝土超过原混凝土的初凝时间,产生桩身浅部局部裂缝。

② 夹泥。混凝土灌注过程中,出现坍孔和内挤,坍落和挤入的土体混入混凝土中,这是一种严重的桩身缺陷。

③ 离析。混凝土和易性差、混凝土初灌量过小、导管进水、导管埋深不足、在混凝土初凝前地下水位变化等,造成桩身局部断面混凝土胶结不良,产生离析。

④ 缩径。由于泥浆压力不足,孔壁软土挤出,或者钢筋笼设计太密,当混凝土级配和流动性差时,造成桩身某些断面尺寸达不到设计要求,或地下承压水对桩周混凝土侵蚀。

(5) 孔底沉渣。对端承桩、摩擦端承桩来说,孔底沉渣对其承载力有着致命的影响,处理也很困难。施工中未按有关规范要求清孔、清孔后未及时灌注混凝土、下钢筋笼时碰撞孔壁、混凝土初灌量太小、混凝土灌注前出现坍孔,这些现象多会造成孔底沉渣超标,采用正循环法施工时沉渣问题更为突出。

(6) 初灌方法不当造成的质量事故。在混凝土初灌过程中存在一定的质量隐患。如采用阻球法进行初灌时,如果桩径较小,阻球常夹在导管与钢筋笼之间而无法上浮;采用混凝土块法又易堵塞导管;采用砂袋法时,由于砂袋密度与混凝土接近,但强度低于混凝土,一旦沉于桩底易造成沉渣,夹在桩身造成桩身质量缺陷。

3.2.1.2 桩基事故发生概率分析

通过对近 200 项软土地区桩基事故案例整理分析,工程类型涉及各行业,桩型具有一定代表性,基本涵盖了目前所有常规桩型,发现不同桩型桩基事故概率差别较大(图 3-1),其中以管桩、钻孔灌注桩、预制方桩和沉管灌注桩为主,占桩基事故的 85%,这与目前桩基应用比例中以上述桩型为主有关。可以看到,沉管灌注桩尽管应用较少,市场份额较低,但事故概率却较高,这种反常现象说明在施工不当的情况下,该桩型相对易发生质量问题,因此早在 20 世纪 90 年代初,上海地区已禁止该桩型的应用。若按预制桩和灌注桩为分类标准,则二者事故占比分别为 49%和 51%,基本相同,而从目前二者市场份额来看也是基本相当的,因此认为采用灌注桩或预制桩更安全的说法是没有科学根据的。

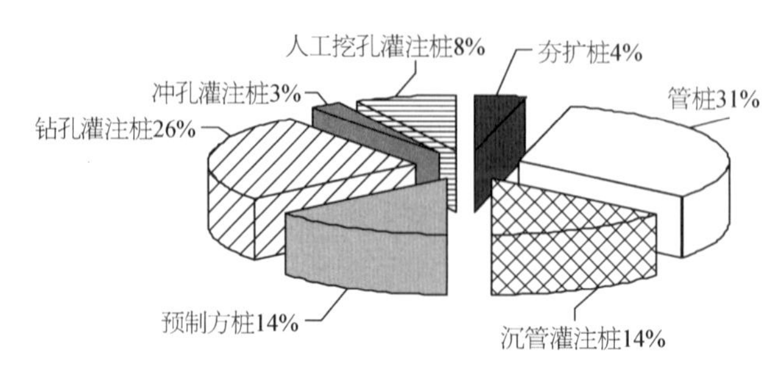

图 3-1 桩基事故分类统计

桩基事故分类雷达图如图 3-2 所示，从图中可明显看出，桩基事故现象中，以承载力不足为主要问题，这是因为目前承载力检测是最直观和可靠的手段，而大部分桩基事故均会导致承载力不足，可以说，承载力不足是桩基事故的最终结果。对所有承载力不足案例统计(图 3-3)发现，灌注桩承载力不足比例相对较高，这是因为灌注桩承载力与施工控制和地质条件等因素密切相关。在其他事故现象中，断桩、偏斜、桩身损坏则是较为常见的事故类型，但是这些事故非某种桩型独有。如目前提起桩基偏斜就片面认为肯定是管桩，而统计结果(图 3-4)表明，在发生偏斜案例中，48％为管桩，灌注桩也占 33％，预制方桩占 14％。若考虑它们的应用比例，则事实上这种显著性只是相对的。

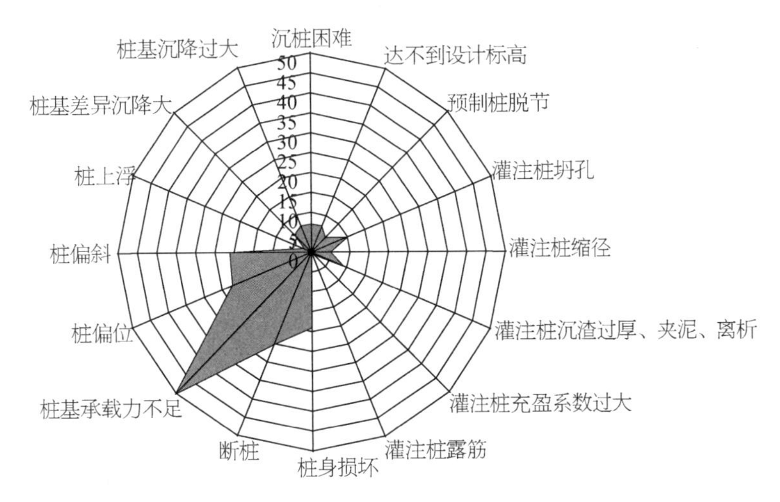

图 3-2 桩基事故分类雷达图

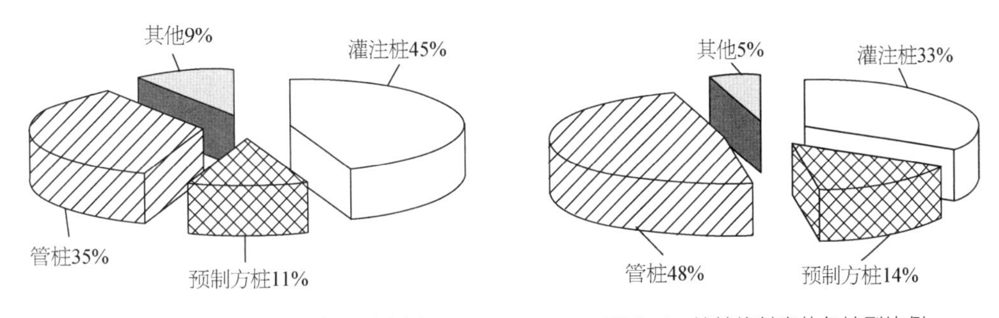

图 3-3 承载力不足事故各桩型比例

图 3-4 桩基偏斜事故各桩型比例

3.2.1.3 桩基事故原因分析

桩基工程质量受多项因素的影响，如工程勘察、设计、施工及检测等因素，尤其施工因素，涉及内容较多，从施工质量，到施工工艺、方法选择等，对桩基工程质量影响最大，所以只有深入分析桩基础施工中常见的质量事故及事故发生的原因，以及针对性预防措施的选择，才能有效控制桩基工程质量，保证整体工程的安全。

分析 3.2.1.1 节统计的桩基事故原因，可以发现事故的发生多数是由于勘察、设计、施工及检测等技术工作中存在问题，具体汇总如下。

1．工程勘察质量问题

工程勘察报告提供的地质剖面图、钻孔柱状图、土的物理力学性质指标以及桩基建议设计参数不准确，尤其是土层划分错误、持力层选取错误、侧阻力及端阻力取值不当，均会给设计带来误导，产生不良后果。

2．桩基设计质量问题

设计质量问题主要有桩基础选型不当、设计参数选取不当等问题。不熟悉工程勘察资料，不了解施工工艺，主观臆断选择桩型，会导致桩基施工困难，并产生不可避免的质量问题；参数指标选取错误，结果造成成桩质量达不到设计要求或造成很大的浪费。“某焦化厂房项目桩基偏斜”事故中除了本身地质条件较差，布桩过密也是引起事故的重要因素之一；在上海浦东某大厦主楼桩基工程中，选择过深的钻孔灌注桩，增加了成孔施工的难度，最终不能保证成桩质量，反而达不到设计所希望的效果。

3．桩基施工质量问题

施工质量问题一般是桩基质量问题的直接原因和主要原因。桩基施工质量事故原因很多，人员素质、材料质量、施工方法、施工工序、施工质量控制手段、施工质量检验方法等各方面出现疏忽，都有可能导致施工质量事故。

对于预制桩而言，不同的桩基施工方法对桩周边的土层造成的扰动各不相同。沉桩对周围土体工程性质的影响主要表现在土体抗剪强度降低、渗透系数的变化、土体变形等，由此产生的对桩承载力的影响通常是非常明显的。不同的沉桩施工方法对单桩承载力强度的影响主要表现在以下几个方面：

(1) 对周边土体产生一定的扰动，改变了土体的性质，不同的沉桩方式对土体扰动程度差别较大。

(2) 沉桩时土体受到超过其极限强度的冲击作用，产生挤出破坏，强度丧失，不同的沉桩(成桩)方式对土体的破坏形式不同。

(3) 桩周土体隆起或水平位移使桩身产生负摩擦力的程度不同。

(4) 桩身受土体挤压严重时会产生弯曲和扭转，并在桩身内部产生附加弯矩，由于土体挤压不同，附加弯矩及影响程度不同。

(5) 在密集的建筑群沉桩时，对邻近桩的影响程度不同。

(6) 土体中形成较大超静孔隙水压力，沉桩以后，由于超静孔隙水压力随时间而消散，地面会产生再固结作用，有效应力增加，由于产生的超静孔隙水压力不一致，其恢复程度和所需时间有所差异。

4．桩基检测问题

桩基检测理论不完善、检测人员素质差、检测方法选用不合适、检测工作不规范等，均有可能对桩基完整性普查、桩基承载力确定等给出错误结论与评价。

3.2.1.4 典型桩基工程事故案例剖析

上海莲花河畔景苑7号楼位于基地北侧，北临淀浦河，为13层剪力墙结构体系，基础采用PHC管桩+条形地基梁，工程桩总数为118根，桩型为PHC AB 400高强混凝土管桩，桩长33 m，桩端持力层均为第⑦$_{-1-2}$层粉砂层，桩全截面进入该层土1 m，单桩承载力设计值为1 300 kN。

该楼于2008年年底结构封顶，同时期开始进行12号楼(公建-商业)的地下室开挖，土方单位将挖出的土方堆在5号楼、6号楼、7号楼与防汛墙之间，距防汛墙约10 m，距7号楼约20 m，堆土高3～4 m，至2009年6月27日早上5时30分左右，莲花河畔景苑在建7号楼发生向南整体倾倒事故。

倒楼事故发生后，迅速对其他建筑物周边的堆土采取了卸土、填坑等措施，稳定地基和房屋变形，排除房屋倾倒的隐患。

事故发生的技术原因主要是：地质条件软弱，堆土影响范围内浅层软土是上海地区最为软弱的地层条件，在水平力作用下容易产生较大变形甚至破坏；施工单位堆土过高，过高堆土加之基坑开挖形成的临空面，最大高差达十多米，对基础形成了很大的侧向推力，造成基础侧移后偏心，最终引起侧翻。

3.2.2 桩基风险源识别与评估

3.2.2.1 桩基主要风险源

根据3.2.1.3节中桩基事故的统计分析，桩基事故的发生有勘察、设计、施工及管理等各方面的原因，同时不同桩型(预制桩、灌注桩)的质量问题类型明显不同，因此，本节对桩基风险源的识别将分为勘察设计、沉桩(成桩)、检测及土方开挖等阶段，基于专家调查法，梳理出可能导致3.2.1.1节中主要桩基质量问题的风险源。

1. 勘察设计阶段

根据3.2.1.3节桩基事故原因的分析，勘察设计在桩型选择、承载力确定、持力层深度、不良地质条件规避等方面缺乏经验或者设计不合理往往也是事故产生的源头，因此，总结勘察设计阶段常见的风险源主要包括以下几个方面：

(1) 不良地质条件未探明。如岩溶地区的溶洞大小、范围等未探明，容易造成桩基承载力不足及沉降过大等风险。

(2) 地质资料数据失真。一般有相关地区工程经验的勘察单位提供的地质资料或者地层分布较均匀地区的地质资料相对可靠，但是如果地层的定名及分层发生较大偏差，同样会对桩基施工及承载力产生很大影响。

(3) 管线未探明。主要是工程场地内或邻近的重要管线(电力、煤气、通信、给排水等)未准确探明，桩基施工过程中容易发生管线破损等风险。

(4) 地下障碍物调查失真。主要是指场地内的原有地下建(构)筑物未准确探明,将影响后续桩基施工方案及清障方案的制订及实施。

(5) 设计参数不合理。设计参数主要包括与承载力相关的各土层侧阻力、端阻力以及与沉降相关的压缩模量等参数,参数不合理将影响桩基选型设计,造成设计保守、资源浪费或者安全余量不足,存在风险。

(6) 桩基选型不合理。选型的合理性(预制桩、灌注桩、钢管桩等)影响更多的是工程的经济性,但是如果偏差太大,同样会引起施工困难、桩基质量无法保证等问题。

(7) 桩长、持力层设计不合理。桩长、持力层的设计与桩基承载力发挥和后期沉降相关性很大,不合理的设计将对桩基的经济性和安全性产生影响。

(8) 周边建筑未检测。主要考虑大面积桩基施工对环境的影响,尤其是对于预制桩来说,挤土效应非常明显,如果未提前对邻近建筑进行检测和安全评估,将影响保护方案的制订,同时,一旦桩基施工过程中邻近建筑发生质量问题,将引发纠纷。

2. 沉桩(成桩)阶段

本阶段即桩基施工阶段,在已统计的众多事故成因中,施工原因很明显是最主要的,占71%,施工因素中包含了诸多内容,如桩身质量、施工工艺、施工管理是与桩基质量最为密切的。由于不同桩型的施工工艺不同,因此,本阶段的风险源识别细分为预制桩和灌注桩两大类。

1) 预制桩

(1) 桩身质量不满足要求。预制桩主要在工厂内根据相应标准进行预制生产,其桩身质量主要与厂家管理有关,对后续的承载力发挥和沉降控制影响重大。

(2) 接桩不满足设计要求。目前预制桩的接桩主要采用现场焊接的方式,对焊接的工艺、时间有严格要求,如果接桩质量控制不好,容易造成断桩等风险。

(3) 沉桩设备选型不合理。沉桩设备的选型要综合桩型、地质条件和周边环境等,静压要选择合理的压桩力,锤击关键是锤重的选择,不合理的沉桩设备不但造成沉桩困难,更可能破坏桩身。

(4) 沉桩流程不合理。对于预制桩来说,沉桩过程是明显的挤土过程,合理的沉桩流程旨在控制后沉桩挤土效应对已沉桩的影响,并且控制大面积沉桩对邻近管线和建筑的影响。

(5) 沉桩速度过快。沉桩速度过快将放大挤土效应的不利影响,容易导致桩基偏斜、开裂以及邻近管线和建筑的破坏等问题。

(6) 未充分考虑挤土效应。针对大面积的预制桩施工,除了沉桩流程和速度控制外,如果邻近有重要建筑物或者管线需要保护,应充分考虑挤土效应的影响,采取应力释放或者土体加固等措施,否则可能导致邻近管线和建筑的破坏。

(7) 沉桩方式不合理。对于预制桩来说,沉桩方式主要是静压和锤击的选择,除了考虑周边环境影响(锤击噪声)外,主要是适应地层特性,不合理的沉桩方式容易造成沉桩困难和桩身破坏等风险。

2）灌注桩

(1) 缩径。缩径问题主要在软土地层成孔中发生，将导致成桩直径不满足设计要求，钢筋保护层不足甚至钢筋外露等风险。

(2) 桩身混凝土不合格。桩身混凝土不合格对最终桩身质量会产生很大影响，将影响承载力发挥，导致沉降过大或不均匀沉降等风险。

(3) 孔底沉渣厚。孔底沉渣主要与地层条件、成孔工艺、洗孔措施以及浇筑混凝土速度等有关，在较厚粉砂层中成孔较难控制，沉渣过厚将导致承载力不足和沉降过大等风险。

(4) 泥皮过厚。泥皮厚度主要与成孔工艺及泥浆配置有关，过厚的泥皮将导致桩身与原状土无法充分接触，影响桩侧摩阻力的发挥。

(5) 钢筋及接头不满足要求。钢筋和接头质量对抗拔桩的影响更为显著，不合格的钢筋或接头施工将导致钢筋拉断，抗拔承载力不足会引起建筑物上浮等风险。

(6) 成孔方式不合理。成孔方式(钻孔、冲孔、旋挖等)的选择要与地质条件相适应，不合理的成孔方式将导致成孔质量差，影响桩身质量和承载力发挥。

(7) 垂直度不满足要求。成孔的垂直度将直接影响最终成桩的垂直度，垂直度控制与成孔方式选择及施工质量有关，垂直度偏差太大将导致桩基偏心受力，引起承载力不足及沉降过大等风险。

3. 检测阶段

桩基检测是指导设计、验证设计合理性和施工质量的重要手段，检测数据的失真及检测工作不规范等，均有可能对桩基完整性普查、桩基承载力确定，给出错误结论与评价。本阶段的主要风险源包括以下两个方面。

(1) 检测数据失真。检测数据的真实性与检测方式选择及过程控制有关，失真的检测数据无法真实反映桩基承载能力及沉降特性，误导设计，影响最终桩基的安全性及经济性。

(2) 抽检比例不合格。未按规范要求的比例抽检，可能无法反映大面积沉桩(成桩)的质量，无法发现缺陷桩，影响后期长期使用的安全。

4. 土方开挖阶段

对于有地下室的建(构)筑物来说，桩基先施工至地面以下的设计标高，后期土方开挖完成后再进行桩头处理和底板施工，土方开挖对最终的桩基安全亦有重要影响，主要风险源包括以下三个方面。

(1) 土方开挖方式不合理。如果野蛮开挖，容易造成桩身破坏，同时，对于软弱黏土中的桩来说，不合理的开挖容易导致土体隆起过大，产生过大的负摩阻力，甚至有断桩的风险。

(2) 休止时间不足。对于预制桩来说，由于沉桩的挤土效应，土体需要一定的休止时间才能恢复，如果休止时间不足就进行开挖，容易导致桩基承载力不足，甚至发生偏斜、破坏等风险。

(3) 截桩方式不合理。对于沉桩(成桩)后桩顶高于设计标高的情况，需要截桩至设计标高，不合理甚至是野蛮的截桩方式(锤击、挖机等)将导致桩头以下的桩身质量受损，影响桩基安全。

3.2.2.2 桩基风险评估

对于已确定的桩基风险源，按照 1.3.3.2 节中的风险评估标准进行风险评估，其中风险概率等级标准按照不可能发生、很少发生、偶尔发生、可能发生和频繁发生分为五级，风险事故损失等级按照可忽略、需要考虑、严重、非常严重和灾难性分为五级。由于桩基风险发生概率及风险损失与不同地区、不同地层条件及施工工艺有关，应用时应根据实际情况进行合理评价，形成如表 3-1 所示的桩基风险评估汇总表。

表 3-1 桩基风险评估汇总表

<table>
<tr><th colspan="2">阶段</th><th>桩基风险源</th><th>风险概率</th><th>风险损失</th><th>风险评估</th></tr>
<tr><td colspan="2" rowspan="9">勘察设计阶段</td><td>不良地质条件未探明(溶洞等)</td><td></td><td></td><td></td></tr>
<tr><td>地质资料数据失真</td><td></td><td></td><td></td></tr>
<tr><td>管线未探明</td><td></td><td></td><td></td></tr>
<tr><td>地下障碍物调查失真</td><td></td><td></td><td></td></tr>
<tr><td>设计参数不合理</td><td></td><td></td><td></td></tr>
<tr><td>桩基选型不合理</td><td></td><td></td><td></td></tr>
<tr><td>桩长、持力层设计不合理</td><td></td><td></td><td></td></tr>
<tr><td>周边建筑未检测</td><td></td><td></td><td></td></tr>
<tr><td>……</td><td></td><td></td><td></td></tr>
<tr><td rowspan="16">沉桩
(成桩)
阶段</td><td rowspan="8">预制桩</td><td>桩身质量不满足要求</td><td></td><td></td><td></td></tr>
<tr><td>接桩不满足设计要求</td><td></td><td></td><td></td></tr>
<tr><td>沉桩设备选型不合理</td><td></td><td></td><td></td></tr>
<tr><td>沉桩流程不合理</td><td></td><td></td><td></td></tr>
<tr><td>沉桩速度过快</td><td></td><td></td><td></td></tr>
<tr><td>未充分考虑挤土效应</td><td></td><td></td><td></td></tr>
<tr><td>沉桩方式不合理</td><td></td><td></td><td></td></tr>
<tr><td>……</td><td></td><td></td><td></td></tr>
<tr><td rowspan="8">灌注桩</td><td>缩径</td><td></td><td></td><td></td></tr>
<tr><td>桩身混凝土不合格</td><td></td><td></td><td></td></tr>
<tr><td>孔底沉渣厚</td><td></td><td></td><td></td></tr>
<tr><td>泥皮过厚</td><td></td><td></td><td></td></tr>
<tr><td>钢筋及接头不满足要求</td><td></td><td></td><td></td></tr>
<tr><td>成孔方式不合理</td><td></td><td></td><td></td></tr>
<tr><td>垂直度不满足要求</td><td></td><td></td><td></td></tr>
<tr><td>……</td><td></td><td></td><td></td></tr>
</table>

（续表）

阶段	桩基风险源	风险概率	风险损失	风险评估
检测阶段	检测数据失真			
	抽检比例不合格			
	检测方案不合理			
	……			
开挖阶段	土方开挖方式不合理			
	休止时间不足			
	截桩方式不合理			
	……			

3.2.3 桩基风险控制措施

由于软土地区地层特性，桩基风险事故发生的频率较其他地区高，因此，本书针对 3.2.2.1 节的风险源梳理结果，结合软土地区的长期工程实践，对软土地区的桩基风险可采取以下控制措施。

3.2.3.1 勘察阶段

(1) 针对设计和施工中需要解决的工程问题，细化勘察大纲，选择适宜的勘察测试手段，精心勘察，提供反映客观实际的地质剖面图、钻孔柱状图和土各类物理力学性质参数。

(2) 关注溶洞等不良地质条件，深入分析持力层，建议合理的桩型、持力层和设计参数，预测桩基设计和施工中可能存在的风险，提出防范措施和建议。

3.2.3.2 桩基设计阶段

合理选择桩基方案，主要是桩基选型、设计参数确定等方面。要读懂勘察报告，充分掌握地质条件，避免因设计不合理导致的工程隐患，同时求得效益最优化。具体包括以下几个方面。

1. 桩型选择

软土地区一般采用的桩型包括混凝土预制桩、钻孔灌注桩和钢管桩。钢管桩因其价格昂贵，仅会在少量特殊工程中使用。由于混凝土预制桩具有桩身质量易控制、单位体积混凝土提供的承载力高、造价相对经济等优点，当周边环境条件允许时，一般首选混凝土预制桩。钻孔灌注桩在许多城市广泛运用，主要考虑其无挤土效应与振动的不利影响、对周边环境干扰小的优点，但是要注意在厚层软土地区须谨慎应用。

2. 桩基持力层的选择

根据相关规范规定，桩基宜选择压缩性较低的黏土、粉土、中密或密实的砂土作为持力层，不宜将桩端悬在淤泥质土层中。当遇到非常厚的软土层时，宜选择中、低压缩性土层作为桩端持力层。在上海地区，根据工程经验，可以选择含水量$<35\%$、孔隙比<1 的黏土第⑤$_3$层或第⑧$_2$层作为桩基持力层。软土地区选择桩基持力层时，需要同时满足上部荷载对桩基承载力和容许变形

的要求,并且一般以变形为控制指标。在很多情况下,即使桩基承载力已经满足要求,但持力层下分布一定厚度的软土层,其最终沉降量偏大,亦不能满足变形要求,需要重新选择更深的持力层。

某新村 15 号楼纠偏加固案例中,场地中淤泥质黏土分布广,厚度大,深度从 -30.00～-5.00 m 范围内,几乎都是淤泥质黏土,场地条件较差。原设计桩基的最大深度仅达到 -12.00 m,持力层仍然在淤泥质黏土中,难以获得稳定的承载力。竣工后,由于不均匀受力,导致软土产生流塑现象,出现不均匀沉降,整体楼层向北倾斜严重。此类事故的主要原因是对地基承载力过高估算,并没有将桩基的端部深入土性较好的土层中,导致不均匀沉降。在遇到此类情况时,不应也不能把桩基持力层定在淤泥质黏土中。

3. 单桩承载力的估算

影响桩基承载力发挥的因素很多,包括桩基持力层的选择、桩侧土的组成和其他非土性因素(如桩身质量等)。目前,软土地区确定单桩承载力的方法包括:根据土性条件查表确定承载力参数,根据静力测探与标贯成果估算承载力,等等。在实际工程中,施工工艺和施工质量对单桩承载力的影响极大,因此根据相关规范要求,建议进行一定数量的静载荷试验以确定最终的单桩承载力。在软土地区,使用静力触探成果预测桩基承载力,其预测精度相对更好。

4. 基础沉降量预测

影响桩基沉降的因素很多,包括荷载大小、加荷速率、桩基持力层及压缩层深度范围内的土层性质、桩型、桩长、布桩面积系数、施工质量和施工流程等。软土地区通常采取以沉降控制为主的设计原则,因此如何较为准确地预测沉降量有着重要的意义。

由于钻探取样进行室内试验获取的压缩模量不可避免地受到土样扰动的影响,尤其是粉土或砂土的室内试验压缩模量比较离散且与实际差异大,因此对于无法或难以采取原状土的粉土或砂土,建议采用原位测试成果资料估算压缩模量。对黏土则可以采用室内试验方法确定不同压力条件下的压缩模量。

3.2.3.3 施工阶段

(1) 沉桩顺序控制。由于软土地区的土质较差,沉桩时必须考虑沉桩顺序,如从一侧往另一侧沉桩或从中央往四周沉桩,但是同时也必须考虑沉桩对周围建筑物的影响。

(2) 沉桩速率控制。软土具有明显的触变性、低渗透性等特点。在软土中沉桩速率越快,对土体的扰动越大,重塑固结引起的沉降量也越大。另外,过快的沉桩速率将导致超孔隙水压力剧增,挤土效应易造成桩接头脱节,引发非土性因素的沉降。

(3) 成孔质量控制。钻孔灌注桩施工时,必须保证对周围土体的扰动较小,要保证成孔质量,避免孔壁塌陷和缩径等情况。

(4) 控制加荷速率。不同加载速率对桩基础的最终沉降量是有一定影响的,这个现象在软土地区尤其明显,尽管工程的工期不可能大幅拖延以减少沉降,但是绝不可因为一味抢工期而忽略因此产生的后果。

3.2.3.4　**检测及开挖阶段**

检测过程中必须选择可靠、负责的检测单位。现在建设单位往往对检测不重视，低价中标的检测单位可能不具有相应的检测实力，尤其是对于大吨位的静载试验来说，对于加载体系、量测技术的要求很高，如果操作不当容易导致试验失败或数据失真，影响判断甚至是误导设计。

土方开挖阶段往往是桩基风险控制中最容易被忽视的阶段，尤其是软土地区，如果开挖速度过快，极易造成软土大面积的扰动，而桩顶一般位于软弱黏土中，若没有有效的嵌固，极易随着软土的位移而发生偏位，甚至是折断。上海、浙江、江苏等软土地区预制桩开挖之后偏位现象屡屡发生，个别项目桩顶偏差甚至超过 1 m(图 3-5)。因此，软土地区的开挖应严格按照分区、分块、分层开挖的原则，减少坑底土扰动对工程桩的影响，同时，禁止野蛮开挖，避免挖机对桩基的破坏。

图 3-5　软土地区预制桩开挖后大面积偏斜

3.3　基坑工程风险

地下空间开发建设必然涉及基坑工程，并且随着地下空间开发的深度、规模不断扩大，深大基坑项目越来越多。由于施工条件和施工环境的影响，基坑工程不可避免地存在着复杂性和不确定性等特点，且基坑工程多为临时性工程，安全储备相对较小，且常常得不到参建各方应有的重视，因此，多年来基坑工程一直是地下空间开发建设事故发生的重灾区，基坑工程的风险控制是地下空间开发建设风险控制的重要一环。

3.3.1　基坑事故分析

为便于后续的基坑风险源梳理及评价，本书首先对已收集的 342 个基坑事故资料进行技术及管理原因的分析。

3.3.1.1　**基坑事故概率分析**

1. 按责任单位

本书按勘察单位、设计单位、施工单位、监理单位、监测单位和建设单位六个责任部门进行统计分析。尽管某些工程事故原因单一,但更多的工程事故是由多方面原因造成的,因而出现了事故原因数大于事故数的情况。根据统计数据,可以得到工程事故原因频数分布表,如表 3-2所示。

表 3-2　基坑失事原因频数分布表

事故原因	勘察	设计	施工	监理	监测	业主
频数	27	182	270	10	14	27
比例	5.09%	34.34%	50.95%	1.89%	2.64%	5.09%

2. 按支护结构形式

目前,基坑工程的支护形式很多,比较常用的有排桩支护(包括悬臂式、桩撑式、桩锚式)、地下连续墙、土钉支护、深层搅拌桩、放坡等。根据收集的事故资料,按支护结构类型可以得到工程事故原因频数、频率分布表,如表 3-3 所示。

表 3-3　失事基坑支护结构类型频数、频率分布表

支护结构类型	悬臂	桩撑	桩锚	地下连续墙	土钉支护	深层搅拌桩	土钉墙	深井(箱)	放坡	其他
频数	132	48	38	24	36	34	7	3	17	3
频率	0.386	0.140	0.111	0.070	0.105	0.099	0.020	0.009	0.050	0.009

由表 3-3 可知,排桩支护结构采用频率最高,相应的失事频率也最高,其次是土钉支护,然后是深层搅拌桩。此外,在一些大型地铁车站和超深基坑中采用的地下连续墙失事的频率也比较高。放坡开挖(包括无支护)的失事频率也不容忽视。其他如土钉墙、沉井(箱)等支护形式采用频率很小,失事频率也很小。

这里需要指出的是,上述统计的某种支护结构形式在失事基坑中的比例,是一个相对失事频率。所以,失事频率最小的支护结构,不一定就是最佳的支护结构,因为其采用频率也最小。同样,采用频率最高的支护结构,不一定就是最佳的支护结构,因为其失事频率也最高。

在实际工程中,具体采用何种支护结构形式应根据工程地质及水文地质条件、基坑的平面尺寸和开挖深度、荷载情况、周围环境要求、工程功能、当地常用的施工工艺设备以及经济技术条件综合考虑。

3. 按开挖深度

根据统计失事基坑开挖深度数据,可将失事基坑按最大开挖深度 h 分为四类:第一类,$h \leqslant 6$ m(一层地下室);第二类,6 m$<h \leqslant 10$ m(二层地下室);第三类,10 m$<h \leqslant 14$ m(三层地下室);第四类,$h>14$ m(四层及以上地下室或特种结构)。根据收集的事故资料,按基坑最大开挖深度可以得到工程事故原因频数、频率分布表,如表 3-4 所示。

表 3-4　　失事基坑开挖深度频数、频率分布表

基坑开挖深度	$h\leqslant6$ m	6 m$<h\leqslant$10 m	10 m$<h\leqslant$14 m	$h>$14 m
频数	56	129	65	32
频率	0.199	0.457	0.230	0.113

根据表 3-4，在实际工程中，基坑开挖深度为 6～10 m 的频率最高，失事频率也最高；其次为开挖深度 10～14 m 的基坑；开挖深度 $h\leqslant6$ m 的基坑，虽然开挖深度不大，但是容易引起相关单位的忽视，所以其失事频率不低；开挖深度 $h>14$ m 的基坑，开挖深度虽然较大，但由于实际工程中采用此深度的基坑数量相对较少，再加上相关单位都比较重视，其失事频率最小。

在上述四类基坑开挖深度下，相关责任单位在基坑事故中相应的频数统计如表 3-5 和图 3-6所示。

表 3-5　　失事原因频数分布表

开挖深度	不同原因对应的事故频数						失事基坑数量
	勘察	设计	施工	监理	监测	业主	
$h\leqslant6$ m	5	32	49	1	2	6	56
6 m$<h\leqslant$10 m	9	72	105	5	5	7	129
10 m$<h\leqslant$14 m	6	35	46	0	4	4	65
$h>$14 m	1	18	25	0	1	1	32

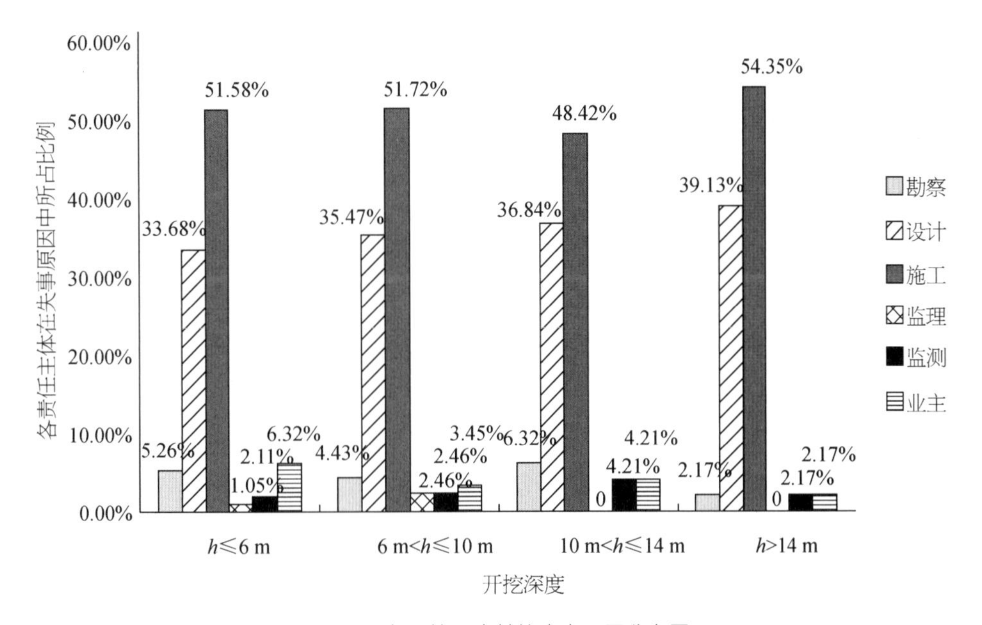

图 3-6　各开挖深度基坑失事原因分布图

从表3-5和图3-6可知,除基坑开挖深度在10～14 m时,由于施工原因造成的基坑事故占事故总数的比例接近50%,其余深度下该比例均超过50%。由于设计原因造成的基坑事故在各深度下均超过33%,由于设计和施工原因造成的基坑事故之和占事故总数的85%以上,其中,当基坑开挖深度大于14 m时,二者之和更是达到93.4%。由此可见,目前在我国深基坑工程中,施工和设计方面的失误是造成事故的主要原因;由于勘察原因引起的事故在各开挖深度下,均在7%以下,勘察引起的事故占事故总数的比例随基坑开挖深度变化不大;由于业主单位原因引起的事故在各开挖深度下,均在7%以下,其中当开挖深度小于6 m时,其所占比例较其他深度下明显要高,这与业主对开挖深度较小的基坑不够重视、基坑支护投入不够有关;由于监理原因引起的事故在各开挖深度下,均在3%以下,并且都集中在开挖深度小于10 m的基坑中,说明开挖深度较大时,监理对基坑的重视程度加大,加强了工程的监控力度,因而事故很少发生;由于监测原因引起的事故在各开挖深度下,均在5%以下,监测引起的事故占事故总数的比例随基坑开挖深度变化不大。

3.3.1.2 基坑事故原因分析

根据统计结果可以看出,目前我国深基坑事故发生的主要原因是施工和设计方面存在的问题造成的。由于有相当一部分围护工程及降水设计方案是由施工单位自行完成,并非设计院出图,因而就设计与施工二者来说,施工又是主要的。归纳起来主要原因包括以下几个方面。

1. 施工问题

(1) 施工队伍杂乱,素质较差,不少施工队伍名义上隶属于大公司,实际上是挂靠队伍,公司只收管理费;

(2) 施工管理水平欠缺,层层分包,单纯追求进度;

(3) 规范、工法意识差,施工质量无保障;

(4) 没有或缺少监控意识和监测能力;

(5) 施工设备陈旧老化或不匹配,机械施工水平低;

(6) 缺乏在复杂条件下施工的经验,快速反应和应急能力差;

(7) 缺少自行设计的能力,操作不规范等。

2. 工程设计问题

(1) 缺乏地质条件或复杂环境下的设计经验,表现为某些设计计算取值不合理、不正确等;

(2) 对某些新的工法不甚了解,名为设计方出图,实际上是施工方在做设计;

(3) 某些设计公司,对应用范围、假设条件的理解不够深入、全面;

(4) 工作程序不规范,在没有勘察资料情况下盲目出图。

3. 业主管理问题

(1) 不切实际地盲目压价;

(2) 不适当地干预场地勘探及测试方案、基坑围护及降水方案(目的是压价);
(3) 让承包方垫资,拖欠工程进度款,拖延或拒签应签的签证等。

4. 其他问题

工程失事的其他原因,如勘察单位主要体现在外业作业弄虚作假或报告结论建议把关不严上。监测单位数据的真实性和及时性,监理单位对重大危险源的控制,尽管所占比例较小,也需引起重视。

3.3.1.3 典型基坑工程事故案例剖析

某基坑车站总长 934.5 m,标准段总宽 20.5 m,为 12 m 宽岛式站台车站,发生事故的地段为湘湖站的北 2 基坑,长 107.8 m,宽 21.05 m,开挖深度 15.7~16.3 m。基坑围护设计采用地下连续墙加钢管内支撑方案。地下连续墙厚 800 mm,深度为 31.5~34.5 m,标准段竖向设置 4 道Φ609 钢管支撑,支撑水平间距 2.0~3.5 m,支撑中部设置中间钢构立柱。

2008 年 11 月 15 日 15 点 15 分左右,北 2 基坑部分支撑首先破坏,西侧中部地下连续墙横向断裂并倒塌,倒塌长度约 75 m,墙体横向断裂处最大位移约 7.5 m,东侧地下连续墙也产生严重位移,最大位移约 3.5 m。由于大量淤泥涌入坑内,风情大道随后出现塌陷,最大深度约6.5 m。地面塌陷导致地下污水等管道破裂,河水倒灌造成基坑和地面塌陷处进水,基坑内最大水深约 9 m。事故造成在此处行驶的 11 辆汽车下沉陷落(车上人员 2 人轻伤,其余人员安全脱险),最终共造成 21 人死亡,24 人受伤,直接经济损失 4 900 余万元,属于重特大事故。

事故调查分析表明,基坑坍塌的直接原因是基坑土方开挖过程中,基坑超挖,钢管支撑架设不及时,垫层未及时浇筑,钢支撑体系存在薄弱环节等因素,引起局部范围地下连续墙产生过大侧向位移,造成支撑轴力过大及严重偏心。此外,基坑监测失效,隐瞒报警数值,未采取有效补救措施。以上直接原因致使部分钢管支撑失稳,钢管支撑体系整体破坏,基坑两侧地下连续墙向坑内产生严重位移,其中西侧中部墙体横向断裂并倒塌,风情大道塌陷。因此,施工单位是事故直接责任单位。

3.3.2 基坑风险源识别与评估

3.3.2.1 基坑风险源识别

根据 3.3.1 节中基坑事故的统计分析,基坑事故的发生有勘察、设计、施工及管理等各方面的原因,同时不同支护类型及不同深度基坑的事故发生概率明显不同,因此,本节对基坑风险源的识别将分为勘察设计、围护结构施工、土方开挖、地下结构施工及基坑监测等阶段,基于专家调查方法,梳理出可能导致基坑安全事故的主要风险源。

1. 勘察设计阶段

根据 3.3.1.1 节中基坑事故案例的责任单位分析,勘察设计单位的责任占到接近 40%,与桩基事故责任分布相比，勘察设计的失误比例大大提高。一方面由于基坑工程在我国起步较晚，勘察设计的经验相对缺乏，技术上存在不断完善的过程，另一方面也反映了勘察设计阶段的风险控制对基坑整体安全和风险控制的重要性。本书总结以往基坑围护设计经验，并参考部分研究成果，梳理了勘察设计阶段的主要风险源。

(1) 地质资料数据失真。一般有地区工程经验的勘察单位或者地层分布较均匀地区的地质资料相对可靠，但是如果地层的定名及分层发生较大偏差，会对基坑设计及施工产生很大影响，产生变形过大甚至发生基坑失稳等风险。

(2) 不良地质条件未探明。对于基坑来说，不良地质条件主要包括厚层暗浜、天然气、孤石等，尤其是未探明的暗浜，会引起围护结构施工质量缺陷，影响基坑安全。

(3) 管线未探明。主要是工程场地内或邻近的重要管线(电力、煤气、通信、给排水等)未准确探明，未能制订针对性的保护或者加强措施，容易发生管线破损等风险。

(4) 地下障碍物调查失真。主要是指场地内的原有地下建(构)筑物未准确探明，会影响后续围护结构施工、土方开挖及清障方案的制订及实施。

(5) 周边建筑未检测。基坑开挖对周边环境的影响较大，尤其是 2 倍开挖深度范围内的建筑物如果未提前进行检测和安全评估，将影响保护方案的制订，同时，一旦后期基坑开挖过程中邻近建筑发生质量问题，将引发纠纷。

(6) 支护选型不合理。支护结构选型要综合考虑地质条件、基坑开挖深度、周边环境及当地的施工条件等。不合理的支护选型可能会造成支护结构施工困难、施工质量不佳，引发基坑安全风险，同时可能提高基坑工程的造价，造成资源浪费。

(7) 计算模式选取不合理。基坑围护设计的计算模式主要包括水土压力、围护桩(墙)及支撑等计算，目前规范中对大部分计算模式都有明确规定，但是像水土压力计算中分算和合算模式必须结合地层条件合理选取，选取不当将导致过于保守，造成资源浪费，或者安全余量不足，存在风险。

(8) 设计参数选取不合理。影响基坑围护设计的参数主要包括土体的黏聚力、内摩擦角以及基床系数等，土体指标结果根据不同试验方法(固结快剪、固结慢剪、三轴固结排水、三轴固结不排水等)有一定差异，设计时应根据土层特性选取相适应的试验参数，选取不合理将导致过于保守，造成资源浪费，或者安全余量不足，存在风险。

(9) 施工图深度不够。主要是指基坑设计施工图的节点详图不明确，尺寸标注、定位等不详细或者设计施工总说明过于简单等。好的施工图能够提前预估基坑的可能风险，反之则无法有效指导施工，后期发生安全风险的概率大大增加。

2. 围护结构施工阶段

围护结构是基坑工程抵抗水土侧向压力的主要受力体系，因此围护结构的施工质量对基坑的安全至关重要。围护结构都在地下，由于地下岩土的复杂性和不确定性，围护结构施工质量的可靠性较难保证，同时地下的围护结构现阶段缺乏有效的质量检测手段，只有土方开挖之后才能将缺陷暴露,而等到发现质量缺陷,基坑的风险也随之发生。因此,要充分认识基坑围护结构施工对基坑整体安全和风险控制的重要性。本书总结以往基坑事故案例中与围护结构施工相关的常见问题,形成围护结构施工阶段的主要风险源。

(1) 围护结构长度不足。围护结构长度事关基坑的整体稳定和抗倾覆稳定性,并且一旦失稳将造成基坑整体坍塌破坏,后果十分严重。由于围护结构的长度全面检测的成本和难度较大,目前部分不良施工单位仍存在偷工减料等行为,大大增加了基坑安全风险。

(2) 围护结构搭接、接缝不满足设计要求。这会造成开挖之后的渗漏水,尤其是富水砂层中的渗漏将造成大量水土流失,甚至引起坑底突涌,严重影响基坑本体及周边建(构)筑物的安全。

(3) 围护结构垂直度不满足要求。如果围护结构相邻两根桩或两幅墙的垂直度差异太大,极端情况下在围护结构下部将形成开叉,无法有效受力及止水,影响基坑本体及周边建(构)筑物的安全。

(4) 施工流程不合理。施工流程要综合考虑场地条件和周边环境等,不合理的施工流程会影响最终的围护结构施工质量,并放大施工对周边环境的影响。

(5) 未充分考虑施工对环境的影响。在不同地层下,不同围护结构形式对周边环境的影响不同。例如,上海古河道地区由于浅部存在较厚的松散砂层,施工围护桩或地下连续墙时对周边管线及天然地基建筑的影响十分明显,如果不能充分考虑施工环境影响,容易发生管线及建筑物破损等风险。

(6) 坑内加固施工质量不满足要求。软土地区的坑内加固是控制坑底隆起和基坑变形的有效手段,但是目前坑内加固的质量参差不齐,尤其是当水泥掺量不足时,不但没有起到加固效果,反而可能破坏了坑底土体的结构性,会加大基坑变形的风险。

(7) 地下障碍物处理不当。地下障碍物如果处理不当,可能会对围护结构施工质量产生影响,进而影响基坑和周边环境安全。

3. 土方开挖阶段

土方开挖是基坑工程的关键阶段,也是安全风险集中爆发的阶段,因此控制本阶段的风险对基坑整体安全和风险控制至关重要。本书总结以往基坑事故案例中与土方开挖相关的常见问题,形成土方开挖阶段的主要风险源。

(1) 支撑未按设计要求施工。包括支撑施工不及时、支撑施工质量不佳等,杭州轨道交通湘湖路车站基坑事故的直接原因就是施工单位未按要求施工钢支撑,并且已施工的钢支撑达不到设计要求,最终导致基坑整体失稳破坏。

(2) 未分区分块开挖或超挖。基坑开挖具有明显的时空效应,大量工程实践证明分区分块开挖是控制基坑变形的有效手段,反之如果超挖,甚至是一挖到底,将大大增加基坑变形的发生概率,甚至引发基坑破坏的风险。

(3) 坑边超载超过设计要求。当基坑场地施工受限时,基坑边往往用作临时的材料堆场或频繁行走土方车,当这些附加荷载超过设计要求时,将增加围护结构的负担,严重时可引发基坑失稳破坏。

(4) 垫层浇筑不及时。基坑开挖到底时一般是基坑变形和风险最大的阶段,如果不能随挖随浇筑垫层,基坑变形会持续增大,尤其对于软土地区来说,垫层浇筑是控制坑底土隆起的重要措施,垫层浇筑时间间隔太长也会大大增加基坑安全风险。

(5) 降水效果差。对于不涉及承压水降水的基坑开挖,降水效果差会影响土方开挖速率,而对于需要进行承压水减压降水的桩基开挖来说,降水效果未达到设计要求则可能引发承压水突涌等重大风险,严重威胁基坑整体安全。

4. 地下结构施工阶段

一般认为基坑开挖到底,垫层浇筑完成后,基坑的整体风险可控,但是在底板和地下结构施工过程中的安全事故仍屡有发生,本书梳理了在地下结构施工阶段影响基坑安全的主要风险源。

(1) 底板形成时间长。对于软土地区,基坑变形是持续缓变的过程,垫层浇筑只是减缓了变形速率,如果底板形成时间太长(个别项目底板形成要几个月甚至一年),则基坑总体的变形增加量同样十分可观,甚至威胁基坑及周边建(构)筑物的安全。

(2) 未按设计要求拆换撑。在地下结构向上施工过程中,原有的支撑体系要拆除,而地下结构楼板施工需要时间,在这段间隔内要用临时换撑结构代替拆除的支撑,如果拆换撑施工不合理或者不及时,将导致基坑变形突变,影响基坑和已施工地下结构的安全。

(3) 停止降水时间不合理。高水位地区在地上结构未施工完成时,地下室承受的水浮力要大于结构自重加桩基的抗拔能力,因此,降水要持续到水浮力与结构荷载匹配时为止,如果提前停止降水,将引发地下结构上浮、桩基拔断等风险。

5. 基坑监测

基坑监测是控制基坑风险的重要手段,通过基坑监测数据的变化可提前预判可能的风险,并及时采取相应的控制措施。如果基坑监测方案或者数据出现问题,就无法反映基坑的风险。因此,将基坑监测作为单独的风险进行分析,主要风险源包括以下两个方面。

(1) 监测数据失真。反映基坑安全的重要数据包括围护结构侧向及竖向变形,地表沉降及周边管线、建筑的变形等,监测数据允许一定系统误差和人为误差,但是如果数据失真,将无法及时反映基坑真实风险,甚至误导设计施工,威胁基坑安全。

(2) 监测方案不合理。不合理监测方案主要包括采用的监测技术手段不适用,监测点的布置未充分覆盖主要的风险区域等。

3.3.2.2 基坑风险评估

对于已确定的基坑风险源,按照 1.3.3.2 节中的风险评估标准进行风险评估,其中风险概率等级标准按照不可能、很少发生、偶尔发生、可能发生和频繁发生分为五级,风险事故损失等级按照可忽略、需要考虑、严重、非常严重和灾难性分为五级。由于基坑风险发生概率及风险损失与不同地区、不同地层条件及施工工艺有关,应用时应根据实际情况进行合理评价,最终形成如表 3-6 所示的基坑风险评估汇总表。

表 3-6　　基坑风险评估汇总表

阶段	基坑风险源	风险概率	风险损失	风险评估
勘察设计阶段	地质资料数据失真			
	不良地质条件未探明			
	管线未探明			
	地下障碍物调查失真			
	周边建筑未检测			
	支护选型不合理			
	计算模式选取不合理			
	设计参数选取不合理			
	施工图深度不够			
	……			
围护结构施工阶段	围护结构长度不足			
	围护结构搭接、接缝不满足要求			
	围护结构垂直度不满足要求			
	施工流程不合理			
	未充分考虑施工对环境影响			
	坑内加固施工质量不满足要求			
	地下障碍物处理不当			
	……			
土方开挖阶段	支撑未按设计要求施工			
	未分区分块开挖或超挖			
	坑边超载超过设计要求			
	垫层浇筑不及时			
	降水效果差			
	……			
地下结构施工阶段	底板形成时间长			
	未按设计要求拆换撑			
	停止降水时间不合理			
	……			
基坑监测	监测数据失真			
	监测方案不合理			
	……			

3.3.3 基坑风险控制措施

3.3.3.1 勘察设计阶段

勘察设计是基坑工程风险控制的源头,本阶段应对工程难点和主要风险有充分认识,并采取相应的技术措施,主要包括以下几个方面。

(1) 勘察阶段要根据工程特点和主要风险精心编制勘察方案,提供反映客观实际的地质剖面图、钻孔柱状图和水土各类物理力学性质参数。

(2) 准确探摸场地内不良地质条件,详细勘察工地周边环境尤其是管线埋设情况,采取有效措施(如物探等)摸清障碍物的分布情况。

(3) 基坑围护设计的关键是围护选型,要根据地层条件、挖深及周边环境选择经济合理且安全的围护形式。随着近年来基坑工程的快速发展,在围护形式选择上可借鉴各地区已基本形成的地区经验,设计合理的围护强度、插入深度。

(4) 设计单位应保证围护结构施工图设计深度满足施工要求。调查发现,不少施工图没有提供支撑钢管与地下连续墙的连接节点详图及钢管连接点大样,没有提出相应的技术要求,也没有对钢支撑与地下连续墙预埋件提出焊接要求,容易造成部分钢支撑的安装位置与设计要求差异较大,以及钢支撑与地下连续墙预埋件未进行有效连接,继而引发基坑险情乃至整体坍塌。因此,在围护结构的设计施工图中除了围护结构的平面图、剖面图外,应对关键节点(如支撑与围檩的节点,围护桩与围檩的节点,立柱与支撑的节点等)的设计提供大样或明确要求。

(5) 地下水是基坑开挖过程中的重要风险源,围护设计过程中应根据勘察获得详细的水文地质资料,合理设计降水方案,验算设计降水井的数量及位置,并根据现场抽水试验的结果对降水方案调整优化。

3.3.3.2 围护结构施工阶段

围护结构施工阶段是控制基坑整体风险的关键阶段,其中的关键是保证围护结构的施工质量。本阶段主要风险管控技术措施包括以下几个方面。

(1) 要严格管理围护结构施工质量,关键节点须加强检查,避免桩长不足等偷工减料问题出现,防止出现围护体夹泥、缩径、断桩、偏孔等问题。

(2) 对于地下连续墙,应根据土质条件和周边环境的要求,选择合适的接头形式,注重刷壁和清孔质量,接头处要用钢丝刷或刮泥器将泥皮、泥渣清理干净。

(3) 对于搅拌桩等加固体,应保证桩身位置的准确与桩体的垂直度,避免搅拌桩搭接处开叉或分离,同时控制搅拌桩成桩速度,确保桩身均匀性。

(4) 重视坑外邻近施工的不利影响,确保安全距离,必要时应采取保护措施。可适当增加导墙的埋设深度,设置槽壁加固措施,同时加强对周边建筑物及管线等的变形监测,做到及时发现风险并及时处理。

(5) 坑内加固工艺和流程的选取要合理。根据实际情况,选用合适的泥浆配比、注浆压力、加固速度等参数。

(6) 对于地下障碍物,应编制专项清障及回填方案。对埋深较深的障碍物采取必要的围护措施,对范围较大的障碍物应分段进行清障回填,确保障碍物清理干净并减少对围护施工的影响。

3.3.3.3　土方开挖阶段

土方开挖阶段是基坑风险的集中暴露阶段,除了上述对勘察设计以及围护结构施工阶段的风险控制措施外,基坑开挖阶段的流程、质量控制也是影响基坑风险的重要因素。本阶段的主要风险控制技术措施包括以下几个方面。

(1) 根据设计要求分层、分块开挖,控制开挖长度及基坑暴露时间,及时浇筑垫层(垫层浇筑至坑边)及底板。

(2) 严禁坑外超载,控制堆放材料的范围和高度,保护围护结构的整体性,控制重车行走路线,压载部位采取压力扩散措施。

(3) 严禁超挖,控制挖土时间,及时架设支撑,支撑养护达到强度要求后方可开挖。

(4) 严禁支撑杆件上堆载及机械碾压,通过支撑时需回填土方且铺设道板。

(5) 严格控制支撑施工质量,确保支撑截面尺寸,采用一定刚度的底模,确保受力杆件平直。钢管支撑与围檩接头加设槽钢加强,避免接头破坏,钢支撑与混凝土围檩应确保连接可靠。

(6) 事先做好防水工作,避免基坑灌水,一旦进水,在坑内排水时要控制排水速度,防止土压力改变过快、过大,从而引起立柱变形和坑底回弹,影响支撑安全性。

(7) 针对不良天气(暴雨等)制订应急预案,保证抢险物资、设备的配备,并做好演练。

3.3.3.4　地下结构施工阶段

根据表3-6,地下结构施工阶段的风险主要是底板形成时间过长、拆换撑不合理以及降水停抽不合理引起地下结构上浮等,主要技术控制措施包括以下几个方面。

(1) 尽快完成底板施工,严格按照设计要求完成底板浇筑工作。如果因工程停工等原因造成底板长时间未完成,应复核基坑的整体安全性,并根据需要采取临时加固措施(坑边上翻梁、斜撑等)。

(2) 严格按照设计要求进行拆换撑施工,避免提前拆撑、换撑不及时或不进行换撑,此外,对于混凝土支撑应采用爆破或切割方式拆除,禁止野蛮拆撑,避免对已建地下结构的影响。

(3) 降水停抽方案应根据地下结构施工工况进行抗浮复核,尤其应注意地面堆载对抗浮的影响,避免因降水停抽后而上部加载未完成造成地下室上浮的风险。

3.3.3.5　基坑监测

基坑监测就像基坑开挖施工的"眼睛",是基坑风险控制的重要手段,应保证监测数据的及时、可靠、准确,避免由于数据失真产生误导而错失采取措施的最佳时机。监测风险的主要技术控制措施包括以下几个方面。

(1) 合理的基坑监测方案是保证监测数据可靠、准确的基础,监测方案的制订应保证监测点布置能覆盖重要风险点(局部深坑处、长边中点等),并根据场地条件选择合理的监测技术手段,尤其应注意围护结构水平位移、垂直位移、周边土体沉降等监测内容的技术合理性,并对周边重要建(构)筑物布置变形、倾斜等监测内容。

(2) 监测过程中应严格按照规范及设计要求进行监测点的埋设和初始值测定,按要求做好监测数据计算,及时提供监测报表。同时应注意开挖过程中对监测点的保护,避免局部监测点破坏严重且未修复,造成多处监控盲区。

(3) 及时分析及时预警。对于监测数据应及时分析,对超标数据校验确认后及时预警,把风险控制在萌芽状态。

3.4 隧道工程风险

隧道工程是城市地下空间开发的重要类型,如地铁、越江(越海)隧道、交通快速道等。随着隧道技术的不断发展,要求施工技术更趋安全化、自动化、智能化及系统化,因而隧道施工中的事故也在逐渐趋于减少,但相比于其他建设行业,其发生次数仍偏多,尤其是导致重大灾害或人员伤亡的情况较多,因此,隧道工程的风险控制仍须引起足够重视。

3.4.1 隧道事故分析

3.4.1.1 隧道事故概率分析

1. 按施工方法

在隧道工程施工中常用的施工方法为矿山法、盾构法和顶管法。图 3-7 给出了三种工法在日本隧道施工中发生灾害事故的统计结果,可以看出矿山法施工是最危险的工法,事故比例接近 50%。

2. 按事故类型

对世界范围内 111 起隧道坍塌事故的坍塌类型进行统计,从图 3-8 中可以看出,冒顶和塌方是隧道工程中较为典型的两种类型事故,由于这两种事故发生的同时都伴随着涌水现象的产

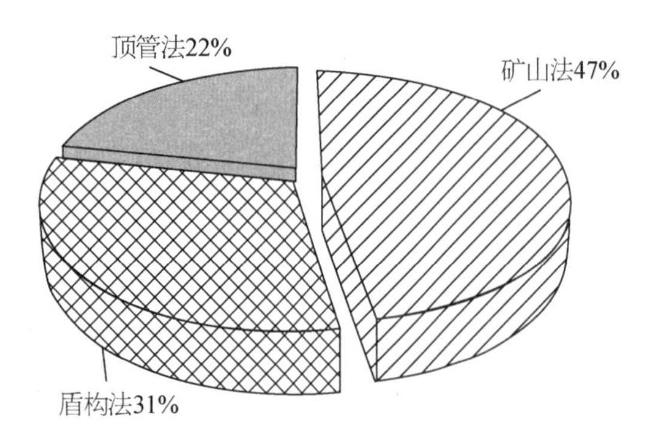

图 3-7 日本隧道事故对应工法比例

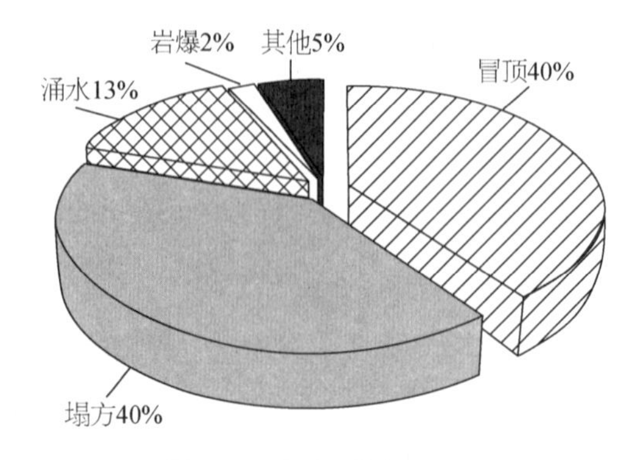

图 3-8 隧道事故类型统计

生,因此,实际涌水事故的发生频率比图 3-8 中统计的数据还要大。

3.4.1.2　隧道事故原因分析

分析收集的隧道事故案例发现,事故原因贯穿于整个建设过程的各个环节,包括勘察、设计以及施工等阶段,而勘察、设计阶段的隐患往往在施工阶段才能暴露出来。因此,隧道事故的原因很难归结到某一个单位或者某一阶段。本章从导致事故发生的源头出发,将事故原因大致上分为隧道本体因素和环境因素两大类。

隧道本体因素具体包括:①勘察不到位;②设计不合理;③设备不达标;④施工质量不合格;⑤违章操作;⑥监理不到位;⑦监测不合理;⑧质量安全管理不足。

环境因素具体包括:①天气因素(降雨等);②地下管线及障碍物;③不良地质条件;④周边敏感建筑物等。

按上述事故原因进行统计发现,事故中含有隧道本体因素的占 49.4%,含有环境因素的占 38.0%,而由二者综合导致的事故占事故总数的 88.6%。由此可见,隧道施工绝大多数是由隧道本体因素或二者综合因素导致,单纯由于环境因素而引发的施工数量较少。从单项因素的统计来看,占比较高的是质量安全管理不足、违章操作、天气因素以及地下管线和障碍物等,分别占 41%,28%,19%和 18%,可以发现人的因素是导致事故的主要原因,包括施工人员的技术能力和管理人员的管理能力等。

3.4.1.3　典型隧道工程事故案例剖析

某地铁旁通道事故发生在浦西岸边的中间风井位置,此风井下又同时设置了旁通道,设计要求先明挖顺作完成风井上半部结构,然后盾构穿越风井,最后采用垂直冻结加固,类矿山法开挖施工风井与隧道连接的风道,旁通道则采用水平冻结、类矿山法开挖。2003 年 7 月 1 日凌晨,旁通道工程施工作业面内,因大量的水和流砂涌入,引起隧道部分结构损坏及周边地区地面沉降,造成 3 栋建筑物严重倾斜,黄浦江防汛墙局部塌陷进而引发管涌。由于报警及时,隧道和地面建筑物内所有人员全部安全撤离,没有造成伤亡。

调查表明,引发事故的原因是:施工单位用于冷冻法施工的制冷设备发生故障,在险情征兆出现、工程已经停工的情况下,却没有及时采取有效措施,排除险情,现场管理人员违章指挥施工,直接导致了这起事故的发生。此外,施工单位未按规定程序调整施工方案,且调整后的施工方案存在欠缺。总包单位现场管理失控,监理单位现场监理失职。

从技术角度分析,专家组认为调整的冻结法施工方案存在缺陷,施工中冻土结构局部区域存在薄弱环节,并且忽视了承压水对工程施工的危害,导致承压水突涌,这是事故发生的直接原因。

由于发生事故的联络通道所处的地质条件较为复杂,处在第⑦层承压水地层中,开挖过程中承压水冲破土层而发生流砂,带动土层扰动、移位,造成隧道结构破坏,引起地面沉陷,继而发生地面建筑物倾斜、部分倒塌,防汛墙沉陷、坍塌等险情,这是事故发生的诱因。

3.4.2 隧道风险源识别与评估

3.4.2.1 盾构隧道建设风险源识别

本章结合上海地区隧道施工工艺特点，搜集与分析的隧道工程案例以盾构法施工为主。由于盾构暗挖施工作业面狭小、材料运输途径单一、效率有限等客观条件的制约，隧道施工抗地质突变与承压水风险的能力较弱，周边地层变形控制的效果不佳，故盾构法施工的安全风险管理更加依赖于事前的风险预判，以便提前消除、转移或降低风险。因此，首先对盾构隧道建设全过程进行风险源识别。

1. 勘察设计阶段

(1) 不良地质条件未探明。对盾构隧道施工安全影响较大的不良地质条件包括溶洞、天然气、孤石等，不良地质条件分布虽然具有较明显的地域特性，但由于盾构隧道一般线路较长，涉及不同地质条件，如果不能对沿线的不良地质条件准确探明，可能造成盾构掘进出现问题，甚至导致盾构机"磕头"及损坏等重大风险事故。

(2) 地下障碍物调查失真。主要是指隧道沿线的地下建(构)筑物(桩基及围护结构等)未准确探明，将影响后续盾构掘进施工、清障方案的制订及实施，严重影响盾构施工安全。

(3) 地质资料数据失真。一般有地区工程经验的勘察单位或者地层分布较均匀地区的地质资料相对可靠，但是由于隧道线路较长，涉及不同地质条件，如果地层的定名及分层发生较大偏差，会对盾构设备选型、配置参数产生误导，并影响掘进过程中的参数控制，影响盾构施工质量。

(4) 邻近管线未探明。一般是指深埋的排水管等市政管线，如果距离盾构隧道较近而没有提前探明，盾构掘进过程中可能将管线破坏，引发安全事故。

(5) 沿线建筑未检测。盾构掘进对周边环境有一定影响，尤其是埋深较浅的隧道，如果隧道上方一定范围内的建筑物未提前进行检测和安全评估，将影响保护方案的制订，同时，一旦后期盾构掘进过程中沿线建筑发生质量问题，将引发纠纷。

(6) 进出洞方案设计不合理。当洞口段土体不能满足盾构进出洞安全要求时，必须采取加固措施。常见的加固方式有注浆、旋喷桩、搅拌桩、SMW 桩、冻结法、降水法等。进出洞加固方案的设计必须考虑地层条件、工程特点及周边环境要求，不合理的加固方案可能导致加固效果达不到进出洞安全要求，引发安全事故。

(7) 衬砌结构选型不合理。衬砌结构选型主要是衬砌强度的确定，而衬砌强度取决于管片和接头的刚度。其中，在管片材料已经选定的情况下，管片刚度主要由管片厚度决定。另外，接头刚度也对结构整体强度有重大影响：接头刚度如果设计得太大，管片的应力也随之加大，这将导致对管片的强度要求过高；而如果接头刚度设计得太小，则管片的接缝变形会太大，止水问题又比较突出。因此，选择合适的管片厚度和接头刚度是设计的一个重要环节。

(8) 防水设计不合理。盾构隧道的防水设计包括防水形式、防水材料等，要综合考虑隧道长期使用的工况(如输水隧道内水压的反复作用等)进行防水设计，不合理的防水设计可能导致防水结构提前老化或疲劳破坏，接缝漏水，造成水土流失，影响隧道运营安全。

2. 盾构设备选型阶段

(1) 盾构机选型不合理(泥水平衡/土压平衡)。盾构机是根据具体工程特征(如工程地质、水文地质、周边环境等)来“度身定做”的。盾构选型的正确与否决定了盾构是否适应现场的施工环境,也决定着盾构施工的成败。

(2) 盾构机配置不合理(推力、扭矩、刀盘密封、盾尾密封、换刀、铰接配置等)。盾构选型过程中,推进系统的推力、刀盘驱动扭矩等主要技术参数的计算非常重要,以便设计出与地质条件相适应的盾构。盾构工作过程中的力学参数计算是一个非常复杂的问题,由于受地质因素、土层改良方法、掘进参数等一系列因素的影响,在盾构参数计算的方法上存在很多的不确定因素。

(3) 泥水处理设备配置不合理。泥水处理设备需根据周边环境、施工进度等条件进行配置,以满足适用性、经济性指标。不合理的泥水处理设备配置将影响泥水处理能力,进而影响盾构掘进速度和质量。

(4) 管片制作未达到设计要求。目前,盾构隧道使用的管片均在工厂预制完成,一般来说,材料和强度能够满足设计要求,但如果管片接头和尺寸制作产生较大偏差,将影响后续管片拼装的质量,产生破损及接缝渗漏等风险。

3. 盾构进出洞阶段

(1) 进出洞土体加固施工质量差。盾构进出洞阶段对进出洞土体加固的目的是在破除竖井围护结构后,使土体具有足够的稳定性。如果加固质量不满足要求,则可能在进出洞施工周期内发生开挖面坍塌、地下水流失、地表大幅沉降等风险。

(2) 出洞止水装置失效。主要是指止水装置能力不满足工程需要或盾构始发时损坏止水装置,将造成出洞时水土流失、地表大幅沉降等风险。

(3) 进洞施工方式不合理。进洞施工方式不合理可能导致洞口水土流失,引起地表大幅沉降等风险。

(4) 出洞分体始发及负环拼装质量差。由于分体始发导致流体回路工作状态改变,影响设备性能,并增加了临时线路、管路,导致设备故障率提高。

4. 盾构掘进阶段

(1) 盾尾密封不严,漏水漏砂。由于盾尾空隙不均匀,盾尾油脂黏度、流动性及密封性能等不满足要求,导致盾尾密封不严,易产生漏水漏砂,引起盾构机沉陷、地表大幅沉降等重大风险。

(2) 开挖面失稳,土体损失率大。掘进过程中参数(舱压等)控制不合理,将影响开挖面稳定,引起地表过大沉降。

(3) 盾构姿态控制差,偏离轴线。由于不合理的盾构施工参数,使盾构姿态及成环隧道中心与设计轴线产生较大偏差,如果不能及时发现和纠偏将影响盾构隧道纵向受力状态,导致管片错台增大,产生管片开裂及破损等风险。

(4) 同步注浆质量差。盾构同步注浆是平衡盾构管片与土体受力平衡的重要措施,如果注浆量、浆液配比等不满足要求，将导致成环隧道产生不均匀沉降，并增大地表沉降。

(5) 未充分考虑穿越地铁、重要管线、防汛墙等的影响。低估隧道掘进的环境影响，尤其是近距离穿越地铁、重要管线、防汛墙时，可能导致灾难性后果，造成不良的社会影响。

(6) 管片拼装开裂破损。主要与管片的拼装质量有关，如果不能及时纠正环面不平或环面与隧道轴线不垂直、管片整圆度差等问题，则可能导致管片开裂、破损，影响管片的使用性能和结构安全。

5. 旁通连接管施工阶段

(1) 土体加固施工质量差。连通道周边土体加固强度不满足施工要求，将导致地面大幅沉降甚至塌陷的风险。

(2) 施工方式不合理。连通道的施工方式需要考虑连接管的长度、覆土深度以及地层条件等，可选择冻结法或者顶管法等，不合理的施工方式一方面造成成本增大，同时还可能增加施工风险。

(3) 未充分考虑冻结法的环境影响。土体在冻结法施工过程中有明显的冻胀融沉效应，均会对周边环境产生影响，若不能充分考虑冻胀融沉效应，或者冻结参数设计不合理，将对邻近地面、管线和建筑物产生较大的安全风险。

(4) 开管片引起邻近管片受损。连通管施工的一个关键点即是开管片控制，主线隧道与连通管连接处的管片需要进行拆除，这一施工过程风险很大，在实际施工过程中，如果土体加固质量不良或存在局部缺陷，管片打开后，即存在承压水突涌的风险，这对主线隧道的影响巨大。

6. 隧道监测阶段

盾构推进施工监测包括地面沉降、沿线建(构)筑物变形沉降、管线沉降等，根据实时的监测数据调整盾构参数，监测数据的精确度直接影响到盾构推进施工参数设定的准确性。监测方案不合理及监测数据失真等均会误导盾构施工，影响施工质量，甚至产生安全风险。

3.4.2.2 盾构隧道建设风险评估

对于已确定的盾构隧道风险源，按照 1.3.3.2 节中的风险评估标准进行风险评估，其中风险概率等级标准按照不可能、很少发生、偶尔发生、可能发生和频繁发生分为五级，风险事故损失等级按照可忽略、需要考虑、严重、非常严重和灾难性分为五级。由于隧道风险发生概率及风险损失与不同地区、不同地层条件及施工工艺有关，应用时应根据实际情况进行合理调整和分析，最终形成如表 3-7 所示的隧道建设风险评估汇总表。

表 3-7 盾构隧道建设风险评估汇总

阶段	盾构隧道主要风险源	风险概率	风险损失	风险评估
勘察设计阶段	不良地质条件未探明(溶洞、天然气、孤石等)			
	地下障碍物调查失真			
	进出洞方案设计不合理			
	深埋管线未探明			
	沿线建筑未检测			

（续表）

阶段	盾构隧道主要风险源	风险概率	风险损失	风险评估
	地质资料数据失真			
	衬砌结构选型不合理			
	防水设计不合理			
	……			
盾构设备选型阶段	盾构机选型不合理(泥水平衡/土压平衡)			
	盾构机配置不合理(推力、扭矩、刀盘密封、盾尾密封、换刀、铰接配置等)			
	泥水处理设备配置不合理			
	管片制作未达到设计要求			
	……			
盾构进出洞阶段	进出洞土体加固施工质量差			
	出洞止水装置失效			
	进洞施工方式不合理			
	出洞分体始发及负环拼装质量差			
	……			
盾构掘进阶段	盾尾密封不严，漏水漏砂			
	开挖面失稳，土体损失率大			
	盾构姿态控制差，偏离轴线			
	同步注浆质量差			
	未充分考虑穿越地铁、重要管线、防汛墙等的影响			
	管片拼装开裂破损			
	……			
旁通连接管施工阶段	土体加固施工质量差			
	施工方式不合理			
	未充分考虑冻结法的环境影响			
	开管片引起邻近管片受损			
	……			
隧道监测阶段	监测数据失真			
	监测方案不合理			
	……			

3.4.3　隧道风险控制措施

3.4.3.1　勘察设计阶段

本阶段主要风险管控技术措施包括以下几个方面。

(1) 勘察阶段要根据工程特点和主要风险精心编制勘察方案,提供反映客观实际的地质剖面图、钻孔柱状图和岩土各类物理力学性质参数。

(2) 准确探摸沿线的不良地质条件和地下障碍物分布等,详细勘察隧道沿线周边环境,为后续的盾构设备选型、施工参数控制提供指导。

(3) 衬砌结构选型时,选择合适的计算模型,充分考虑结构可能出现的荷载,盾构隧道可能出现的工况,隧道施工、运营和维护期间的多种问题,选择合适的接头形式和材料。

(4) 盾构进出洞设计必须结合地层条件和工程特点选取合理、可靠的加固方案,必要时可采取多种加固方式组合,保证加固体的强度、均匀性和抗渗性。

(5) 隧道防水设计主要遵循以防为主、因地制宜、综合治理的原则,以结构自防水为根本,以施工缝防水为重点,辅以内防水层加强防水,充分调研,并结合试验、数值模拟等手段,选择合适的防水材料。

3.4.3.2 盾构设备选型阶段

本阶段主要风险管控技术措施包括以下几个方面。

(1) 盾构机合理选型。盾构机选用泥水平衡还是土压平衡,主要根据地层的渗透系数、颗粒级配、地下水压等因素确定,除此之外,还要对用地环境、竖井周围环境、安全性、经济性进行充分考虑。在实际选型过程中,应参照类似工程的盾构选型及施工情况。

(2) 合理设置盾构机推力参数。设计盾构推进装置时,必须考虑的主要阻力有盾构推进时盾壳与周围地层的阻力、刀盘面板的推进阻力、管片与盾尾间的阻力、切口环贯入地层的贯入阻力、转向阻力和牵引后配套拖车的阻力。盾构推力必须留有足够的余量,总推力一般为总阻力的 1.5～2 倍。

(3) 合理设置盾构刀盘扭矩。刀盘在地层中掘进时的扭矩一般包括切削土阻力扭矩、刀盘的旋转阻力矩、刀盘所受推力荷载产生的反力矩、密封装置所产生的摩擦力矩、刀盘前端面的摩擦力矩、刀盘后端面的摩擦力矩、刀盘开口的剪切力矩等。刀盘驱动扭矩应有足够的余量,扭矩储备系数一般为 1.5～2。

(4) 合理确定盾构的结构强度和刚度。需在设计过程中重点对结构强度和刚度进行计算,并合理参考类似盾构设计经验,以保证合理的性能储备,防止盾尾变形。

(5) 泥水处理设备需根据周边环境、施工进度等条件进行配置,以满足适用性、经济性指标。如现场存在船运条件,则可通过驳船进行泥浆外运,泥水处理设备仅需配置泥水分离处理站;如现场不存在船运条件,则必须通过陆运干土出渣,还需配置脱水振动筛及压滤机。在此基础上,根据盾构施工进度进行泥水处理设备处理能力的计算,并配置合理容量的处理设备,以满足施工需要。

3.4.3.3 盾构进出洞阶段

本阶段主要风险管控技术措施包括以下几个方面。

1. 进出洞土体加固

(1) 加固桩身垂直度控制,保证成桩效果。在确定施工工法的基础上,选取满足工程需要的施工设备,配备有经验的操作人员,建立有效的质量控制体系,保证土体加固质量。

(2) 应用降水等辅助措施。在盾构进出洞施工过程中,需要进行降水设计,编制降水方案,并合理布置井位,通过设置降水井,可以降低竖井位置地下水位和承压水水头,稳定加固土体,降低承压水突涌的风险。在降水实施过程中,要加强对周边环境的监测,防止因降水导致周边建(构)筑物发生大幅沉降。

2. 盾构出洞

(1) 保证出洞止水效果。安装洞门密封前,应对帘布橡胶的整体性、硬度、老化程度等进行检查,随后进行压板安装。盾构始发时,可在帘布橡胶板外侧涂抹一定量的油脂,以防止盾构进入洞门时,刀具损坏帘布橡胶。

(2) 防止循环泥浆的流失。为了建立一定的泥水压力,需要安装两道或多道密封装置以提高止水能力。在洞门钢环内安装钢丝刷,并在钢丝刷间预埋注浆孔,在盾构始发前,在钢丝刷及其间隙内满涂油脂,以保证密封效果,并可通过注浆孔加注油脂以保证密封压力,还可进行应急注浆密封。

(3) 控制盾构机分体始发工序。盾构分体始发受限于竖井尺寸,只能将盾构机本体和部分台车放入竖井,剩余台车放置在地面,当盾构掘进一定距离后,再将所有的设备台车按照原定顺序在隧道内安装就位,恢复正常掘进。大直径泥水平衡盾构相较于土压平衡盾构,分体始发需同时解决液压、电气、送排泥及切口水压稳定等问题,技术难度和实施风险较大。此外,由于分体始发,使得部分设备工作状态发生较大改变,增加的大量临时线路、管路应保证设备可靠,工作正常,避免提高设备故障率。

(4) 保证负环施工质量。由于竖井尺寸的限制,盾构始发过程中负环需设置开口环以满足垂直运输的需要,但负环整体性受开口环影响,易发生变形,且因为负环拼装工况与正常管片不同,出盾尾后无周边土体约束且与始发架之间存在高差,易发生错台、变形,导致管片碎裂和收敛超标。因此,需要在负环拼装过程中加强管理,严格控制负环拼装质量。

3. 盾构进洞

慎重选择进洞施工工法。盾构进洞前要充分考虑到超深覆土对进洞施工的影响,尤其是在盾构进洞范围内存在承压含水层时,加固土体质量可能受其影响而存在局部缺陷,进而可能导致承压水突涌的风险。常用施工工法包括钢套箱进洞法、水中进洞法,并可考虑设置减压降水井,以提高安全储备,防止在进洞过程中,发生涌水、涌砂等险情,引起大量水土流失,对周边环境造成恶劣影响。

3.4.3.4 盾构掘进阶段

本阶段主要风险管控技术措施包括以下几个方面。

1. 盾尾密封控制

(1) 严格控制盾构推进的纠偏量,尽量使管片四周的盾尾空隙均匀一致,减少管片对盾尾密封刷的挤压承担。

(2) 及时、保量、均匀地压住盾尾油脂。

(3) 控制盾构姿态,避免盾构产生后退现象。

(4) 采用优质的盾尾油脂,要求有足够的黏度、流动性、润滑性和密封性能。

2. 掘进中的沉降控制

(1) 盾构机头部泥浆(舱压)管理。头部泥浆管理的目的是保持开挖面稳定。泥浆制作材料选择、泥浆的质量以及泥浆的工作压力设定均会直接导致盾构机切口地面沉降。根据不同的土体,泥水管理的要求和方法也不同。根据需要调节比重、黏度、胶凝强度、泥壁形成性、润滑性,使其成为一种可塑流体。泥水平衡盾构使用泥水的目的就是用泥水来形成开挖面稳定,在防止塌方的同时,将切削下来的泥膜形成泥水并输送到地面。

(2) 盾构掘进施工参数管理。盾构机掘进参数主要有推进速度、总推力以及排泥量等,若未合理设定相关施工参数,上述参数未处于相对恒一的状态,会造成盾构掘进过程对土体的扰动加大。

(3) 同步注浆管理。同步注浆是对管片与周边土体之间的空隙进行填充,注浆量需达到理论空隙的140%~250%。同步注浆管理的目的是为了控制盾构推进过后的后期沉降,应做到注浆压力及注浆量的双控,同时应控制好浆液拌制的原材料,确保浆液质量。

3. 盾构姿态控制

在盾构推进施工过程中,对每一环都必须关注切口、盾尾高程及平面偏差的实测结果,并由此计算出盾构姿态及成环隧道中心与设计轴线的偏差。将测量结果绘制成隧道施工轴线与设计轴线的偏差图,一旦发现有偏离轴线的趋势,必须及时采取连续、缓慢的纠偏方法。每推进100环,请专业测量队伍用高精度全站仪进行三角网贯通测量校核。

4. 管片拼装

(1) 管片拼装应遵循由下至上、左右交替、最后封顶的顺序。每安装一块管片,需安装好纵向连接件,并紧固到位。

(2) 封顶块安装前,对止水条进行润滑处理。安装时先径向插入,调整位置后慢慢纵向顶推到位。管片安装好后,应及时伸出相应位置油缸顶紧管片,方可移开拼装机。

(3) 管片安装后,应用整圆器及时整圆,对管片变形进行校正,并在管片环脱离盾尾后对管片连接螺栓进行二次紧固。

(4) 严格控制注浆压力,浆液需均匀压注,防止局部压力过高引起管片错台。

(5) 盾构纠偏过程中盾构姿态不应有突变,控制好盾构姿态及盾尾间隙,防止盾尾挤压管片。

5. 地下障碍物处理

盾构在黏土中推进时,应对开挖面前方20 m进行超声波障碍物探测,可利用附设在密封舱隔板中向工作面延伸的钻机,对障碍物进行破除。盾构在高水压砂性土层中掘进时,如果发现障碍物,需要进行出仓处理,可以通过向开挖面加注特殊泥浆以形成优质的泥膜,然后在气压状态下进行出仓处理,极端情况下可以采用饱和潜水穿梭仓进行泥浆状态下出仓处理。

3.4.3.5 旁通连接管施工阶段

本阶段主要技术控制措施包括以下几个方面。

(1) 施工方式选择。连通管施工连接管的长度取决于主线隧道与过路井距离,该长度也决定了具体施工工法的选择。冷冻加固开挖法是在主线隧道和过路井两端分别进行冷冻加固,再进行开挖支护,构筑隧道结构,该工艺适合施工的连接线距离不大于 30 m;顶管法是由顶管机顶进至主线隧道,机头进入加固土体并靠上主线隧道后,拆除主隧钢管片和顶管机内部设备,实现主隧与连接线隧道的连接,该方案可施工的连接线距离较长,但在主线隧道处进洞存在较大风险。该工艺适合施工的连接线距离大于 30 m。

(2) 冻结法施工的环境影响控制。冻结法施工需要根据土体加固所处地层特性进行冻结设计,并合理设置冻结控制指标以控制冻结加固质量。为了降低冻胀融沉对周边环境的影响,在冻结过程中,需合理设置泄压孔,加强泄压孔压力监测,当压力超过限定指标时,及时进行泄压,以降低冻胀影响。待进出洞施工完成后,及时进行融沉注浆施工,并根据环境监测数据调整注浆量、注浆频率等施工参数。

(3) 开管片影响控制。开管片前,需确认土体加固质量,保证加固体质量完好,满足施工要求;合理选择开管片时机,减少土体暴露时间,但如果采用顶管法施工,则不宜过早打开管片,须待顶管机头即将到达主管前打开管片;结构加强体系必须具有足够的强度和刚度,结构加强体系检查不合格不得拆除管片。

3.4.3.6 隧道监测阶段

施工监测是盾构推进的“眼睛”,必须结合盾构隧道施工特点和主要风险点制订针对性的监测方案,在施工过程中应注意监测点的保护、控制点的复核,以确保数据准确。此外,可建立监测数据共享平台,加强数据的分析和挖掘,及时发现险情,为施工单位保驾护航。

3.5 案例分析

根据前文对地下空间开发建设过程中桩基、基坑和隧道的风险分析,本节以上海某轨道交通 17 号线项目开发为例详述风险源识别、评估及控制过程。

3.5.1 工程概况

上海轨道交通 17 号线工程线路全长 35.30 km,其中高架线 18.28 km,地下线 16.13 km,过渡段 0.89 km;共设站点 13 座,其中高架站 6 座,地下站 7 座,平均站间距 2.90 km。工程线路走向及站点设置如图 3-9 所示。

本次评估选取其中 1 站点 1 区间进行。

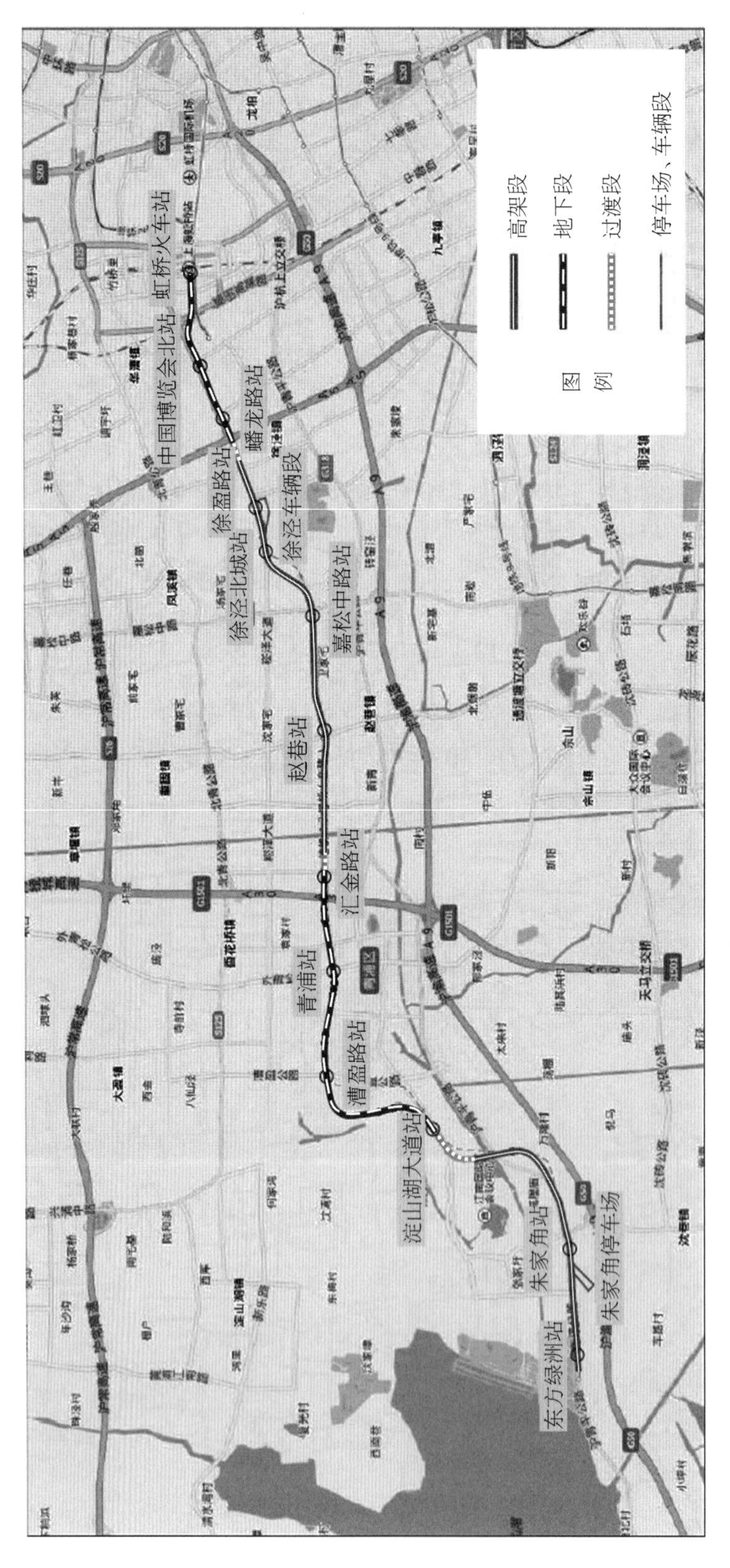

图 3-9　上海轨道交通 17 号线工程线路走向及站点设置图

A 站点：站点尺寸为 184 m×21.7 m，抗拔桩采用 ϕ800 灌注桩，入土深度约 50 m；基坑开挖深度 15.6 m，为非异型/枢纽基坑，采用明挖顺筑法施工，分 1 个坑开挖，无中间封堵墙；围护结构形式采用 800 mm 厚地下连续墙，坑底插入深度 14.65 m，接头形式为锁口管，采用 1 道混凝土支撑＋3 道钢支撑。

B 区间：全长 1 214.3 m，隧道采用单圆盾构法，隧道外径为 6.6 m，设置 1 处旁通道，隧道底埋深 15.2～25.7 m。

3.5.2 风险识别与评估

根据 3.2—3.4 节梳理的风险源，采用专家调查法得到本工程各单项的风险发生概率和风险损失等级，根据风险评估矩阵得到各风险源的评估结果，进而采用层次分析法，分别得到阶段风险指数、分项风险指数及综合风险指数。

阶段风险指数：为单项工程（桩基、基坑、隧道）中某阶段各风险源的风险评估结果与权重相乘得到的指数，反映各分项工程中勘察设计、施工等各阶段的风险程度。

分项风险指数：为各阶段风险指数与权重相乘的结果，反映的是桩基、基坑和隧道等单项的风险程度。

综合风险指数：得到桩基、基坑和隧道的分项风险指数后，分别与各单项的权重相乘，对结果取和得到本工程的综合风险指数，反映了本次评估的 1 站点 1 区间工程建设的总体风险。

风险评估结果如表 3-8—表 3-11 所列。

表 3-8　桩基风险评估汇总表

<table>
<tr><th colspan="2">阶段</th><th>桩基风险源</th><th>风险概率</th><th>风险损失</th><th>风险评估</th><th>风险源权重</th><th>阶段风险权重</th></tr>
<tr><td colspan="2" rowspan="7">勘察设计阶段</td><td>不良地质条件未探明（暗浜等）</td><td>3</td><td>4</td><td>4</td><td>0.2</td><td rowspan="8">0.2</td></tr>
<tr><td>地质资料数据失真</td><td>2</td><td>4</td><td>3</td><td>0.15</td></tr>
<tr><td>管线及地下障碍物未探明</td><td>3</td><td>4</td><td>4</td><td>0.1</td></tr>
<tr><td>设计参数不合理</td><td>4</td><td>2</td><td>3</td><td>0.1</td></tr>
<tr><td>桩基选型不合理</td><td>2</td><td>4</td><td>3</td><td>0.1</td></tr>
<tr><td>桩长、持力层设计不合理</td><td>3</td><td>3</td><td>3</td><td>0.2</td></tr>
<tr><td>周边建筑未检测</td><td>3</td><td>3</td><td>3</td><td>0.15</td></tr>
<tr><td colspan="6">勘察设计阶段风险指数</td><td>3.3</td></tr>
<tr><td rowspan="4">成桩阶段</td><td rowspan="4">灌注桩</td><td>缩径</td><td>3</td><td>4</td><td>4</td><td>0.2</td><td rowspan="4"></td></tr>
<tr><td>孔底沉渣厚</td><td>3</td><td>4</td><td>4</td><td>0.2</td></tr>
<tr><td>泥皮过厚</td><td>3</td><td>4</td><td>4</td><td>0.2</td></tr>
<tr><td>桩身混凝土不合格</td><td>1</td><td>5</td><td>2</td><td>0.1</td></tr>
</table>

(续表)

阶段	桩基风险源	风险概率	风险损失	风险评估	风险源权重	阶段风险权重
	钢筋及接头不满足要求	3	4	4	0.2	0.5
	成孔方式不合理	2	4	3	0.05	
	垂直度不满足要求	3	2	2	0.05	
成桩阶段风险指数					3.65	
检测阶段	检测数据失真	2	4	3	0.4	0.15
	抽检比例不合格	3	3	3	0.3	
	检测方案不合理	2	3	2	0.3	
检测阶段风险指数					2.7	
开挖阶段	土方开挖方式不合理	3	3	3	0.4	0.15
	休止时间不足	4	3	3	0.2	
	截桩方式不合理	3	2	2	0.4	
开挖阶段风险指数					2.6	
桩基分项风险指数						3.3

表 3-9　基坑风险评估汇总表

阶段	主要风险源	风险概率	风险损失	风险评估	风险源权重	阶段风险权重
勘察设计阶段	地质资料数据失真	3	4	4	0.2	0.2
	不良地质条件未探明	3	4	4	0.1	
	管线及地下障碍物未探明	4	4	4	0.1	
	周边建筑未检测	3	4	4	0.1	
	支护选型不合理	2	4	3	0.2	
	计算模式选取不合理	2	4	3	0.1	
	设计参数选取不合理	3	4	4	0.1	
	施工图设计深度不够	3	3	3	0.1	
勘察设计阶段风险指数					3.6	
围护结构施工阶段	围护结构长度不足	3	5	5	0.2	0.3
	围护结构搭接、接缝不满足要求	4	5	5	0.3	
	围护结构垂直度不满足要求	4	4	4	0.1	
	施工流程不合理	3	4	4	0.1	
	未充分考虑施工对环境的影响	3	4	4	0.1	
	坑内加固施工质量不满足要求	3	4	4	0.1	
	地下障碍物处理不当	2	4	3	0.1	
围护结构施工阶段风险指数					4.4	

（续表）

阶段	主要风险源	风险概率	风险损失	风险评估	风险源权重	阶段风险权重
土方开挖阶段	支撑未按设计要求施工	3	5	5	0.2	0.3
	未分区分块开挖或超挖	4	4	4	0.3	
	坑边超载超过设计要求	2	5	4	0.2	
	垫层浇筑不及时	3	4	4	0.1	
	降水效果差	4	4	4	0.2	
土方开挖阶段风险指数					4.2	
地下结构施工阶段	底板形成时间长	3	4	4	0.3	0.1
	未按设计要求拆换撑	2	4	3	0.3	
	停止降水时间不合理	2	4	3	0.4	
地下结构施工阶段风险指数					3.3	
基坑监测阶段	监测数据失真	3	4	4	0.3	0.1
	监测方案不合理	4	3	3	0.3	
	预警报警不及时	4	4	4	0.4	
基坑监测阶段风险指数					3.7	
基坑工程分项风险指数						4.0

表 3-10　　隧道风险评估汇总表

阶段	主要风险源	风险概率	风险损失	风险评估	风险源权重	阶段风险权重
勘察设计阶段	不良地质条件未探明(天然气等)	2	5	4	0.1	0.2
	深埋管线及地下障碍物未探明	4	5	5	0.2	
	进出洞方案设计不合理	3	4	4	0.2	
	沿线建筑未检测	3	3	3	0.1	
	地质资料数据失真	3	4	4	0.1	
	衬砌结构选型不合理	2	3	2	0.1	
	防水设计不合理	2	4	3	0.2	
勘察设计阶段风险指数					3.7	
盾构设备选型阶段	盾构机配置不合理(推力、扭矩、刀盘密封、盾尾密封、换刀、铰接配置等)	3	4	4	0.3	0.1
	盾构机选型不合理(泥水平衡/土压平衡)	2	3	2	0.3	
	泥水处理设备配置不合理	3	3	3	0.2	
	管片制作未达到设计要求	2	4	3	0.2	
盾构设备选型阶段风险指数					3.0	

（续表）

阶段	主要风险源	风险概率	风险损失	风险评估	风险源权重	阶段风险权重
盾构进出洞阶段	进出洞土体加固施工质量差	3	5	5	0.4	0.2
	出洞止水装置失效	3	4	4	0.3	
	进洞施工方式不合理	2	5	4	0.2	
	出洞分体始发及负环拼装质量差	2	3	2	0.1	
盾构进出洞阶段风险指数					4.2	
盾构掘进阶段	盾尾密封不严，漏水漏砂	3	5	5	0.2	0.2
	开挖面失稳，土体损失率大	4	4	4	0.2	
	盾构姿态控制差，偏离轴线	4	4	4	0.1	
	同步注浆质量差	3	4	4	0.2	
	未充分考虑穿越地铁、重要管线、防汛墙等影响	2	5	4	0.2	
	管片拼装开裂破损	2	4	3	0.1	
盾构掘进阶段风险指数					4.1	
旁通连接管施工阶段	土体加固施工质量差	3	5	5	0.3	0.2
	施工方式不合理	2	5	4	0.3	
	未充分考虑冻结法的环境影响	3	4	4	0.3	
	开管片引起邻近管片受损	2	4	3	0.1	
旁通连接管施工阶段风险指数					4.2	
隧道监测阶段	监测数据失真	3	4	4	0.3	0.1
	监测方案不合理	3	3	3	0.3	
	预警报警不及时	4	4	4	0.4	
隧道监测阶段风险指数					3.7	
隧道工程分项风险指数						3.9

表 3-11　综合风险评估表

分项工程	分项风险指数	分项权重	综合风险指数
桩基	3.3	0.2	3.8
基坑	4.0	0.4	
隧道	3.9	0.4	

综上可以看到，对于上海轨道交通建设来说，地下工程建设的总体风险仍然较大，其中基坑和隧道的风险较桩基的风险大。对于本工程的桩基来说，风险主要集中在成桩阶段；对于基坑来说，风险主要集中在围护结构施工及土方开挖阶段；对于隧道来说，风险主要集中在盾构进出

洞、掘进及旁通道施工阶段。

3.5.3 风险控制措施

针对上述风险评估结果,结合上海地区工程建设经验,制订了一些针对性的风险控制措施,如表 3-12 所列。

表 3-12 风险控制措施汇总表

分项工程	风险控制措施
桩基	(1) 充分收集资料,应用地质雷达、超声波等物探手段准确探摸管线及地下障碍物; (2) 应用 BIM 技术展示三维地质分布; (3) 进行试桩,优化设计桩型; (4) 应用桩端注浆技术,并通过试桩后确定注浆工艺; (5) 采用接驳器,增加检测比例; (6) 提高高应变检测比例
基坑	(1) 引入勘察总体管理模式进行勘察质量把控和设计咨询,进行基坑施工图审查; (2) 充分收集资料,应用地质雷达、超声波等物探手段准确探摸管线及地下障碍物; (3) 应用 BIM 技术展示三维地质分布; (4) 应用无损检测技术进行地墙缺陷检测; (5) 应用信息化技术加强过程管理,指导施工; (6) 基坑施工方案专项评审; (7) 加强管理和过程检测,进行基坑开挖条件验收; (8) 加强过程检查,严禁超挖; (9) 应用钢支撑轴力伺服等新技术; (10) 应用超级压吸等降水新工艺,提高降水效果; (11) 优化底板浇筑方案,严格按方案实施; (12) 加强监测数据抽查分析; (13) 采用自动化监测技术,借助信息化平台进行数据管理和实时报警
隧道	(1) 引入勘察总体管理模式进行勘察质量把控和设计咨询; (2) 充分收集资料,应用地质雷达、超声波等物探手段准确探摸管线及地下障碍物; (3) 应用 BIM 技术展示三维地质分布; (4) 加强施工图审查,进行专家咨询评审; (5) 收集同类地质条件下的施工数据,优化设备参数配置; (6) 提高管片出厂质量检测比例,派驻厂监理; (7) 加强过程监管,加强加固体质量检测,制订降水等应急预案; (8) 提高密封材料质量,及时更换; (9) 加强同步注浆质量控制; (10) 加强隧道姿态同步监测,采取连续、缓慢的纠偏方法; (11) 根据土体加固所处地层特性进行冻结设计,并合理设置冻结控制指标以控制冻结加固质量; (12) 借助信息化技术,进行盾构姿态的同步监测

上海轨道交通 17 号线自 2013 年 6 月开工建设，至 2017 年 5 月全线贯通，并于 2017 年 12 月 30 日载客试运营。

3.6 小 结

地下工程项目具有隐蔽性、不确定性及复杂性等特点，而且所依附的地下岩土在施工过程中的力学状态是变化的，使得地下工程开发建设成为一项具有高风险的工程项目。本章全面梳理了地下空间开发建设中桩基、基坑、隧道工程的风险源，并提出了一些针对性的控制措施。以上海轨道交通 17 号线为例，详细介绍了地下空间开发建设过程中风险源识别、评估及风险控制的过程。

4 城市地下空间开发建设管理风险

4.1 引 言

4.1.1 城市地下空间开发建设管理的现状与问题

国外在城市地下空间开发建设管理上做到规划先行与制度保证的统一，对于提高项目执行效率、改善项目表现、节约成本、扩大项目盈利水平有着明显的作用，同时风险管理已成为减少风险、降低损失的科学、有效的管理手段。在芬兰、瑞典、挪威、日本、加拿大等一些地下空间利用较早和较为充分的国家，都将地下空间规划作为整个城市系统综合规划的重要内容，例如日本在立法、规划、设计、经营管理等方面已形成一套较为健全的地下空间开发利用的法律法规体系，1963 年就颁布实施了《关于共同沟建设的特别措施法》，这被誉为世界上第一部共同沟法。日本更新改造横滨港未来 21 地区及旧城区时都提前进行规划，如名古屋大曾根地区、札幌的城市中心区，将地下空间开发利用作为规划的重要组成部分。针对城市地下空间开发建设的风险，国外一些大城市主要采取了综合化的手段进行风险管理和控制，逐渐建立起比较完善的应急管理体制，在应急管理体制总体框架下开展城市地下空间风险管理工作，同时又结合城市地下空间的特殊性加强综合协调，例如英国地铁系统常设的紧急情况处理小组就是地铁风险事故的应急协调机构，它在 2005 年“伦敦地铁爆炸案”救援与善后工作中发挥了重要作用。

目前，我国城市地下空间开发建设管理主要存在应急管理部门分割、建设管理主体多样、信息资源不共享等不足，面临管理政策法规不健全、风险管理体系不完善、各方责任主体风险管理认识不足等问题。

1. 相关法律法规不健全

我国于 2001 年 11 月 2 日施行中华人民共和国建设部令第 108 号《建设部关于修改〈城市地下空间开发利用管理规定〉的决定》。针对该部令，各地完善了地下空间规划、建设、管理方面的法规，完善了地下空间规划编制体系，明确了地下空间编制内容、深度和报批程序，以及重点地区地下空间规划的相关要求，对推动地下空间科学、合理的开发利用起到了积极的指导作用。但是在建设中仍然存在不少政策法规方面的问题，例如，地下空间规划在整个城市总体规划中优先度不高，尚停留在布局规划层面，未达到专项规划深度，难以有详细的规划指导意见用于制订建设计划及进行项目审批；大部分城市地下工程建设资金筹措尚无明确的操作细则，难以指导统筹安排建设计划等；地下空间开发利用方面的法律法规不够健全，城市地下空间开发利用缺乏统一规划、统一标准、统一管理，除人防工程建设的规划、标准和设计施工规范外，关于城市地下空间开发战略、方针、政策、管理体制、建设标准等问题，部分仍然处于无法可依的状态。

2. *风险管理体系不完善*

城市地下空间开发建设管理风险主要是指在计划、组织、管理、协调等非技术条件的不确定性而引起的损失。例如，项目组织管理方面，缺乏项目管理能力、项目规划不完善、项目程序不规范等；进度计划方面，进度调整规则不适当、材料设备供应不畅通等；投资控制方面，工期延误、不适当的工程变更、预算偏低等。目前，地下工程项目开发安全风险管理尚未形成合适的、操作性较强的、具有一定强制意义的管理体系，因而风险管理在项目建设中的地位没有明确，项目建设预算中未明确必须列入风险管理费用，从而造成了风险管理投入不够，风险管理得不到足够重视的状况；项目建设各阶段风险管理责任主体不明，管理程序不清。这些因素使得国内地下工程安全风险管理尚处于无序状态，表现为实施风险管理的内容和流程不完善、不规范。

3. *各方责任主体风险管理认识不足*

建设方、勘察设计方、施工方、监理方等都属于地下空间开发建设所涉及的行为主体，就目前来看，虽然部分施工企业采取了一些风险管理措施，但是仅仅局限在工程的安全和质量层面，没有建立切实可行的项目风险管理体系，来对施工全过程进行有效的风险管控。各方责任主体，对城市地下空间的风险认知并不明确，风险意识较为薄弱，风险管理较为滞后，对项目风险管理存在理解单一和实际操作模糊的误区，而且企业缺乏专业风险管理人才或风险管理人员，缺乏对风险管理体系的研究和学习，因此地下工程项目风险管理的实施缺乏系统性、计划性、科学性，造成项目风险管理工作成为地下工程开发建设管理工作中最易出现失误和造成成本加大的管理难点之一。

4.1.2 城市地下空间开发建设管理风险防控的特点与必要性

正是由于地下工程风险源众多且难以准确预估，地下工程的风险与“传统”的工程风险相比，具有更快、更强的扩散性和灾难性，也具有更强的关联性。地下工程在建设过程中，无论采用何种工法或工艺都会不可避免地对上覆一定范围内的构筑物和人群造成直接的影响和一定程度的破坏，而项目管理风险与项目建设活动息息相关，项目管理制度不完善造成的管理风险在开发建设过程中会对地下工程产生持续的、长期的威胁，必须重视地下空间与常规工程项目的差异带来的管理风险。地下空间开发建设管理的特殊性主要表现在以下四个方面。

1. *开发程序*

地下工程有着许多地上项目所不能比拟的优点，同时也由于地下空间的封闭性而具有不可忽视的安全弱点，在发生地震、火灾、水灾、危险性较大的分部分项工程(以下简称危大工程)事故时，其危害程度远远超过地面，因此除一般建设程序外，必要时应增加以下建设程序。

(1) 专项规划：必须依据地下空间专项规划实施。

(2) 专项勘察、设计:地下空间水土问题是技术难点,也是管理风险点,必须进行专项勘察、设计。

(3) 专项审查和论证工作:必要时需组织专家论证,如上海地区针对地下公共工程防汛影响提出专项论证办事指南,对超深(地下三层及以上)、超大型(地下建筑总面积 50 000 m^2 及以上)、穿越河道的论证报告,由相应的行政主管部门组织专家咨询。

2. 开发投资

地下工程建设具有成本高、投资回收期长、投资规模效应等特点。随着地下空间开发建设的急剧增加,所需投入的资金量亦越来越大,典型的代表就是城市轨道交通。作为地下交通大动脉,城市轨道交通建设是一项投资巨大、专业复杂且技术含量高的系统工程,建成一条地铁线路少则几十亿元人民币,多则上百亿元人民币,这样一笔可观的基础建设投资是其他基础建设项目所不能比拟的。地下工程建设中,投资管控是一项技术性、专业性很强的工作,它贯穿于项目可行性研究、初步设计、施工图设计、施工准备、施工和竣工决算各阶段,如何做好投资控制管理,使得有限的资金和物资资源得到充分的利用,做到资金合理利用,显得尤为重要。

3. 开发进度

地下工程涉及专业门类多,系统庞大,施工工序及工法繁多,具有诸多的不确定性,进度受各种因素的影响。在进度管理时应明确分析建设过程中各阶段进度的影响因素,采取有针对性的措施。此外,城市地下空间开发大多涉及城市主要商业区、人流密集区、交通主要交汇点,为减少对城市生活、环境及交通的影响,对工期控制要求严,一旦出现工期拖延,会严重影响城市居民的正常生活和经济发展,社会反响很大,并波及整个工程、城市及政府的形象,后果严重。如何发展出一套切实可行、较为适用的地下工程建设进度管理方法,是非常重要的。

4. 职业健康

与在地面修筑建筑物相比,地下工程施工有其自身特点,如作业空间狭小、光线不好、通风不畅会导致空气混浊。采用钻爆法开挖地下工程时,在钻孔、爆破和弃渣装载运输过程中会产生大量粉尘、噪声、振动及有毒气体,造成职业危害,对施工人员的身体健康有着严重影响。加强施工现场职业健康管理是保障作业人员职业健康的有效手段,在管理过程中要分析施工现场可能存在的风险因素,明确管理的内容,建立完善的职业安全健康管理制度,加强对职业健康的预防管理,保证施工人员的人身健康。

地下空间的不可逆转性,决定了制订和实施城市地下空间开发利用规划的严肃性,地下空间一旦开发利用,地层结构将不可能恢复到原来的状态,已建的地下建筑物的存在将影响邻近地区的使用。同时,由于地下工程具有投资大、施工周期长、参与方众多、施工技术复杂、不可预见风险因素多和对社会环境影响大等特点,地下工程开发是一项高风险建设工程,其中涉及各种管理问题的风险规避,实施恰当的风险管理有助于决策更加科学化、合理化,从而保障地下空间开发建设顺利实施。因此,理顺地下空间开发的管理风险刻不容缓,有必要通过对地下工程项目各种可能的管理风险进行评估与模拟，提出有效的措施进行地下工程项目风险的规避、预防与处理。

本章尝试从程序、投资、进度、职业健康角度介绍如何识别、评估和控制管理风险。随着地下工程开发建设经验不断积累，管理者的理论水平和职业素养将不断提升，这对完善风险管理政策法规及构建适合中国国情的风险管理体系有着实际意义。

4.2 城市地下空间开发建设的程序风险

建设程序是指建设项目从设想、选择、评估、决策、设计、施工到竣工验收、决算、审计、投入使用整个过程中，各项工作必须遵循的先后次序。对于建设工程而言，目前我国基本建设程序的内容和步骤主要有：前期工作阶段，主要包括项目建议书或可行性研究、勘察设计工作；建设实施阶段，主要包括施工准备、建设实施；竣工验收阶段。

城市地下空间开发建设所涉及的地质条件、施工设备、施工工艺、周边环境影响均比常规建设工程更为复杂，建设程序也更加严格，例如，城市轨道交通工程的深基坑工程和隧道工程，前期工作阶段需要进行社会稳定风险分析，施工阶段对重大危险工程还需进行一系列的专家论证及关键节点验收。

4.2.1 城市地下空间开发建设程序

1. 前期工作阶段

(1) 项目建议书：项目建设筹建单位或项目法人，根据国民经济的发展、国家和地方中长期规划、产业政策、生产力布局、国内外市场、所在地的内外部条件，提出的某一具体项目的建议文件，是对拟建项目提出的框架性的总体设想。项目建议书是项目立项的重要依据。

(2) 可行性研究：是指在项目决策前，通过对项目有关的工程、技术等各方面条件和情况进行调查、研究、分析，对各种可能的建设方案和技术方案进行比较论证，并对项目建成后的效益进行预测和评价的一种科学分析方法，由此考查项目技术上的先进性和适用性，以及建设的可能性和可行性。可行性研究报告是项目概算、工期等的重要依据。

(3) 勘察设计工作：待可行性研究批复、投资计划下达后，项目将进入勘察设计阶段。首先建设单位选择与有资质的地质勘察单位签订地质勘察合同，并进行地质勘察，出具岩土工程勘察报告书，作为设计的依据。设计过程一般分为方案、初步设计和施工图设计三个阶段。技术上特别复杂和缺少设计经验的项目采用四阶段设计，即在初步设计阶段后增加技术设计阶段。

(4) 社会稳定风险评估：是指与人民群众利益密切相关的重大决策、重要政策、重大改革措施、重大工程建设项目、与社会公共秩序相关的重大活动等重大事项在制订出台、组织实施或审批审核前，对可能影响社会稳定的因素开展系统的调查，科学的预测、分析和评估，并制订风险应对策略和预案。

2. 建设实施阶段

1）施工准备

（1）招投标：建设单位委托具有相应资质的招标代理单位进行招投标工作，主要包括编制招标文件，在政府指定机关网站发布招标公告，组织具有相应资质的施工单位和监理单位报名（不少于三家），组织开标和评标，会同招投标交易中心发布中标通知书。

（2）建设开工前的准备：主要内容包括建设单位“三通一平”（水通、电通、路通，场地平整），分别签订施工、监理合同，并在政府机关部门办理合同备案手续。

（3）项目开工审批：建设单位在政府指定的安全质量监督站办理质量监督手续和建筑工程安全备案，向当地建设行政主管部门申请项目开工审批，办理建筑工程施工许可证。

2）建设实施

（1）日常监理：办理完施工许可证之后即进入项目建设施工阶段。在施工期间，建设单位及监理单位负责工程建设日常监理。建设单位委派一名责任心强、有相关知识和经验的人员配合监理单位进行监理，检查进场材料质量、检查施工工艺流程、督促施工进度等，对工程建设中出现的质量、安全和进度等问题提出整改意见，限期整改。

（2）关键节点条件验收：城市轨道交通工程的深基坑工程和隧道工程质量安全风险较常规的建设工程更大，国家对于这类工程的建设程序要求更加严格，根据《危险性较大分部分项工程安全管理办法》（建质〔2009〕87号）、《城市轨道交通工程安全质量管理暂行办法》（建质〔2010〕5号）等法律、法规的要求，轨道交通工程包含了若干关键节点的条件验收环节。关键节点是指容易引发较大或严重的质量安全事故的危险性较大的分部分项工程，主要包括：深基坑开挖施工；盾构始发、接收施工；盾构/暗挖下穿（或近距离侧穿）既有重要建（构）筑物施工；盾构/暗挖下穿既有轨道线路（含铁路）施工；盾构过矿山法隧道（空推掘进）施工；联络通道开挖施工；等等。关键节点条件验收包含两个方面的含义：①验收施工准备情况，即在关键节点施工前，对人员、机具、物资、技术方案、工程环境调查、监测及应急预案等各项准备工作是否满足要求进行检查、验收；②工程验收，即对前一分部分项工程实体质量，对照设计图纸、相关验收规范及合同要求进行验收。

3. 竣工验收阶段

1）竣工验收的范围

根据国家规定，所有建设项目按照上级批准的设计文件所规定的内容和施工图纸的要求全部建成，及时申请组织验收。

2）竣工验收的依据

根据国家规定，竣工验收的依据是经过上级审批机关批准的可行性研究报告、初步设计、施工图图纸和说明、设备技术说明书、招投标文件和工程承包合同、施工过程中的设计修改签证、现行的施工技术验收标准及规范以及主管部门有关审批、修改、调整文件等。

3）竣工验收的准备

竣工验收准备主要有三方面的工作：一是整理技术资料，各有关单位（包括建设、勘察、设计、施工、监理单位）应将技术资料进行系统整理，由建设单位分类立卷，统一保管，技术资料主要包括土建、安装及各种有关的文件、合同的情况报告等；二是绘制竣工图纸；三是编制竣工决算。

4）竣工验收的程序和组织

建设项目全部完成，经过各单项工程验收（消防、环保、规划、勘察、设计、监理、施工），符合设计要求，并具备竣工图表、竣工决算、工程总结等必要文件资料，由建设单位向负责验收的单位提出竣工验收申请报告。竣工验收要组成验收委员会或验收组，具体负责审查工程建设的各个环节，听取各有关单位的工作总结汇报，审阅工程档案并实地查验建筑工程和设备安装，并对工程设计、施工等方面作出全面评价。不合格的工程不予验收；对遗留问题提出具体解决意见，限期落实完成。最后经验收委员会或验收组一致通过，形成验收鉴定意见书。

4.2.2 城市地下空间开发建设程序风险识别与评估

4.2.2.1 风险识别

对于建设工程程序风险的研究，国内研究成果较少，甚至没有现成的、可直接参考的程序风险管理方案。本章对建设程序风险因素进行了梳理，建设程序风险主要包括：建设单位违反建设程序造成的风险、施工单位违反建设程序造成的风险、监理单位违反建设程序造成的风险、勘察设计单位违反建设程序造成的风险。各单位的主要程序风险列举如下。

1. **建设单位**

1）前期工作阶段

未经勘察委托设计或施工图未经审查合格而施工，或者报审图纸与实际施工的图纸内容不一致，存在“阴阳图纸”现象。

2）建设实施阶段

(1) 项目未按规定进行发包，应招标项目未进行招标；发包给不具有相应资质等级的单位或个人；违反施工合同约定，指定分包等。

(2) 未办理工程报建手续；先进行工程发包，后办理报建手续；存在少报多建行为；项目施工许可证、安全质量监督手续未办理，或不具备开工条件而开始施工。

(3) 未全面负责工地安全管理工作；未配备相应的技术管理人员或满足前提条件下未委托具有相应资质的监理单位全面负责施工工地安全管理工作。

(4) 危大工程清单缺失；清单内容与现场严重不符；无对应的安全管理措施。

(5) 施工过程中随意改变设计而未得到设计确认。

3）竣工验收阶段

工程未通过竣工验收而提前使用。

2. 施工单位

施工单位违反建设程序造成的风险主要发生在建设实施阶段。

(1) 依法属于必须进行投标的工程建设项目未进行施工投标;依法应当公开招标的建设工程,在确定中标人前,施工投标人已开展该工程招标范围内的工作;违法分包、转包。

(2) 未取得施工许可证擅自提前施工;未取得安全生产许可证从事建筑施工活动;安全生产许可证有效期满前未按规定办理延期手续;暂扣或者吊销安全生产许可证期间擅自施工。

(3) 未取得资质证书承揽工程业务;超越资质等级许可的业务范围承揽工程业务;分包单位无资质、超资质、无安全生产许可证、未签订分包合同和安全协议而已入场施工作业。

(4) 施工组织设计、危大工程和“四新”工程专项施工方案未经报审或审批未通过而擅自施工;专项施工方案应论证的,未经专家论证,或者方案经专家论证修改后,未重新审批或审批未通过而擅自施工。

(5) 工程材料、设备、构(配)件等未经报审或者不合格而擅自使用。

(6) 工序或隐蔽工程、危大工程未经报验或验收未通过擅自后续施工作业;条件验收不具备,未经过验收或验收未通过而擅自施工。

(7) 未建立安全、质量保证体系,关键管理人员配置不符合要求就施工;危大工程施工前,施工方未对施工作业人员进行安全技术交底,擅自施工;特种作业人员未经报审批准擅自上岗作业。

(8) 未按审查通过的施工图纸施工,或者设计变更手续不符合规定。

3. 监理单位

1) 建设实施阶段

(1) 依法公开招标的项目未取得中标通知书,监理单位已开展监理工作。

(2) 工程开工前,未编制监理规划,或者未经公司技术负责人审批;危大工程和“四新”工程施工前,未单独编制监理实施细则。

(3) 总监违反规定同时担任多个项目的总监;备案总监未到岗履职,或未办理总监变更手续;工程不具备开工条件,总监同意开工并签署开工令。

(4) 监理人员未按监理合同要求配置;监理见证人员未在岗,未对工程材料取样见证,或者未对检测试样张贴或嵌入唯一性标识。

(5) 未按监理合同对工程材料进行平行检测,平行检测频率、批次不满足合同要求;工程材料、设备、构(配)件不合格,禁用材料及应备案而未备案的材料、材料实物与资料不相符,监理签认同意使用。

(6) 建设单位、施工单位质量、经营行为不符合要求,未报告政府监管部门;施工单位违规施工,监理下达指令,施工单位拒绝执行,未报告政府监管部门;现场发生安全、质量、火灾等事故及突发事件,未及时报告政府监管部门。

2）竣工验收阶段

工程质量验收、条件验收、危大工程验收等未经验收或验收未通过，监理签认通过验收。

4. 勘察设计单位

勘察设计单位违反建设程序造成的风险主要发生在前期工作阶段。

(1) 依法属于必须进行投标的工程建设项目未进行勘察设计投标；依法应当公开招标的建设工程，在确定中标人前，勘察设计投标人已开展该工程招标范围内的工作。

(2) 设计单位将主体部分的设计违法分包给其他设计单位，设计单位将设计业务分包给不具有相应资质等级的设计单位，设计分包单位将承接的设计业务再转包给其他设计单位。

(3) 未取得资质证书承揽工程业务，超越资质等级许可的业务范围承揽工程业务。

(4) 未经政府相关部门审批的勘察报告和设计图纸，交付施工单位使用。

4.2.2.2 风险评估

在风险识别基础上进行开发建设程序风险源汇总和梳理，对各风险源的发生概率、危害程度进行评价，并以此为依据得到该风险源的风险等级，开发建设程序风险源汇总如表 4-1 所示。由于各个工程存在较大的差异，开发建设程序风险需要根据工程实际进行评价。

表 4-1 开发建设程序风险源汇总

主要风险源		发生概率	危害程度	风险等级
建设单位	未经勘察委托设计或施工图未经审查合格而施工；项目未按规定进行发包，应招标项目未进行招标；等等			
施工单位	未取得施工许可证擅自提前施工；施工组织设计、危大工程和“四新”工程专项施工方案未经报审或审批未通过而擅自施工；等等			
监理单位	工程开工前，未编制监理规划，或者未经公司技术负责人审批；工程质量验收、条件验收、危大工程验收等未经验收或验收未通过，监理签认通过验收；等等			
勘察设计单位	未经政府相关部门审批的勘察报告和设计图纸交给施工单位使用等			

对于已确定的开发建设程序风险源，按照风险评估标准进行风险评估，其中风险概率等级标准按照不可能、很少发生、偶尔发生、可能发生和频繁发生分为五级，风险事故损失等级按照可忽略、需要考虑、严重、非常严重和灾难性分为五级，最终根据风险评估矩阵进行风险评估。

4.2.3 城市地下空间开发建设程序风险控制措施

地下空间开发建设程序风险控制原则为严格落实国家法律、法规，事前预防，过程严控，各责任主体应制订各自的风险对策,如开展规范对标、编制程序控制手册、编制控制自评价报告等,其中建设单位和施工单位是开发建设程序风险控制的重要责任主体,发生风险的概率更大,造成的后果更为严重。为控制程序风险,应充分发挥第三方监督作用,目前国内要求由建设单位委托监理单位实施项目全过程关于程序、质量、安全等方面风险的监督管理,因此,表 4-2 主要从监理角度列举了部分程序风险的控制措施。

表 4-2 地下空间开发建设程序风险的部分控制措施

风险源	风险控制措施
项目施工许可证、安全质量监督手续未办理,施工图未经审查合格而擅自施工	监理应告知建设单位尽快办理,必要时开具工程暂停令,报告政府监管部门
民防工程监督手续未办理,或者隐蔽工程未报民防建设工程质量监督站验收而擅自施工	监理需发出工作联系单,必要时开具工程暂停令
建设单位、施工单位违规施工	监理需发出工作联系单、监理通知单、工程暂停令。施工单位拒不执行或者建设单位拒不接受,监理书面报告政府监管部门

4.3 城市地下空间开发建设的投资风险

4.3.1 城市地下空间开发建设投资

所谓建设工程投资控制,就是把建设工程的投资控制在批准的投资限额以内,随时纠正发生的偏差,以保证项目投资管理目标的实现,以求在建设工程中能合理使用人力、物力、财力,取得较好的投资效益和社会效益。

投资控制是地下空间开发建设项目管理的主要内容之一,投资控制原理如图 4-1 所示,这种控制是动态的,并贯穿于项目建设的始终。

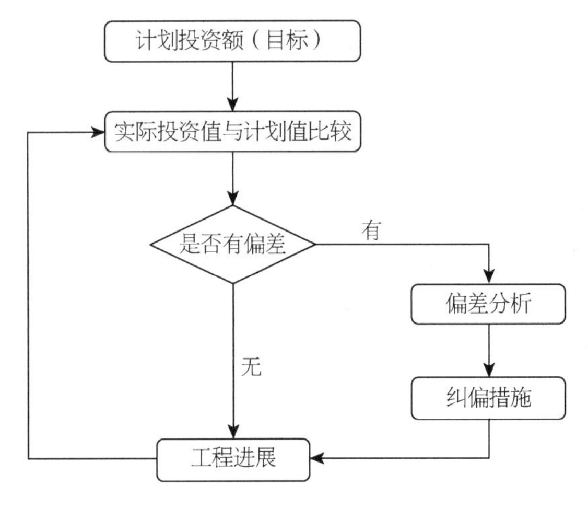

图 4-1 投资控制原理

4.3.2 城市地下空间开发建设投资风险识别与评估

4.3.2.1 风险识别

1. 概预算编制不合理

很多项目中的投资概预算不够细致,存在漏算、多算、少算的情况较多,项目中各项内容和数据的计算也缺少完整性,很多关键性的重要数据不精确、不确定,比如施工中的很多设备和施工材料的价格会由于市场因素的影响而上下浮动,大量暂定的价目给后期追加预算的确定性和真实完整性带来更大困难。预算书的编制不完整或没有施工图和其他费用的预算,导致实际的投资和费用常常超出概预算,增加了工程的成本,降低了经济效益。

2. 资金使用计划不合理

编制资金使用计划过程中最重要的步骤是项目投资目标的分解,关于资金使用计划不合理,最常见的情况是项目投资目标分解不合理。进一步细分,又包括投资构成分解不合理、子项目分解不合理以及时间分解不合理三种类型。

3. 设计或施工变更

在工程项目的实施过程中,由于多方面的情况变更,经常出现工程量变化、施工进度变化,以及发包方与承包方在执行合同中的纠纷等许多问题。承包人提出工程变更的情形有:一是图纸出现错、漏、碰、缺等缺陷无法施工;二是图纸不便施工,变更后更经济、方便;三是采用新材料、新产品、新工艺、新技术的需要;四是承包人考虑自身利益,为索赔费用提出工程变更。

4. 工程索赔

工程索赔即包括施工单位向建设单位的索赔,也包括建设单位向施工单位的索赔。

施工单位向建设单位的索赔主要包括:不利的自然条件与人为障碍引起的索赔;工程变更引起的索赔;工期延期费用的索赔;加速施工费用的索赔;发包人不正当终止工程引起的索赔;拖延支付工程款的索赔;建设单位风险造成的索赔等。

建设单位向施工单位的索赔主要包括:工程延误索赔;质量不符合合同要求索赔;承包人不履行的保险费用索赔;对超额利润的索赔;发包人合理终止合同或承包人不正当放弃工程的索赔等。

4.3.2.2 风险评估

在风险识别基础上进行投资风险源汇总和梳理,对各风险源的发生概率、危害程度进行评价,并以此为依据得到该风险源的风险等级,投资风险源汇总如表 4-3 所示。由于各个工程存在较大的差异,投资风险需要根据工程实际进行评价。

对于已确定的投资风险源,按照风险评估标准进行风险评估,其中风险概率等级标准按照不可能、很少发生、偶尔发生、可能发生和频繁发生分为五级,风险事故损失等级按照可忽略、需要考虑、严重、非常严重和灾难性分为五级,最终根据风险评估矩阵进行风险评估。

表 4-3 投资风险源汇总

主要风险源		发生概率	危害程度	风险等级
概预算不合理	概预算不够细致，存在漏算、多算、少算；关键性的重要数据不精确、不确定；等等			
资金使用计划不合理	投资构成分解不合理、子项目分解不合理以及时间分解不合理等			
设计或施工变更	图纸出现错、漏、碰、缺等缺陷无法施工；使用新材料、新产品、新工艺、新技术引起工程变更；等等			
工程索赔	工程变更、工期延期、加速施工等引起的施工单位向建设单位的索赔；工程延误、质量不满足合同要求等引起的建设单位向施工单位的索赔			

4.3.3 城市地下空间开发建设投资风险控制措施

为了有效控制投资风险，应对以上风险源，可采取有针对性的控制措施。具体包括：编制合理的投资概预算；编制合理的资金使用计划；加强变更管理与索赔管理等。

1. 编制合理的投资概预算

编制合理的投资概预算是投资风险控制的重要措施，合理的工程概预算有利于控制基本建设规模，有利于控制“三超”现象的发生。

1) 设计概算的编制与审查

设计概算应按编制时项目所在地的价格水平编制，总投资应完整地反映编制时建设项目的实际投资；应考虑建设项目施工条件等因素对投资的影响；还应按项目合理工期预测建设期价格水平，以及考虑资产租赁和贷款的时间价值等动态因素对投资的影响。建设项目总投资还应包括铺底流动资金。

设计单位完成初步设计概算后发送发包人，发包人必须及时组织力量对概算进行审查，并提出修改意见反馈至设计单位。在设计、建设双方共同核实取得一致意见后，由设计单位进行修改，再随同初步设计一并报送主管部门审批。

2) 施工图预算的编制与审查

施工图预算可以分为传统计价模式和工程量清单计价模式。

传统计价模式是采用国家、地方或地区统一规定的定额和取费标准进行工程计价的模式。发包人和承包人均先根据预算定额中的工程量计算规则计算工程量，再根据定额单价计算出对应工程所需的人工、材料、机械费用，管理费用及利润和税金等，汇总得到工程造价。

工程量清单计价模式是指按照建设工程量计算规范规定的工程量计算规则，由招标人提供工程量清单和有关技术说明，投标人根据自身实力，按企业定额、资源市场单价以及市场供求及竞争状况给出施工图预算的计价模式。

施工图预算文件的审查，应当委托具有相应资质的工程造价咨询机构进行。

2. 编制合理的资金使用计划

编制资金使用计划过程中最重要的步骤就是项目投资目标的分解。根据投资控制目标和要求的不同，投资目标可以按投资构成、子项目、时间进度三种方式进行分解。

1）按投资构成分解

工程项目的投资主要分为建筑安装工程投资、设备和工(器)具购置投资以及工程建设其他投资。由于建筑工程和安装工程在性质上存在较大差异，投资的计算方法和标准也不同，在实际操作中往往将建筑工程投资和安装工程投资分解开来。按投资构成分解时，可以根据以往的经验和建立的数据库来确定适当的比例，必要时可以做一些适当的调整。

2）按子项目分解

大中型的工程项目通常由若干单项工程构成，每个单项工程包括了多个单位工程。因此，首先要把项目总投资分解到单项工程和单位工程，对各单位工程的建筑安装工程投资还需进一步分解，在施工阶段一般可分解到分部分项工程。

3）按时间进度分解

通常利用控制项目进度的网络图进一步扩充而得，即在建立网络图时，一方面确定完成各项活动所需花费的时间，另一方面确定完成这一活动的合适的投资支出预算。

这三种编制资金使用计划的方法并不是相互孤立的。在实际工程中，往往是将这几种方法结合起来使用，从而达到扬长避短的效果。

3. 加强变更管理

项目监理机构可按下列程序处理承包人提出的工程变更。

(1) 审查承包人提出的工程变更申请，提出审查意见。对涉及工程设计文件修改的工程变更，应由发包人转交原设计单位修改工程设计文件。必要时，项目监理机构应建议发包人组织设计、施工等单位召开论证工程设计文件修改方案的专题会议。

(2) 对工程变更费用及工期影响做出评估。及时把握投资动态信息，控制工程变更，做好投资变化估算；建立专门统计的部门机构；建立一个完整的数据库档案；建立一套完整的项目网络计算机管理系统；强化 FIDIC 条款，提高管理队伍整体能力。

(3) 组织发包人、承包人等共同商定工程变更费用及工期变化，会签工程变更单。

(4) 根据批准的工程变更文件督促承包人实施工程变更。监理应对发包人要求的工程变更可能造成的设计修改、工程暂停、返工损失、增加工程造价等进行全面评估，为发包人正确决策提供依据，避免反复和不必要的浪费。

4. 加强索赔管理

1）掌控工程费用的原始资料

索赔的控制是建设工程施工阶段投资控制的重要手段。项目监理机构应及时收集、整理有关工程费用的原始资料,包括施工合同、采购合同、工程变更单、监理记录、监理工作联系单等,为处理费用索赔提供证据。

2) 严格控制现场签证

由于施工生产的特殊性,在施工过程中往往会出现一些与合同工程或合同约定不一致或未约定的事项。现场签证是指发包人现场代表(或其授权的监理人、工程造价咨询人)与承包人现场代表就这类事项所做的签认证明。

3) 加强工程变更管理

在工程施工过程中,由于工地上不可预见的情况、环境的改变或为了节约成本等,在监理工程师认为必要时,可以对工程或其任何部分的外形、质量或数量做出变更。任何此类变更,承包人均不应以任何方式使合同作废或无效。但如果监理工程师确定的工程变更单价或总价不合理,或缺乏说服承包人的依据,则承包人有权就此向发包人进行索赔。

4) 加强工期延期管理

工期延期的索赔通常包括两个方面:一是承包人要求延长工期;二是承包人要求偿付由于非承包人原因导致工程延期而造成的损失。一般这两方面的索赔报告要求分别编制。因为工期和费用索赔并不一定同时成立。但是,如果承包人能提出证据说明其延误造成的损失,则有可能有权获得这些损失的赔偿。有时两种索赔可能混在一起,既可以要求延长工期,又可以获得对其损失的赔偿。

5) 加强发包人不正当地终止工程的管理

由于发包人不正当地终止工程,承包人有权要求补偿损失,其数额是承包人在被终止工程中的人工、材料、机械设备的全部支出,以及各项管理费用、保险费、贷款利息、保函费用的支出,并有权要求赔偿其盈利损失。

6) 加强工程款支付管理

如果发包人在规定的应付款时间内未能向承包人支付应付的款额,承包人可在提前通知发包人的情况下,暂停工作或减缓工作速度,并有权获得任何误期的补偿和其他额外费用的补偿(如利息)。

4.4 城市地下空间开发建设的进度风险

建设工程进度控制是指工程项目建设各个阶段的工作内容、工作程序、持续时间和衔接关系,根据进度总目标及资源优化配置的原则编制计划并付诸实施,然后在进度计划的实施过程中经常检查实际进度是否按计划要求进行,对出现的偏差情况进行分析,采取补救措施或调整、修改原计划后再付诸实施,如此循环,直到建设工程竣工验收交付使用。

4.4.1 城市地下空间开发建设进度风险识别与评估

4.4.1.1 风险识别

地下空间开发建设项目具有规模庞大、工程结构与工艺技术复杂、建设周期长及相关单位多等特点，决定了开发建设进度将受到许多不利因素的影响。进度风险源可以分为业主因素，勘察设计因素，施工技术、材料及设备因素，自然环境因素，社会环境因素，组织管理因素六类。

(1) 业主因素：如业主使用要求改变而进行设计变更；应提供的施工场地条件不及时提供或所提供的场地不满足工程正常需要；不能及时向施工承包单位或材料供应商付款；不遵守客观规律，过度压缩合同约定工期；等等。

(2) 勘察设计因素：如勘察资料不准确，特别是地质资料错误或遗漏；设计内容不完善，规范应用不恰当，设计有缺陷或错误；设计对施工的可行性未考虑或考虑不周；施工图纸供应不及时、不配套，或出现重大差错；等等。

(3) 施工技术、材料及设备因素：如施工工艺错误；不合理的施工方案；施工安全措施不当；不可靠技术的应用；材料、构(配)件、机具、设备不能满足工程的需要；特殊材料及新材料的不合理使用；施工设备不配套、选型失当、安装失误、有故障；等等。

(4) 自然环境因素：如复杂的工程地质条件；不明的水文气象条件；地下埋藏文物的保护、处理；洪水、地震、台风等不可抗力；等等。

(5) 社会环境因素：如邻近工程施工干扰；节假日交通、市容整顿的限制；临时停水、停电、道路封闭；法律及制度变化、经济制裁、战争、骚乱、罢工、企业倒闭；等等。

(6) 组织管理因素：如向有关部门提出各种申请审批手续的延误；合同签订时遗漏条款、表达失当；计划安排不周密，组织协调不力，导致停工待料、相关作业脱节；领导不力，指挥失当，使参建的各个单位、各个专业、各个施工过程之间交接、配合上发生矛盾；等等。

4.4.1.2 风险评估

在风险识别基础上进行进度风险源汇总和梳理，对各风险源的发生概率、危害程度进行分析，并以此为依据得到该风险源的风险等级，进度风险源汇总如表 4-4 所示。由于各个工程之间存在较大差异，进度风险源需要根据工程实际情况进行分析与评价。

表 4-4 进度风险源汇总

主要风险源		发生概率	危害程度	风险等级
业主因素	业主使用要求改变而进行设计变更；不遵守客观规律，过度压缩合同约定工期；等等			
勘察设计因素	如勘察资料不准确，特别是地质资料错误或遗漏；设计内容不完善，规范应用不恰当，设计有缺陷或错误；等等			

（续表）

主要风险源		发生概率	危害程度	风险等级
施工技术、材料及设备因素	不合理的施工方案；材料、构（配）件、机具、设备不能满足工程的需要；施工设备不配套、选型失当、安装失误、有故障；等等			
自然环境因素	复杂的工程地质条件；不明的水文气象条件；地下埋藏文物的保护、处理；洪水、地震、台风等不可抗力；等等			
社会环境因素	邻近工程施工干扰；节假日交通、市容整顿的限制；临时停水、停电、道路封闭；等等			
组织管理因素	向有关部门提出各种申请审批手续的延误；计划安排不周密，组织协调不力，导致停工待料、相关作业脱节；等等			

对于已确定的进度风险源，按照风险评估标准进行风险评估，其中风险概率等级按照不可能、很少发生、偶尔发生、可能发生和频繁发生分为五级，风险事故损失等级按照可忽略、需要考虑、严重、非常严重和灾难性分为五级，最终根据风险评估矩阵进行风险评估。

4.4.2 城市地下空间开发建设进度风险控制措施

进度风险控制措施主要包括：细化施工进度控制工作内容；严格审核施工进度计划；动态监督施工单位进度计划的实施；积极做好现场协调工作；加强工程进度款的审核与管理；认真审批工程延期等内容。

1. 细化施工进度控制工作内容

(1) 施工进度控制目标分解；

(2) 施工进度控制的主要工作内容和深度；

(3) 进度控制人员的职责分工；

(4) 进度控制有关各项工作的时间安排及工作流程；

(5) 进度控制方法（包括进度检查周期、数据采集、进度报表、统计分析等）；

(6) 进度控制的具体措施（包括组织措施、技术措施、经济措施及合同措施等）；

(7) 施工进度控制目标实现的动态分析。

2. 严格审核施工进度计划

为了保证建设工程的施工任务按期完成，业主和监理工程师必须审核承包单位提交的施工进度计划。

如果监理工程师在审查施工进度计划的过程中发现问题，应及时向承包单位提出书面修改意见，并协助承包单位进行相应修改，其中重大问题应及时向业主汇报。

施工进度计划一经业主和监理工程师确认,即应当视为合同文件的一部分,是以后处理承包单位提出的工程延期或费用索赔的一个重要依据。

3. 动态监督施工单位进度计划的实施

这是建设工程施工进度控制的经常性工作,业主和监理工程师不仅要及时检查承包单位报送的施工进度报表和分析资料,同时还要进行必要的现场实地检查,核实所报送的已完成项目的时间及工程量,杜绝虚报现象。

在对工程实际进度资料进行整理的基础上,业主和监理工程师应将实际进度与计划进度相比较,以判定实际进度是否出现偏差。如果出现偏差,应进一步分析此偏差对进度控制目标的影响程度及其产生的原因,以便研究对策,提出纠偏措施,必要时还应对后期工程进度计划做出适当的调整。

4. 积极做好现场协调工作

业主和监理工程师应每月、每周定期组织召开不同层级的现场协调会议,以解决工程施工过程中的相互协调配合问题。在每月召开的协调会上通报工程项目建设的重大变更事项,协商后续处理,解决各个承包单位之间及业主与承包单位之间的重大协调配合问题。在每周召开的管理层协调会上,通报各自进度状况、存在的问题及下周工作安排,解决施工中的相互协调配合问题。

5. 加强工程进度款的审核与管理

工程进度款是建设单位在工程竣工结算之前支付的工程款。在工程施工过程中,工程进度款的支付由工程进度来决定,由于工程进度受多种因素影响,可能脱离预期目标,会影响到工程进度款的正常支付,因此有必要做好工程进度款的审核与管理工作,发挥其保障工程施工顺利进行的作用。

在审核合同范围内的工程量时,工程师需熟悉设计文件和工程合同、施工组织设计及施工方案、涉及工程计量的往来文件等,严格遵守工程量计算规则,对超出设计图纸范围、未按合同约定、超出方案的工程量不予计量,同时要做好过程记录,对质量审核、问题解决情况、进度影响因素、遗留问题等做好记录。

6. 认真审批工程延期

造成工程进度拖延的原因有两个方面:一是由于承包单位自身的原因;二是由于承包单位以外的原因。前者称为工程延误,后者称为工程延期。

(1) 工程延误。业主和监理工程师有权要求承包单位采取有效措施加快施工进度。如果经过一段时间后,实际进度没有明显改进,仍然拖后于计划进度,而且明显影响工程按期竣工时,应要求承包单位修改进度计划,并提交给监理工程师重新确认。

(2) 工程延期。如果由承包单位以外的原因造成工程拖延,承包单位有权提出延长工期的申请。监理工程师应根据合同规定,审批工程延期时间。经监理工程师核实批准的工程延期时间,应纳入合同工期,作为合同工期的一部分,即新的合同工期应等于原定的合同工期加上监理工程师批准的工程延期时间。

4.5 城市地下空间开发建设的职业健康风险

目前,我国地下工程的劳动条件比较艰苦恶劣。一方面,建(构)筑物的固定性决定了地下工程施工必须围绕地下建(构)筑物进行,大量的人员、施工机械及设备集中在空间有限的施工场地进行立体交叉作业,势必造成相互干扰并极易发生危险;另一方面,整个施工过程以露天或封闭环境作业、手工操作为主,这也导致很多职业危害的存在。建筑企业常见职业安全健康风险主要包括可能导致短时效生产事故的职业安全风险和长期危害因素所引起的职业健康风险。

4.5.1 城市地下空间开发建设职业健康风险识别与评估

4.5.1.1 风险识别

职业安全健康风险主要来自四个方面:企业管理不足带来的风险、作业人员自身引起的风险、生产制造过程中工艺设备使用时存在的风险、作业环境中有害物质导致的风险。

(1) 管理因素:当前缺乏体系完善、架构明晰、针对性较强的建筑业企业职业健康管理标准体系,同时因建筑业职业健康管理体系建设刚刚起步,企业将职业健康局限于文明工地创建层面,并视为安全管理的从属部分,缺乏对职业健康内涵及其管理体系的深入理解和认识,相当多的企业名义上将健康管理纳入安全管理范畴,但事实上又无法做到同等的重视,导致职业健康管理责任不到位和流于形式。

(2) 人员因素:地下工程隐蔽性强,对人员素质要求特别高,但是建筑业农民工队伍占从事建筑施工人员总数的90%以上,受教育程度普遍偏低,安全意识较为薄弱,安全风险识别能力欠缺,接受安全技术和安全意识教育的能力较差。此外,施工人员流动性特别大,企业安全培训不到位,可能导致施工中由于操作不规范而引起事故的发生。

(3) 工艺设备:一方面在于工艺成熟度和设备可靠性,工艺安全控制不成熟、施工设备不合格,一旦投入施工生产中,会给施工人员带来很大的安全隐患;另一方面,施工现场的噪声污染主要来自施工机械,包括挖土机、打桩机、电锯、电焊机、空压机、电钻、电锤等,长期工作在高噪声环境下而又没有采取任何有效的防护措施,将导致永久性的无可挽回的听力损伤,甚至导致严重的职业性耳聋。

(4) 作业环境:一是场所方面,施工工人接触大量的建筑施工职业危害因素,主要有粉尘、有毒有害气体、特殊岩土体辐射、焊接作业产生的金属烟雾危害,潮湿的微小环境、通风不良和作业空间相对密闭使得上述危害因素不断累加积聚,加重了对人体健康的不良影响;二是设施配备方面,个人防护用品、安全防护设备、通风换气或照明设备不完善,防尘、防毒、防辐射、防暑降温、防噪声设施不完备等。

4.5.1.2 风险评估

在风险识别基础上进行职业健康风险源汇总和梳理，对各风险源的发生概率、危害程度进行评价，并以此为依据得到该风险源的风险等级，职业健康风险源汇总如表 4-5 所示。由于各个工程之间存在较大的差异，职业健康风险需要根据工程实际进行评价。

表 4-5　　职业健康风险源汇总

主要风险源		发生概率	危害程度	风险等级
管理因素	缺乏体系完善、架构明晰、针对性较强的建筑业企业职业健康管理标准体系等			
人员因素	施工人员安全意识较为薄弱，安全风险识别能力欠缺；企业安全培训不到位；等等			
工艺设备	工艺安全控制不成熟、施工设备不合格等			
作业环境	施工场所相对密闭，有粉尘、有毒有害气体等危害；个人防护用品、通风换气或照明设备不完善；等等			

对于已确定的职业健康风险源，按照风险评估标准进行风险评估，其中风险概率等级标准按照不可能、很少发生、偶尔发生、可能发生和频繁发生分为五级，风险事故损失等级按照可忽略、需要考虑、严重、非常严重和灾难性分为五级，最终根据风险评估矩阵进行风险评估。

4.5.2 城市地下空间开发建设职业健康风险控制措施

建筑工程项目实施过程中，对于职业健康风险控制的主要措施包括：制定并执行管理制度、加强人员培训、合理选用工艺设备及加强设备维护、配备个人防护用品等。

1. 制定并执行管理制度

根据国家及行业有关职业安全健康政策、法规、规范和标准，建立符合项目特点的职业安全健康管理制度，包括职业安全健康生产责任制度、职业安全健康生产教育制度、职业安全健康生产检查制度、现场职业安全健康管理制度等。用制度约束施工人员的行为，达到职业安全健康生产的目的，更为重要的是推动施工企业真正重视并贯彻职业健康管理责任和各项基本制度，在企业资质认证、招投标、评优等环节将职业健康管理责任体系和基本制度作为参考条件，切实形成良好的职业健康管理引导和激励条件。

2. 加强人员培训

全面加强作业人员的培训：建筑知识培训，包括建筑识图、建筑构造、建筑材料、建筑基础知识、施工工艺和操作流程等；劳动保护与安全生产培训，包括方针政策、安全法规、生产技术知识、安全生产技能、安全生产知识与安全生产意识和事故培训等；人文素质培训，包括思想道德品质、精神文明、心理素质等方面的培训。

3. 合理选用工艺设备及加强设备维护

企业应加快淘汰落后的安全技术装备，鼓励优先采用有利于防治职业病危害和保护劳动者健康的新技术、新工艺、新材料、新设备，坚持"注重保养、计划修理与按需修理并重"的方针，并向以设备状态监测为基础的定检维修制发展；根据各种施工工艺、设备的特点，恰当地安排施工设备，选用合适的施工工艺，譬如施工现场采用低噪音设备，推广使用自动化密闭的施工工艺，或进行工艺改革降低噪声；在粉尘作业场所，应采取喷淋等设施降低粉尘浓度。

4. 配备个人防护用品

在施工生产过程中，为防止和消除伤亡事故，保障员工的职业安全健康，企业应根据国家及行业有关规定，针对工程特点、使用机械设备以及施工中可能使用的有毒有害材料，提供职业安全健康技术和防护措施，配备有效的个人防护用品，确保作业人员健康安全。

4.6 案例分析

轨道交通建设目前是国内地下空间开发建设的重点和难点，本章以某市轨道交通项目一个标段(一个车站和一个区间)的管理为例，介绍程序风险、投资风险、进度风险及职业健康风险的识别、评估和控制措施。

4.6.1 项目概况

某市轨道交通工程标段包括 A 车站及 L 区间，该标段位于市区。A 车站全长 292 m，标准段车站宽 21 m。车站两侧端头井均为盾构接收井。A 车站紧邻 3 栋建筑物，地上 9～14 层，地下 3 层，需要在基坑开挖期间对建筑物进行保护。同时车站周围管线众多。

A 车站为地下二层岛式站台车站，车站按双柱三跨框架结构设计。车站采用明挖法施工，标准段底板埋深 18.4 m，采用 800 mm 厚地下连续墙 + 400 mm 厚双层衬砌结构，墙长 34 m/33.5 m。东端头井底板埋深 19.7 m，采用 800 mm 厚地下连续墙 + 600 mm 厚侧墙双层衬砌结构，墙长 37.5 m。西端头井底板埋深 20.3 m，采用 800 mm 厚地下连续墙 + 600 mm 厚侧墙双层衬砌结构，墙长 38 m。车站北侧设置 3 个出入口、1 个疏散口，车站南侧设置 2 个出入口、2 个疏散口、2 组风亭。

L 区间单线长约 2.3 km，出场线隧道内径为 5.5 m，外径为 6.2 m，采用铰接盾构进行施工。

4.6.2 项目管理风险的识别

该项目位于城市市区，深基坑和盾构隧道工程施工会对周边建(构)筑物和管线造成较大的潜在风险，同时也会对周边城市交通造成较大影响。首先，为保证本工程的建设目标能够顺利实现，必须严格控制建设程序风险；其次，本项目规模较大、周期长、环境复杂，在实施过程中存在着许多不确定的因素，在投资方面的风险将大大增加；再次，本项目位于市区，为减少对城市生活、环境及交通的影响，工期控制要求严格，必须加强进度风险管理；最后，本项目既包括基坑工程，又包括隧道工程，对施工人员职业健康危害较大，具有体力劳动强度大、作业场所条件差等特点，施工人员健康风险需高度关注。

因此，本项目基本涉及前述所有的管理风险，现将本项目开发建设时期的管理风险因素进行汇总，如表 4-6 所列。

表 4-6　风险因素汇总

类别	风险因素
开发建设程序	建设单位、施工单位、监理单位、勘察设计单位
开发建设投资	概预算不合理、资金使用计划不合理、设计或施工变更、工程索赔
开发建设进度	业主因素，勘察设计因素，施工技术、材料及设备因素，自然环境因素，社会环境因素，组织管理因素
职业健康	管理因素、人员因素、工艺设备、作业环境

4.6.3　项目管理风险的评估

1. 单项因素风险等级评估

风险评估标准是按风险评估矩阵来进行评价的，而风险评估矩阵是由工程风险概率等级标准及工程风险损失等级标准组成的。其中，工程风险发生的概率可以分为五个等级（表 4-7）；危害程度可以分为五个等级（表 4-8）；综合发生概率、危害程度，通过查表 4-9 可以得到该风险源的风险等级。

表 4-7　工程风险概率等级标准

等级	一级	二级	三级	四级	五级
事故描述	不可能	很少发生	偶尔发生	可能发生	频繁发生
区间频率	$p<0.01\%$	$0.01\%\leqslant p<0.1\%$	$0.1\%\leqslant p<1\%$	$1\%\leqslant p<10\%$	$p>10\%$

表 4-8　风险事故损失等级标准

等级	一级	二级	三级	四级	五级
描述	可忽略的	需要考虑的	严重的	非常严重的	灾难性的

采用专家打分的方法，对各个风险源的发生概率、危害程度进行评价，通过查表 4-9 可以得到各个风险源的风险等级。

表 4-9 风险评估矩阵

风险发生概率	风险损失				
	可忽略的	需要考虑的	严重的	非常严重的	灾难性的
$p<0.01\%$	一级	一级	二级	三级	四级
$0.01\%\leqslant p<0.1\%$	一级	二级	二级	三级	四级
$0.1\%\leqslant p<1\%$	一级	二级	三级	四级	五级
$1\%\leqslant p<10\%$	二级	三级	三级	四级	五级
$p>10\%$	二级	三级	四级	五级	五级

1) 开发建设程序风险评估

本项目中,建设单位、施工单位、监理单位、勘察设计单位所占权重分别为 0.3,0.3,0.2,0.2。将各个风险源的风险等级与相应的权重加权求和,得到本项目的开发建设程序风险评估,如表 4-10 所列,本项目开发建设程序单项风险指数为 3.3,等级判定为三级。

表 4-10 开发建设程序风险评估表

风险源	发生概率	危害程度	风险等级	权重	风险指数
建设单位	2	4	3	0.3	0.9
施工单位	4	4	4	0.3	1.2
监理单位	3	3	3	0.2	0.6
勘察设计单位	2	4	3	0.2	0.6
单项风险指数					3.3

2) 开发投资风险评估

本项目中,概预算不合理、资金使用计划不合理、设计或施工变更、工程索赔所占权重分别为 0.2, 0.1, 0.4, 0.3。将各个风险源的风险等级与相应的权重加权求和,得到本项目的开发投资风险评估,如表 4-11 所列,本项目开发建设投资单项风险指数为 3.1,等级判定为三级。

表 4-11 开发建设投资风险评估表

风险源	发生概率	危害程度	风险等级	权重	风险指数
概预算不合理	2	2	2	0.2	0.4
资金使用计划不合理	2	2	2	0.1	0.2
设计或施工变更	4	4	4	0.4	1.6
工程索赔	4	3	3	0.3	0.9
单项风险指数					3.1

3) 开发建设进度风险评估

本项目中,业主因素,勘察设计因素,施工技术、材料及设备因素,自然环境因素,社会环境因素,组织管理因素所占权重分别为 0.4, 0.1, 0.3, 0.05, 0.05, 0.1。将各个风险源的风险等级与相应的权重加权求和,得到本项目的开发建设进度风险评估,如表 4-12 所示,本项目开发建设进度单项风险指数为 3.7,等级判定为三级。

表 4-12　　开发建设进度风险评估表

风险源	发生概率	危害程度	风险等级	权重	风险指数
业主因素	5	5	5	0.4	2.0
勘察设计因素	2	2	2	0.1	0.2
施工技术、材料、设备因素	3	3	3	0.3	0.9
自然环境因素	2	2	2	0.05	0.1
社会环境因素	1	1	1	0.05	0.05
组织管理因素	4	4	4	0.1	0.4
单项风险指数					3.7

4）职业健康风险评估

本项目中,管理因素、人员因素、工艺设备、作业环境所占权重分别为 0.4, 0.3, 0.1, 0.2。将各个风险源的风险等级与相应的权重加权求和,得到本项目的职业健康风险评估,如表 4-13 所示,本项目职业健康单项风险指数为 2.7,等级判定为二级。

表 4-13　　职业健康风险评估表

风险源	发生概率	危害程度	风险等级	权重	风险指数
管理因素	2	4	3	0.4	1.2
人员因素	3	3	3	0.3	0.9
工艺设备	2	3	2	0.1	0.2
作业环境	2	2	2	0.2	0.4
单项风险指数					2.7

2. 综合风险等级评估

以上分别对开发建设程序风险、投资风险、进度风险和职业健康风险进行了评估,考虑本项目特点,各单项风险所占权重均取为 0.25,将各单项风险加权求和(表 4-14),得到本项目的综合风险指数为 3.2,风险等级为三级。

表 4-14　　综合风险等级评估表

风险类别	单项风险指数	权重	单项风险指数
开发建设程序	3.3	0.25	0.825
开发建设投资	3.1	0.25	0.775
开发建设进度	3.7	0.25	0.925
职业健康	2.7	0.25	0.675
综合风险指数			3.2

4.6.4 项目管理风险的控制措施

针对本项目，开发建设程序风险分别从前期阶段、施工准备阶段、施工实施阶段采取控制措施，综合治理；投资风险分别在设计、招标、施工和结算审价等阶段进行投资控制；对于项目的进度控制，将控制的重点放在对审批通过的进度计划的执行、偏差分析及调整的管理控制上，在施工过程中动态监督施工单位进度计划的实施和调整；职业健康的风险管理措施主要包括：建立完善的安全管理制度、建立三级安全教育及多层次的安全交底制度、开展安全应急演练及安全主题活动、配备充足的个人防护用品、配备改善作业环境的设备、常备应急抢险队伍及充足的应急抢险资源。本项目管理风险的具体控制措施详见表 4-15。

表 4-15 项目管理风险的控制措施

风险因素	风险控制措施
开发建设程序	1. 前期阶段 (1) 及时办理相关申报手续； (2) 及时完成工程报建、合同备案、施工许可证等工作； (3) 按时办理其他相关的证照手续
	2. 施工准备阶段 (1) 建立健全项目公司质量、安全、文明施工和综合治理管理制度； (2) 明确管理职责、分级管理权限，落实对口管理人员； (3) 编制项目工程质量、安全、文明施工和综合治理等检查、验收、备案程序； (4) 确定工程建设的检测、监测单位名单，签订检测、监测委托合同； (5) 及时进行招标，确定施工单位、监理单位，并签订合同； (6) 对工程实施过程中可能出现的难点、风险点进行分析、策划并制订管理措施和手段
	3. 施工实施阶段 (1) 根据招投标文件和合同要求，对于进入施工现场的施工单位、监理单位进行质量、安全等主要管理岗位、人员及管理体系等落实情况的审查； (2) 开工前，对项目管理部、施工单位、监理单位等参建单位进行质量、安全、文明施工、综合治理、消防、档案等各方面的工程项目管理交底； (3) 组织各质量安全监督计划的学习，明确验收标准、关键工序、中间节点等验收要求； (4) 对参建各方的行为及其职责的落实情况、工程进展情况、工程变更情况、工程实施中存在的质量、安全等问题的处置情况进行记录
开发建设投资	1. 设计阶段 (1) 进行设计公开招标，优选设计方案，选择有实力的设计单位； (2) 利用专家资源对设计方案进行评审，提出优化改进意见； (3) 鼓励设计人员紧密结合技术与经济，力求设计方案技术先进与经济合理，建立奖优罚劣制度，充分调动设计人员合理降低设计概算的积极性，从源头上降低工程投资
	2. 招投标阶段 (1) 坚持以详细的施工图进行招标，避免和减少施工过程中的变更等不确定因素和随意性； (2) 提高工程量清单编制质量，减少施工阶段的费用增加，将造价控制在概算内

（续表）

风险因素	风险控制措施
开发建设投资	3. 施工阶段 (1) 严格控制设计变更及变更设计； (2) 正确处理现场签证； (3) 认真进行动态投资控制
	4. 结算审计阶段 (1) 对结算内容进行严格审查，严格核对工程量和单价； (2) 对工程结算编制依据进行控制，重点关注变更和增项费用； (3) 认真审核工程结算，编制出符合实际情况的工程结算审价报告
开发建设进度	1. 进度计划执行中的跟踪检查 (1) 定期收集进度报表资料； (2) 现场实地检查工程进展； (3) 定期召开现场会议
	2. 实际进度与计划进度的对比分析 (1) 对收集到的实际进度数据进行加工处理，形成与计划进度具有可比性的数据； (2) 将实际进度数据与计划进度数据进行比较，确定建设工程实际执行情况与计划目标之间的差距； (3) 通过实际进度与计划进度的比较，当发现进度偏差时，必须深入现场进行调查，分析产生进度偏差的原因，同时要分析进度偏差对后续工作和总工期的影响程度，以确定是否应采取措施调整总的进度计划
	3. 调整进度计划 当出现的进度偏差影响到后续工作或总工期而需要采取进度调整措施时，首先确定可调整进度的范围，主要包括关键节点、后续工作的限制条件以及总工期允许变化的范围。然后，采取进度调整措施，并继续监测其执行情况
职业健康	1. 建立完善的安全管理制度 建立完善的安全管理制度，且在各个项目实施过程中贯彻执行
	2. 建立三级安全教育及多层次的安全交底制度 为确保参建人员能力素质达到要求，所有人员进入工程项目时，均进行企业、项目部及岗位的三级安全教育；建设公司、项目管理公司、施工项目部、班组均开展相应的安全交底，尽最大努力减少人员主观因素造成的安全、职业健康风险
	3. 开展安全应急演练及安全主题活动 根据项目特点，开展针对性的安全应急演练；结合国家政策，不定期开展安全主题活动
	4. 配备充足的个人防护用品 各参建单位为本单位所有参建人员配备符合国家规定的个人防护用品
	5. 配备改善作业环境的设备 在深基坑工程及隧道工程施工过程中配备环境监测设备和改善作业环境的设备
	6. 常备应急抢险队伍及充足的应急抢险资源 组建多支常备的应急抢险队伍，确保应急抢险能力覆盖项目建设全过程、全专业

实践表明，该市轨道交通工程建设严格落实国家法律法规，基于完善的管理制度、科学的管理方法、充分的人力物力投入，在建设程序风险、投资风险、进度风险及职业健康风险的管理方面取得了良好的效果。

4.7　小　结

本章分别就城市地下空间开发建设程序风险、投资风险、进度风险及职业健康风险的识别、评估及控制措施进行了阐述，最后以某轨道交通项目为例，进行了风险防控模拟分析，可供城市地下空间开发建设管理相关人员参考。

5 城市地下空间开发建设社会稳定风险

5.1 引 言

5.1.1 社会稳定风险的定义与背景

社会稳定风险是指因重点建设项目或重大决策的组织实施而产生社会矛盾和不稳定因素，引发群体性事件、影响社会稳定的风险。而社会稳定风险评估则是指这些与人民群众利益密切相关的重大工程建设项目或重大决策的审批审核、制定出台或组织实施，对可能影响社会稳定的因素开展系统调查，进行科学分析和评估，制订风险应对策略，以便充分考虑相关群体利益诉求，从源头上有效规避、预防、控制重大事项实施过程中可能产生的社会稳定风险，更好地确保重大事项顺利实施。

当前我国正处于社会变革时期，一些结构性矛盾突出，控制社会稳定风险对于营造和谐稳定的社会环境尤为重要。而重大工程项目建设作为一个复杂系统，具有面临问题多、涉及面广的特性，项目引发的征地拆迁、环境损害等社会问题正在成为我国群体性事件的主要导火索。2011 年 3 月，我国《国民经济和社会发展“十二五”规划纲要》明确提出，要“建立重大工程项目建设和重大决策制定的社会稳定风险评估机制”。习近平总书记在 2012 年 11 月“落实党的十八大精神要抓好六个方面工作”时指出：对涉及群众切身利益的重大决策，要认真进行社会稳定风险评估，充分听取群众意见和建议，充分考虑群众的承受能力，把可能影响群众利益和社会稳定的问题和矛盾解决在决策之前。中共中央办公厅、国务院办公厅于 2015 年 4 月发布《关于加强社会治安防控体系建设的意见》时强调：落实重大决策社会稳定风险评估制度，切实做到应评尽评，着力完善决策前风险评估、实施中风险管控和实施后效果评价、反馈纠偏、决策过错责任追究等操作性程序规范。2015 年 5 月，习总书记在谈“十三五”规划时指出：要清醒认识面临的风险和挑战，把难点和复杂性估计得更充分一些，把各种风险想得更深入一些，把各方面情况考虑得更周全一些，搞好统筹兼顾。

综上所述，社会稳定风险评估已被提升为重要的党政国策，而重大工程项目的社会稳定风险更是引起了政府和各界的高度重视。如何规避重大工程项目引发的社会风险，防范和化解其社会风险对社会系统稳定性的冲击，正成为社会各界关注的热点。

5.1.2　城市地下空间开发建设社会稳定风险评估的必要性

重大工程项目的开发在推动我国经济建设和社会发展上发挥着重要作用，由于可利用的土地资源有限，而人口的膨胀压力尚未中止，地下空间的开发与利用是时势所趋。地下空间开发建设项目因其隐蔽性强、施工难度大、周边环境复杂、意外因素较多等特点，是工程建设中的高风险项目，一旦发生风险事件，对社会稳定造成的影响是难以估量的。

早在 2003 年，上海轨道交通4 号线董家渡段因区间联络通道突然发生透水涌砂事故，引起隧道部分结构损坏及周边地面沉降，造成 3 栋建筑物严重倾斜，黄浦江防汛墙局部塌陷，尽管因报警及时，隧道及地面建筑物内所有人员全部安全撤离，没有造成伤亡，但该事件造成的直接经济损失达 1.5 亿元左右，间接经济损失则难以估量，在当时造成了极大的社会负面影响，引发了一系列影响社会稳定的事件。

除此之外，地下空间开发项目，尤其是轨道交通建设项目，在前期征地拆迁，施工期引起周边房屋倾斜、开裂等事件所引起的社会稳定问题仍是屡见不鲜。因此，建立健全地下空间开发建设社会稳定风险评估机制，降低民众过多的反对度和提升民众的满意度迫在眉睫，但这一过程是随着社会的不断发展而持续优化和改进的动态过程。

本章以上海市《关于建立重大事项社会稳定风险分析和评估机制的意见(试行)》(沪委办发〔2009〕16 号)、《上海市重点建设项目社会稳定风险分析和评估试点办法》(沪委办发〔2009〕35 号)、《关于深入开展重点建设项目社会稳定风险评估工作的通知》(沪发改投〔2011〕169 号)、《关于印发〈上海市重点建设项目社会稳定风险评估指南〉和〈上海市重点建设项目社会稳定风险评估报告评价指南〉的通知》(沪发改投〔2011〕173 号)为依据，以地下空间开发建设为具体对象，详细讲述社会稳定风险评估的内容、程序、方法，并辅以相关案例。

5.2　社会稳定风险的评估要素

5.2.1　社会稳定风险评估的目的

社会稳定风险评估是为项目单位和政府相关投资项目管理部门更好地从源头上预防和减少社会矛盾，防范、减少和控制社会稳定风险，保障建设项目的顺利实施，保障公民、法人和其他组织的合法权益而开展的调研评估和决策的过程。具体目的有以下五点。

(1) 通过评估，客观、全面地识别、论证项目潜在的社会稳定风险并把握其风险等级。

(2) 通过评估，全面、完整地提出风险对策、处置措施，为项目的社会稳定风险管理与投资决策提供可靠、有效的决策建议和依据，进而从源头上规避、预防、降低、控制和应对项目建设范围内可能产生的社会稳定风险。

(3) 利于防范及化解项目实施过程中可能影响到相关利益方而引发的群体性社会矛盾及纠纷。

(4) 倾听民众心声和群众意见、要求，维护社会稳定，以便完善项目方案。

(5) 完善建设项目的科学决策及项目审批程序。

5.2.2 社会稳定风险评估的原则

针对重点建设项目可能存在的社会稳定风险，主要从项目的合法性、合理性、可行性和安全性等方面对社会稳定风险进行评估。

(1) 合法性主要是指项目审批部门是否享有相应的项目审批权并在权限范围内进行审批，项目实施是否符合现行相关法律、法规、规章以及党和国家有关政策，决策程序是否符合有关法律、法规、规章和国家有关规定。例如，轨道交通建设项目的审批、工程征地的审批、地下管线拆迁的审批、周边居民房屋征收的审批、单位和商铺房屋征收的审批等各类相关审批程序均应完备，有理有据，才能使周边居民百姓信服，按照审批文件及相关章程完成前期各项征收工作以及项目建设任务，避免不必要的传言所引起社会问题。

(2) 合理性主要是指项目实施是否符合以人为本的科学发展观要求，是否符合经济社会发展规律，是否符合社会公共利益和广大人民群众的根本利益，是否兼顾了不同利益群体的诉求；是否符合本地区发展规划，是否保持了政策的连续性、相对稳定性以及相关政策的协调性，是否可能引发地区、行业、群体之间的相互攀比；依法应给予当事人的补偿和其他救济是否充分、合理、公平、公正；拟采取的措施和手段是否必要、适当，有多种措施和手段可以达到管理目的的，所选择的措施和手段对当事人权益的损害是否最小。例如轨道交通项目建设前期征地、房屋征收的补偿标准是否明确，若存在补偿标准不一致，势必会给征地、房屋征收工作带来困难，引发民众的攀比心态以及信任危机，从而极易引起影响社会稳定的群体性事件。

(3) 可行性主要是指组织项目实施的时机和条件是否成熟，项目管理体制改革的力度、投资建设的速度和社会可承受程度是否有机统一，项目实施是否符合本地区经济社会发展总体水平，是否超越大多数群众的承受能力，是否能得到大多数群众的支持和认可，项目建设带来的环境影响是否在可控、可接受范围内。相较于其他工程而言，地下空间开发建设项目，尤其是轨道交通项目一般是能够得到大多数群众的支持和认可的，现阶段项目的实施具有较好的可行性。

(4) 安全性主要是指项目实施是否可能引发较大规模群体性事件以及其他影响社会稳定的因素，可能引发的社会稳定风险是否可控，能否得到有效防范和化解，是否制订了相应的预警措施和应急处置预案。对于地下空间开发建设项目，无论是在项目前期征地阶段、项目施工期还是项目运营期，均有可能由于各类意外情况，引发一定程度的群体性事件。因此，为了切实满足项目安全性的要求，均需要对此类事件制订应急处置预案，将可能引发的社会稳定风险控制在可接受的范围内。

(5) 有可能引发不稳定因素的其他方面主要是指项目建设过程中的一些突发情况，包括宗教、文化因素与项目之间的冲突、突发工程事故、交通事故等造成的影响，尤其是曾经发生过类似不稳定事件的区域，当地居民对此类工程将会异常敏感，极易引发社会不稳定因素。

5.2.3　社会稳定风险评估的程序

风险评估的基本程序主要是在风险调查的基础上进行风险识别、风险评估，然后提出风险对策，详见图 5-1。

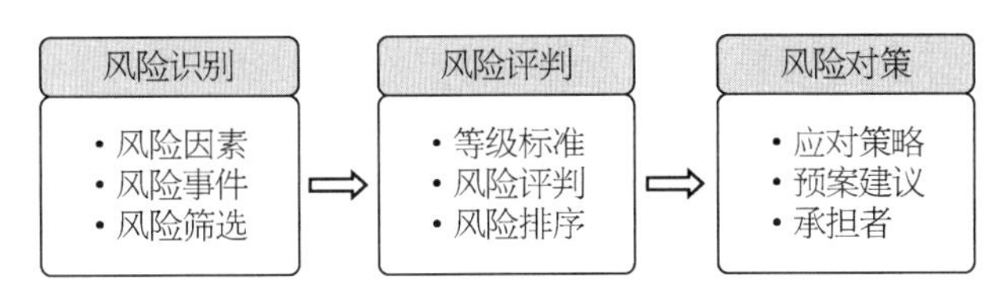

图 5-1　风险评估的基本程序

完成上述基本程序的具体步骤大体上可分为三个阶段：第一阶段，准备阶段；第二阶段，意见征询阶段；第三阶段，报告书编制阶段。

1）准备阶段

在结合项目资料和环境评价报告的基础上，开展现场踏勘与调查，走访居委会，与部分居民交流，经一般性的识别、筛选、判别和综合分析，初步排摸项目影响范围内的社会稳定风险因素。

2）意见征询阶段

积极联系沟通项目建设相关各方，结合各方管理职能，对项目社会稳定风险控制因素畅谈想法与对策，并通过填写问卷等方式征询风险控制因素的修正和补充意见，对已提出的风险控制因素进行确认和完善，并对风险控制因素的发生概率、影响程度和单项风险进行预评估，提出风险控制对策。

3）报告书编制阶段

在综合工程影响和社会稳定相关者诉求后，汇总分析评估结果和意见，进行整体方案评估和分析，及时落实各职能部门的评估意见；同时不间断地听取社会稳定相关者的意见和诉求，及时发现新的风险隐患，不断改进、完善评估工作。在此基础上编制完成评估报告。

社会稳定风险评估的主要技术路线如图 5-2 所示。

5.2.4　社会稳定风险评估的要求

社会稳定风险评估要以维护广大人民群众的根本利益为出发点和落脚点，广泛征求各方意见，对项目全过程进行综合分析和全面评估，要达到评估的深度要求，具体来说有以下四点要求。

(1) 以维护广大人民群众的根本利益为出发点和落脚点。充分考虑公民、法人和相关组织的合法权益、合理诉求，及早发现影响社会稳定的隐患，有针对性地采取措施，从源头上预防和减少矛盾，防范和化解社会稳定风险，保障项目的顺利实施。

(2) 广泛征求各方意见。按照公开透明的原则，向受到项目实施影响的群众和其他利益相关方公示项目的有关信息。采取座谈会、实地调研、主动走访、问卷调查等多种形式，征求各利

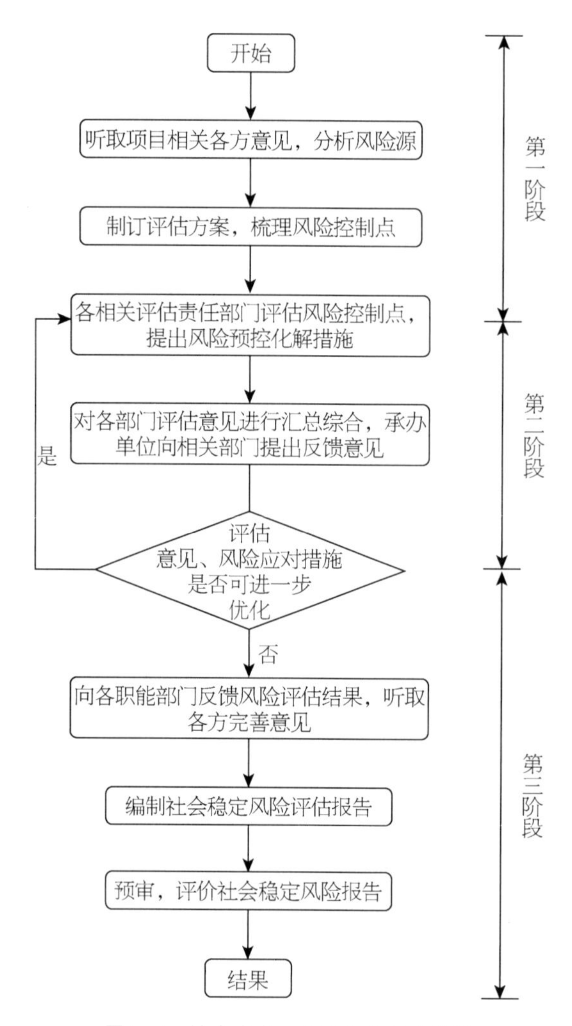

图 5-2　社会稳定风险评估技术路线图

益相关方特别是直接利益受损群体的意见,征求有关区县和交通建设、土地规划、环保、住房保障等政府职能部门的意见和建议。坚持全面调查与重点核查相结合,掌握第一手资料,确保基础数据真实可靠,尽可能全面、完整地了解和把握真实情况。

(3) 综合分析,全面评估。对项目决策的法律法规和政策依据、实施的社会环境和经济条件、项目规划实施和运行因素以及利益相关者的诉求进行全方位的综合分析研判,对项目的合法性、合理性、可行性、安全性进行全面评估。采取定性分析与定量分析相结合、综合性和技术性相结合、经验总结与科学预测相结合的方法进行分析评估,确保评估结论的准确性以及风险防范与化解措施的可行性和有效性。

(4) 达到评估深度要求。评估报告应内容全面,重点突出,明确界定利益相关群体的范围,全面回答有关各方所关注的涉及社会稳定风险的问题。对重点项目的基本情况、评估工作的实施过程、各项评估内容的分析等作出说明,着重分析揭示项目实施可能引发的社会不稳定因素,可能引发的社会矛盾及冲突的激烈程度，可能产生的各种负面影响，以及相应的风险防范、化解措施和应急处置预案。按照项目实施对社会稳定可能造成的风险程度，作出该项目的初始风险等级评定，对拟采取的风险防范、化解措施进行可行性和有效性分析，经综合评估作出项目最终风险等级的结论，并据此提出是否作出项目实施的建议。

5.3　社会稳定风险的评估方法

城市地下空间开发建设社会稳定风险评估主要通过风险调查、风险识别、风险评估，并最终制订风险控制对策。在具体评估操作中，根据不同的评估阶段，对应单独采用某种方法或综合采用多种方法进行评估，不同评估阶段所应用的评估方法主要为WBS-RBS分析法、核对表法、专家调查法、案例参照法、AHP层次分析法、风险概率-影响矩阵法、风险综合评价法等。风险评估过程综合运用了各种管理科学技术，分析评估风险发生的概率和风险影响的程度、确定风险因素的权重、评判风险等级。

5.3.1　城市地下空间开发建设社会稳定风险调查

风险调查是风险评估的基础工作，应当在评估初期开展，在评估中后期可以根据需要补充调查。风险调查的成果不仅是评估报告的重要组成部分，同时也是后续风险识别、分析估计、风险防范、化解措施研究和风险评判的基础和依据。

5.3.1.1　城市地下空间开发建设社会稳定风险调查内容

城市地下空间开发建设项目的社会稳定风险调查主要从以下两大方面着手。

1. 项目的可行性和合法性

(1) 项目建设与地区发展之间的关系。确保地区发展需要该项目的建设，同时该地区的发展规划与该项目建设相匹配。如轨道交通项目建设，对促进区域的交通建设、支持城区发展、加快形成城市轨道交通线网和综合交通体系发挥整体功效，具有重要作用。

(2) 从规划、环境、资金三方面考量项目建设的可行性。地下空间开发建设项目选址应符合城市总体规划的要求、符合相关管理部门批准的建设规划，委托专业单位进行环境评价工作，确保项目建设在环境保护方面的可行性，明确项目资金来源，通过项目概算预估项目投资回收期及收益，确保项目的建设实施在资金方面的可行性。

(3) 规划选址应获得政府的批复，项目立项应严格按照程序进行，项目规划选址的报批、公示、可行性研究报告、环境评价报告等均应合法合规。

2. 项目社会环境调查分析

(1) 调查了解项目周边环境的经济、文化、交通等发展现状，重点了解周边建筑信息、管线信息、征地范围内的居民房屋数量及其他敏感目标的分布情况。

(2) 在环境评价和规划选址方面需要做到项目公示,并通过问卷调查或其他形式让公众参与项目,了解公众切实需求。

(3) 对项目建设相关利益方进行分析。项目相关利益方主要指受到项目直接或间接潜在负面影响,具有潜在社会不稳定因素的群体,包括村民、居民、企业、事业单位等。与相关利益者充分沟通交流,聆听他们的意见和诉求,并做好记录,作为风险识别与评估的依据。

(4) 对项目所在地区过去的社会矛盾要充分调查,做好防控措施,避免激化矛盾。

5.3.1.2 城市地下空间开发建设社会稳定风险调查资料

为了完成风险调查内容,需要收集的资料包括但不限于以下方面。

(1) 项目建议书或可行性研究报告及其批准文件;

(2) 国家及地方经济和社会发展规划、行业规划、产业政策、行业准入标准;

(3) 建设项目拟定选址地的相关专业规划以及有关控制性详细规划;

(4) 建设项目选址意见书、国有土地使用权出让合同文件;

(5) 建设项目用地预审意见文件;

(6) 建设项目环境影响评价及其批准文件;

(7) 建设项目征询规划、环保、消防、交通、建设、市政配套等相关部门意见的文件;

(8) 建设项目初步设计文本;

(9) 建设项目有关行业的工程技术、经济方面的规范、标准等方面的资料;

(10) 国家有关法律法规和政策;

(11) 建设项目拟定选址地的自然、经济、社会等基础资料;

(12) 建设项目规划公示、环境影响评价公众参与及公众意见和诉求方面的资料;

(13) 类似建设项目引发的社会稳定风险及风险评估方面的资料。

5.3.1.3 城市地下空间开发建设社会稳定风险调查原则

基于资料收集与实地调查所开展的风险调查应遵循以下原则。

(1) 客观性原则。核心是实事求是,寻求反映风险真实状态的准确信息,不允许带有任何个人主观的意愿和偏见。

(2) 科学性原则。调查结论要以真实、可靠的数据和资料作为支持,观点、意见、建议不能凭空臆造,调查结论与调查资料之间要有严密的逻辑性。

(3) 系统性原则。要求对风险进行系统、综合的分析和研究,注重调查对象的整体性,明确清晰地界定风险调查的范围。

(4) 理论与实践相结合原则。在风险调查研究中坚持理论与实践相结合的原则,防止只重现象或只重理论这两种倾向。

(5) 伦理道德原则。尊重被调查者的人格尊严,做到被调查者是自愿参与,不伤害参与者;风险调查者必须注重提高自己的诚实、守信、关心他人、与人为善等道德修养。

5.3.1.4 城市地下空间开发建设社会稳定风险调查方法

风险调查收集资料常用的方法有问卷法、访谈法、实地观察法和文献法等。

1. 问卷法

问卷法，也称问卷调查法，它是调查者运用统一设计的问卷向被选取的调查对象了解情况或征询意见的调查方法。该方法可结合环境影响评价的公众参与过程进行。问卷调查的实施步骤包括设计问卷、选择调查对象、分发问卷、回收问卷、结果统计等过程。设计问卷必须围绕调查主题设计，语句中所运用的概念要明确、具体，必须杜绝造成调查者与被调查对象之间产生歧义的概念。问卷语句要防止诱导性，对于敏感性问题要讲究处理的技巧。

2. 访谈法

由访谈者根据调查研究所确定的要求与目的，按照访谈提纲或问卷，通过个别访问或集体交谈的方式，系统而有计划地收集资料的一种调查方法。个别访谈是指对访谈对象进行单独访谈，其实施一般包括访谈准备、接触访谈对象、正式访谈、结束访谈四个环节。集体访谈也称会议调查法，就是调查者邀请若干被调查者，通过集体座谈方式或集体回答问题方式搜集资料的调查方法。采用座谈会、研讨会的方式开展相关者调查，征询相关者、专家和公众意见时，应事先选好场合和时间，明确会议主题，确定参会人数，让参会者提前准备，最后要总结。

3. 实地观察法

在自然条件下，观察者带着明确的目的、有计划地通过自己的感官和借助观察工具，直接地、有针对性地收集资料的调查研究方法。观察的步骤分准备、实施、整理三个阶段。准备阶段，需要确定观察的对象、具体手段、时间、地点和范围，以及制订观察提纲；实施阶段，需要进入观察现场、与观察对象建立友好关系、进行观察和收集资料、退出观察现场；整理阶段，需要整理、分析观察资料和撰写观察报告。

4. 文献法

文献法就是搜集和分析研究各种现存的有关文献资料，从中选取信息，以达到某种调查研究目的的方法。文献法的基本步骤包括文献搜集、摘录信息、文献分析三个环节。搜集文献应取其精华，有的放矢，内容丰富。通过浏览，初步判断文献的价值；根据需要从所搜集的文献中选出可用部分；在理解、联想、评价的基础上明确有价值的信息；最终把有价值的信息记录下来，供进一步分析研究之用。

5.3.2 城市地下空间开发建设社会稳定风险识别

风险识别是指在风险调查的基础上，运用各种相关的知识和方法，全面、系统、持续地认识所面临的各种风险因素以及分析风险事件发生的潜在原因。风险识别的目的是便于衡量风险的大小和选择最佳的风险防范、化解措施方案。

具体来说，风险识别是对项目实施存在的风险因素和可能导致的风险事件进行系统筛选、确认和分类的过程，包括识别项目实施的潜在风险及其特征、风险存在的阶段和风险主要来源。其中，风险事件是指项目实施可能引发的各种损害人民群众切身利益和影响社会和谐稳定的群体性事件与极端恶性事件；风险因素是指导致风险事件发生的直接因素或者是增加风险事件发生概率和(或)负面影响程度的因素，包括各种主观或客观的潜在原因或影响因素。

风险识别的方法有核对表法、专家调查法、访谈法、实地观察法、案例参照法等。

1. 核对表法

核对表是基于以前类似项目信息及其他相关信息编制的风险识别核对图表，一般按照风险来源排列。核对表法是根据风险要素，把以前经历过的风险事件及来源列成一张核对表，再结合本项目所面临的环境、条件等特点，对照核对表，识别出本项目潜在的风险。

2. 专家调查法

专家调查法是基于专家的知识、经验和直觉，通过发函、召开会议或其他方式向专家进行调查，发现项目潜在风险，识别项目风险因素，并对风险程度进行评判，最后将多位专家的经验集中起来形成分析结论的一种方法。它适用于风险分析的全过程，包括风险识别、风险估计、风险评判与风险防范、化解措施研究。专家调查法中头脑风暴法、德尔菲法、风险识别调查表法和风险对照检查表法是最常用的几种方法。

3. 案例参照法

通过参照以往类似的案例来识别项目社会稳定风险因素的方法。主要是通过参照各地以往相似的案例，包括相似或相同的建设项目、相似或相同的利益受损情况引发社会稳定风险事件的案例，来识别风险因素、估计和评判风险。

风险识别的步骤一般可分为5个基本步骤，如图5-3所示。

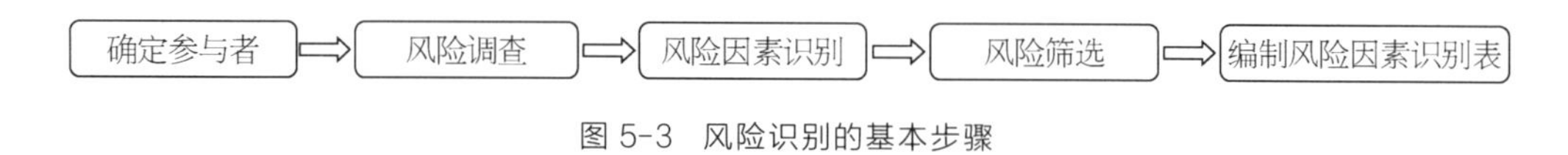

图5-3 风险识别的基本步骤

(1) 确定参与者。参与者尽可能包括项目组成员、政府相关管理部门、项目建设的各方、项目规划所在地的社区、某一方面的专家及其他有关人员等。项目风险识别人员应充分了解有关信息，了解风险评估的目标和需求，具备项目建设或社会管理等方面的经验。

(2) 风险调查。风险识别的基础在于风险调查，应广泛调查和收集与项目有关的资料，将风险调查贯穿于项目风险评估的各个阶段并不断深入，风险调查需注重向有丰富经验的专家咨询。

(3) 风险因素识别。风险因素识别主要包括以下三个方面：

① 风险因素分析。从建设项目全生命周期的角度进行系统分析，对项目建设的目标、阶段、活动和周边人文、社会环境中存在的各种风险因素进行分析。

② 建立初步风险清单。在收集资料、现场踏勘及专家咨询等调查研究的基础上，利用核对表法建立初步风险清单，明确列出客观存在的和潜在的各种风险，包括项目工程方面的因素和

项目与社会互适性方面的因素引发的风险。

③ 初步风险分析。根据初步风险清单中整理的风险因素,分析与其相关联的各种潜在风险的源头、促成风险产生的条件和危害的程度。

(4) 风险筛选。根据初步分析的结果再次识别项目的主要风险,整理并筛选与项目实施直接相关的各项风险,删除(或归类合并)与项目实施无关或影响极小的风险因素,并进行进一步识别分析,确定是否有遗漏的风险因素。

(5) 编制风险因素识别表。在风险筛选的基础上,结合项目特点,以表单的形式对各项风险进行分类排序,给出详细的风险因素,列出所有风险的清单。项目常见社会稳定风险因素见表 5-1。

表 5-1　常见社会稳定风险因素清单表

类型	序号	风险因素	参考评价指标
政策规划和审批程序	1	立项、审批程序	项目立项、审批的合法合规性
	2	产业政策、发展规划	项目与产业政策、总体规划、专项规划之间的关系
	3	规划选址	项目与地区发展规划的符合性、与地块性质的符合性;周边敏感目标(住宅、医院、学校、幼儿园、养老院等)与项目的位置关系和距离
	4	规划设计参数	容积率、绿地率、建筑限高、建筑退界、与相邻建筑形态及功能上的协调性等
	5	立项过程中公众参与	规划、环境评价审批过程中的规范公示及诉求、负面反馈意见
土地房屋征收征用补偿	6	土地房屋征收征用范围	项目建设用地是否符合因地制宜、节约利用土地资源的总体要求;土地房屋征收征用范围与工程用地需求、土地利用规划的关系
	7	土地房屋征收征用补偿资金	资金来源、数量、落实情况
	8	被征地农民就业及生活	农民社会、医疗保障方案和可落实情况;技能培训和就业计划
	9	安置房源数量和质量	总房源比率、本区域房源比率、期房/现房比率、房源现状及规划配套水平(交通和周边生活配套设施等);安置居民与当地居民融合度
	10	土地房屋征收征用补偿标准	实物或货币补偿与市场价格之间的关系、与近期类似地块补偿标准之间的关系(过多/过少均为欠合理)
	11	土地房屋征收征用实施方案	实施单位、房屋评估单位的资历及选择方案;是否能按规定编制实施方案;实施过程(包括二次公示)是否能遵守要求
	12	拆迁过程	文明拆迁过程的监管;拆迁单位既往表现和产生的影响
	13	管线搬迁及绿化迁移方案	管线搬迁方案的合理性;绿环迁移方案的合理性
	14	对当地的其他补偿	对施工损坏建筑的补偿方案;对因项目实施受到各类生活环境影响人群的补偿方案

（续表）

类型	序号	风险因素	参考评价指标
技术和经济	15	工程方案合理性	此风险因素一般伴随工程安全、环境影响方面的风险因素同时发生，可依具体项目展开分析
	16	文明施工管理、实施进度合理性	文明施工措施的落实；与相邻项目建设时序的衔接；工程与敏感时间点的关系；施工周期安排是否干扰周边居民生产生活等
	17	资金筹措和保障	资金筹措方案的可行性；资金保障措施是否充分
生态环境影响	18	大气污染排放	界内、沿线、物料运输过程中各污染物排放及环保排放标准与限值之间的关系，与人体生理指标的关系，与人群感受之间关系，主要包括施工期、运行期两个阶段
	19	水体污染物排放	
	20	噪声和振动影响	
	21	电磁辐射、放射线影响	
	22	土壤污染	重金属及有毒有害有机化合物的富集和迁移
	23	固体废弃物及其二次污染（垃圾臭气、渗沥液等）	固体废弃物能否纳入环卫收运体系、保证日产日清；建筑垃圾、大件垃圾、工程渣土、有毒有害固体废弃物能否做到由有资质的收运单位规范处置
	24	日照影响	与规划限值之间的关系；日照减少率、日照减少绝对量；受影响范围、性质（住宅、学校、养老院、医院病房或其他）和数量（面积、户数）
	25	通风、热辐射影响	热源及能量与人体生理指标的关系，与人群感受之间的关系；通风量、热辐射变化量、变化率
	26	光污染	包括玻璃幕墙光反射污染和夜间市政、景观灯光污染；影响的物理范围和时间范围；灯光设置的合理规范性
	27	公共开放活动空间、绿地、生态环境和景观	公共活动空间质和量的变化、公共绿地质和量的变化、生态环境的变化、城市景观的变化等
项目管理	28	社会稳定风险管理体系	项目法人和当地政府是否就项目进行过充分沟通；是否对社会稳定风险有充分认识并做到各司其职；是否建立社会稳定风险管理责任制和应急处置预案
	29	项目单位六项管理制度	审批或核准管理、设计管理、概预算管理、施工管理、合同管理、劳务管理
	30	桩基施工	桩基施工质量受多项因素影响，施工工艺、方法选择是否合理；桩基施工管理中是否考虑对周围环境的影响
项目管理	31	基坑开挖	基坑工程风险大，方案合理性是否经过专项评审；实施单位资质和经验；是否实施监测（第三方）等
	32	隧道工程	地质风险；类似工程调查；实施单位资质和经验；盾构施工设备、工艺、参数选取是否合理；施工组织方案是否合理及专项评审意见；第三方监测方案是否合理等
	33	施工对周边人群生活的影响	施工停水、停电、停气安排和突发情况处置预案

（续表）

类型	序号	风险因素	参考评价指标
宏观经济社会环境	34	对周边土地、房屋价值的影响	土地价值变化量和变化率；房屋价值变化量和变化率
	35	就业影响	项目建设、运行对周边居民总体就业率影响和特定人群就业率影响
	40	对公共配套设施的影响	对教育、医疗、体育、文化、便民服务、公厕等配套设施建设、运行的影响
	41	流动人口管理	施工期及运行期流动人口变化管理的影响
	42	对社区文化影响	项目对社区文化产生的影响
	43	对周边交通的影响	施工方案对周边人群出行交通的考虑；运行期项目周边公共交通情况变化；项目所增加的交通流量与周边路网的匹配度；项目出入口设置对周边人群的影响等
安全卫生职业健康和社会治安	44	安全、卫生与职业健康	土方车和其他运输车辆的管理；施工和运行存在的危险，有害因素及安全管理制度；卫生与职业健康管理；应急处置机制
	45	火灾、洪涝灾害	项目实施导致火灾、洪涝等灾害发生的概率；是否有防火预案、防洪除涝预案和水土保持方案
	46	社会治安和公共安全	施工队伍规模、管理模式；运行期项目使用人群分析（使用人来源、数量、流动性、文化素质、年龄分布等）

5.3.3 城市地下空间开发建设社会稳定风险评估及综合评判

本节主要以《关于印发〈上海市重点建设项目社会稳定风险评估指南〉和〈上海市重点建设项目社会稳定风险评估报告评价指南〉的通知》（沪发改投〔2011〕173 号）为依据，介绍地下空间开发建设社会稳定风险评估及综合评判的具体方法。

5.3.3.1 城市地下空间开发建设社会稳定风险评估

风险评估是在风险识别的基础上，对各种单因素风险事件发生的可能性及其影响进行综合分析的过程。风险评估包括对风险概率、风险影响和风险发生时间的评估。

单因素风险概率评估是评估单因素风险发生的概率，是风险度量中最基本的内容和首要的工作。风险概率一般应根据历史信息资料来确定，即客观概率。但由于项目的一次性和独特性，不同项目之间的风险彼此相差很远，所以在许多情况下，人们只能根据很少的历史数据样本对项目风险概率进行估计，因此，项目社会稳定风险概率估计也常采用主观概率估计法。主观概率估计法是基于评估者、专家的经验和知识或类似事件的比较来推断风险概率。其基本步骤包括：准备相关资料、编制主观概率调查表、汇总整理、评判预测。主观概率估计法一般和其他经验评判法结合运用，如表 5-2 所示。

风险影响是指风险一旦发生对社会稳定和项目目标实现造成的负面影响。风险影响评估就是分析和估计风险的负面影响程度及造成的后果,即风险可能带来的负面影响的大小。一般采用经验估计法或案例比较法来估计。

单因素风险发生时间的评估是指分析项目引发风险的时间,即可能在项目的哪个阶段或什么时间发生以及如何发展变化。一般也采用经验估计法估计。

表 5-2　风险事件及风险后果

风险事件	后果和影响		
	重大影响	较大影响	一般影响
事件 1	√		
事件 2		√	
事件 3			√
……			

通过对各个单因素风险的初始风险程度进行衡量和划分,以揭示影响项目社会稳定的关键风险因素,并通过相应的指标体系和评判标准,结合受负面影响的人数等其他因素,综合分析评判项目的风险等级,决定是否需要采取相应的风险防范、化解措施。相关评估标准包括以下几个方面。

(1) 单因素风险评估标准,包括风险事件发生概率的等级标准(简称风险概率等级)、风险事件发生后的影响等级标准(简称风险影响等级)和风险程度等级标准。

(2) 单因素风险概率(P)等级,可划分为很高($0.8<P\leqslant1.0$)、较高($0.6<P\leqslant0.8$)、中等($0.4<P\leqslant0.6$)、较低($0.2<P\leqslant0.4$)和很低($0<P\leqslant0.2$)五个等级。各等级评判标准见表 5-3。

表 5-3　单因素风险概率评判参考标准

等级	定量评判标准(风险概率)	定性评判标准	表示
很高	81%～100%	几乎确定	S
较高	61%～80%	很有可能发生	H
中等	41%～60%	有可能发生	M
较低	21%～40%	发生的可能性很小	L
很低	0～20%	发生的可能性很小,几乎不可能	N

(3) 风险影响等级是指一旦发生风险事件,对项目目标所产生影响(C)的大小,可划分为严重($0.8<C\leqslant1.0$)、较大($0.6<C\leqslant0.8$)、中等($0.4<C\leqslant0.6$)、较小($0.2<C\leqslant0.4$)和可忽略($0<C\leqslant0.2$)五个等级。风险影响评判标准可参考表 5-4。

表 5-4 单因素风险影响评判参考标准

等级	影响程度	表示
严重影响	在全市或更大范围内造成一定负面影响(社会稳定、形象等方面),需要通过长时间的努力才能消除,且付出巨大代价	S
较大影响	在市内造成一定影响(社会稳定、形象等方面),需要通过较长时间才能消除,并需付出较大代价	H
中等影响	在当地造成一定影响(社会稳定、形象等方面),需要通过一定时间才能消除,并需付出一定代价	M
较小影响	在当地造成一定影响(社会稳定、形象等方面),但可在短期内消除	L
可忽略影响	在当地造成很小影响,可自行消除	N

(4) 风险程度包括单个风险因素的风险程度和项目整体风险程度。风险程度等级可分为重大风险($0.64<P\times C$)、较大风险($0.36<P\times C\leqslant 0.64$)、一般风险($0.16<P\times C\leqslant 0.36$)、较小风险($0.04<P\times C\leqslant 0.16$)和微小风险($P\times C\leqslant 0.04$)五个等级。单风险程度等级的评判标准可参考表 5-5。

表 5-5 单因素风险程度评判参考标准

风险程度	发生的可能性和后果	表示
重大风险	可能性大,社会影响和损失大,影响和损失不可接受,必须采取积极有效的风险防范、化解措施	S
较大风险	可能性较大,或社会影响和损失较大,影响和损失是可以接受的,需采取一定的风险防范、化解措施	H
一般风险	可能性不大,或社会影响和损失不大,一般不影响项目的可行性,应采取一定的风险防范、化解措施	M
较小风险	可能性较小,或社会影响和损失较小,不影响项目的可行性	L
微小风险	可能性很小,且社会影响和损失很小,对项日影响很小	N

(5) 对于单个风险因素,一般可根据风险发生概率等级和风险影响等级,采用风险概率-影响矩阵(也称风险评估矩阵)来评判风险等级。矩阵以风险发生的可能性为横坐标,以风险发生后产生的负面影响大小为纵坐标,发生概率大且负面影响也大的风险因素位于矩阵右上角,发生概率小且影响也小的风险因素位于矩阵左下角,如图 5-4 所示。

根据初始单因素风险程度评判的结果,将重点风险因素的风险按风险程度的大小顺序进行汇总,见表 5-6。

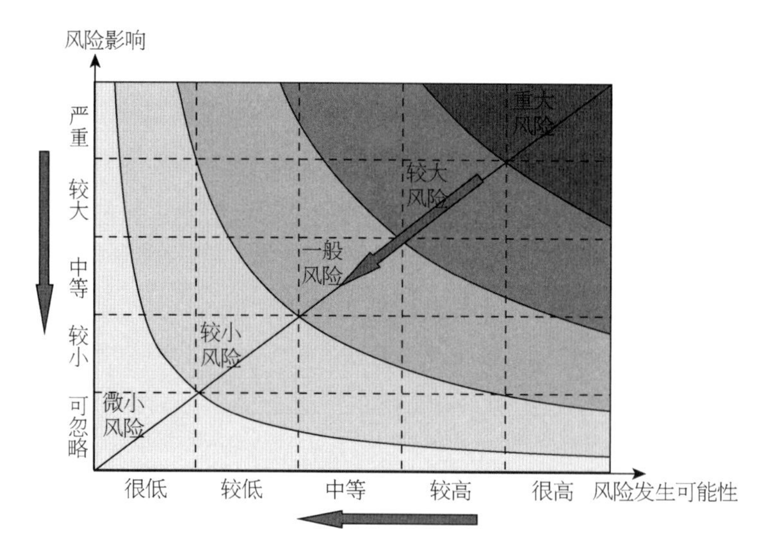

图 5-4　风险概率-影响矩阵示意图

表 5-6　　初始单因素风险程度汇总表

序号	风险因素(*W*)	风险概率(*P*)	风险影响(*C*)	风险程度($P \times C$)
1	风险 1	很高	较大	重大
2	风险 2	较高	较大	较大
3	风险 3	中等	中等	一般
…	…	…	…	…

对单个风险因素初始风险程度评估为较大和重大风险的，必须引起高度重视，研究提出降低其风险的相应对策。

5.3.3.2　城市地下空间开发建设社会稳定风险综合判别

风险综合评判是根据各个风险因素的初始风险评估结果，在确定主要特征风险因素的基础上，综合评判项目的整体风险等级。在单因素风险和项目整体风险评判的基础上，根据单个风险因素和主要特征风险因素对项目的影响程度进行综合分析评判，确定项目的初始风险等级。

1. 项目整体风险等级评判标准、接受准则

1) 风险等级的评判标准

按项目社会稳定风险导致后果的影响程度，将项目整体风险等级分为三级：

A 级：重点建设项目的实施可能引发大规模群体性事件。

B 级：重点建设项目的实施可能引发一般群体性事件。

C 级：重点建设项目的实施可能引发个体矛盾冲突。

风险等级评判的具体标准可参考表 5-7。

表 5-7　项目整体风险等级评判参考标准

风险等级	A 级 (重大负面影响)	B 级 (较大负面影响)	C 级 (一般负面影响)
单因素风险程度	2 个及以上重大或 5 个及以上较大单因素风险	1 个重大或 2～4 个较大单因素风险	1 个较大或 1～4 个一般单因素风险
整体综合风险指数	＞0. 64	0. 36～0. 64	＜0. 36
调查结果	采用面向特定对象征求意见的方式,征求意见结果,明确反对者超过 33%	采用面向特定对象征求意见的方式,征求意见结果,明确反对者占 10%～33%	采用面向特定对象征求意见的方式,征求意见结果,明确反对者低于 10%
可能引发的风险事件	大规模群体性事件	一般群体性事件	个体矛盾冲突
风险事件参与人数	单次事件 200 人以上	单次事件 10～200 人	单次事件 10 人以下

注：综合考虑上述条件后确定项目总体风险等级。

2) 接受准则

A 级:风险水平高,必须严格实施削减风险的应对措施。

B 级:风险水平较高,必须实施削减风险的应对措施。

C 级:风险水平一般,当前应对措施有效,可不必采取额外技术、管理方面的预防措施。

2. 项目综合风险指数的计算

项目整体风险程度的评判,可采用项目综合风险指数评价法(主观评分法)进行评判,其主要步骤如下:

(1) 建立项目综合风险指数计算表。在单因素风险分析的基础上将评判确定的主要特征风险全部列入表中。

(2) 确定每个单因素风险的权重。根据统计结果或利用专家经验,对每个单因素风险的重要性及风险程度进行评估,采取相应的方法确定每个单因素风险的权重并进行归一化处理。

(3) 给每个单因素风险赋值。根据单因素风险程度评判方法评判的每个单因素的风险程度,采用 0. 04～1. 0 标度,分别给微小、较小、一般、较大和重大 5 个等级赋值。

(4) 计算每个风险因素的风险指数。将每个风险的权重系数与等级系数相乘,所得分值即为每个风险因素的风险指数。

(5) 最后将风险指数计算表中所有风险因素的风险指数相加,得出整个项目的综合风险指数。分值越高,项目的整体风险程度越大,见表 5-8。

6) 根据项目综合风险指数的计算结果,评判项目的整体风险程度。

表 5-8 项目综合风险指数计算表

风险因素	权重	风险等级(G)					风险指数
W	I	微小	较小	一般	较大	重大	$I \times G$
		0.04	0.16	0.36	0.64	1.0	
W_1							
W_2							
…							
$\sum I \times G$							

注：风险权重应作归一化处理。

3. 项目整体风险等级的评判

根据项目综合风险指数的计算结果和整体风险程度的评判，对照《项目整体风险等级评判参考标准》，结合受项目负面影响的人数等其他因素，采用内部、外部专家评议打分等方法，对参考标准中的一项或多项指标进行判断，综合分析评判项目可能引发的风险事件、参与的人数和产生的负面影响程度，分析评判项目的整体初始风险等级。

若项目的整体初始风险等级评判为重大和较大风险，则必须引起高度重视，结合研究提出防范、化解项目单因素风险的措施，以及防范、化解项目整体风险的综合性措施。

5.3.4 城市地下空间开发建设社会稳定风险控制对策

研究风险控制对策，是为从源头上防范、减少和控制项目实施可能引发的风险提供决策依据。通过提出项目技术性防范、化解措施，优化项目建设方案，提出加强管理措施，强化风险管理，落实各项风险防范、化解措施，真正把项目社会稳定风险化解在萌芽状态。

1. 社会稳定风险控制对策应具有针对性、可行性、经济性

(1) 社会稳定风险控制对策应具针对性。应结合项目特点，针对项目主要的或关键的风险因素提出相应的措施，包括工程性防范、化解措施（即减轻项目的不利影响）和社会性防范、化解措施（即提高社会对项目的接受度）两方面，防范、化解项目实施可能引发的社会稳定风险。

(2) 社会稳定风险控制对策应具可行性。风险防范、化解措施研究应立足于客观现实，提出的风险防范、化解措施应在技术上以及财力、人力和物力上可行，明确承担人和协助人以及可达到的直接效果和最终效果。

(3) 社会稳定风险控制对策应具经济性。应将防范、化解风险的措施所付出的代价与该风险可能造成的危害进行权衡，旨在寻求以最少的费用获取最大的风险控制效益的对策。

社会稳定风险控制对策的制订是项目有关各方的共同任务。风险防范、化解措施应当确定负责单位或者牵头单位，以利于任务分解。

2. 常用的风险应对策略

根据项目建设的总体目标,以有利于提高风险控制能力和降低风险潜在危害为原则,分析并选择合理的风险应对策略。常用的风险应对策略有四种,可选择一种或多种及其组合实施风险防范控制。

(1) 风险回避。考虑到风险存在和发生的可能性,主动放弃或拒绝实施可能导致风险事件的方案。

(2) 风险抑制。通过采取一定的措施,降低风险发生的概率,减少风险事件造成的影响。

(3) 风险分散与转移。将项目可能发生的风险分散与转移给他人承担。

(4) 风险自留。将风险留给自己承担。采取风险自留策略时应制订可行的风险应急处置预案,采取必要的措施等。

3. 风险控制对策需关注的重点方面

研究提出的风险控制对策,需要重点关注以下方面。

(1) 规划选址。强化规划选址研究,优化规划选址方案等措施,防范、化解规划风险。

(2) 项目合法合规性。强化规范审批流程等措施,确保合法合规。

(3) 土地征用房屋征收。强化规范土地征用房屋征收手续,优化相关方案,实行阳光动迁以及加大正面宣传力度等措施,防范、化解动迁风险。

(4) 工程方案。强化设计、技术方案研究,优化方案,选用先进的工艺技术和设备等措施,防范、化解设计风险。

(5) 生态环境。强化加大环保投入、落实环保等方面的措施,防范、化解环境风险。

(6) 文明施工、质量安全管理。加强地质勘察、施工管理等现场文明施工方面的措施,防范、化解施工风险。

(7) 交通方面。强化交通影响评价、交通设施研究和建设、优化交通组织等方面的措施,防范、化解交通风险。

(8) 项目组织管理。强化项目设计、施工、运营组织方案的优化,各项组织管理措施的落实,防范、化解项目管理风险。

(9) 建设资金落实。制订项目建设资金保障方案等方面的措施,防范、化解资金风险。

(10) 项目与社会互适性。强化对项目的正面宣传,开展政策解答和科普宣传;强化利益相关者的参与,开展项目与社区共建,搭建居民沟通平台等方面的措施,防范、化解社区风险。

(11) 历史、文化矛盾。强化综合分析协调,化解历史既有矛盾、文化冲突等方面的措施,防范、化解文化风险。

(12) 综合管理。强化发挥项目单位与政府相关职能部门的作用,建立风险管理分工、协作、联动的工作机制及相应的组织,按各自工作职责落实到位等措施,防范、化解综合管理风险。

4. 风险控制对策汇总

针对上述研究提出的风险控制对策,进行归纳汇总,形成风险防范、化解措施汇总表,并提出落实风险控制对策的责任单位和协助单位的研究建议，样表见表 5-9。

表 5-9　风险控制对策汇总表

序号	风险因素	主要控制对策	责任单位	协助单位
1				
2				
…				

5. 评判项目最终风险等级与建议

分析论证各项风险控制对策落实的可能性以及落实后的效果，综合评估风险防范、化解措施的可行性和有效性，评判实施各项风险防范、化解措施后各单因素风险的发生概率（P）、影响程度（C）、风险程度（$P\times C$）等级可能发生的变化，见表 5-10。

表 5-10　风险因素影响程度（措施实施后调整）汇总表

序号	风险因素（W）	风险概率（P）	风险影响（C）	风险程度（$P\times C$）
1	示例风险 1	很高→较高	较大→中等	重大→较大
2	示例风险 2	中等→较小	中等→较低	一般→较小
…	…	…	…	…

根据风险控制对策的可行性和有效性，评估确定各风险因素的风险程度可能发生的变化，重新计算项目综合风险指数，综合分析评估项目可能引发的风险事件、参与的人数和产生的负面影响程度，评判确定项目的最终风险等级。

根据判定的项目初始风险等级和最终风险等级，对项目实施、暂缓实施、暂不实施或予以否决等决策提出建议。

5.4　案例分析

轨道交通工程是地下空间开发建设中相对较易引发社会稳定风险的重大工程，其建设规模较大，建设工期较长，工程建设必然会对沿线居民造成一定程度的影响，因而易产生社会不稳定因素。本节以轨道交通工程为例，按照上述风险评估的原则、内容、程序、方法等进行社会稳定风险评估分析。

本评估遵循以人为本的原则、全面性原则、科学性原则、客观性原则、具体性原则和动态性原则。通过本次评估，将更客观、全面地识别、论证项目潜在的风险并把握风险等级，更全面、完整地提出风险控制对策。从源头上规避、预防、降低、控制和应对建设项目范围内的可能产生的社会稳定风险，保障建设项目的顺利实施，保障公民、法人和其他组织的合法权益，倾听民众心声和群众意见、要求，维护社会稳定，以便完善项目方案。

本评估的主要范围是受本项目影响而产生社会稳定风险的区域，重点关注项目前期及项目施工期的社会稳定风险。从项目影响角度出发，具体风险分析和评估内容主要为项目程序合法性，工程可行性，工程沿线受到征地、房屋征收影响，施工期振动、噪声影响等。

本案例中的社会稳定风险在风险调查、风险识别和风险评估中主要采用了现场调查法、核对表法、责任部门打分法、情景分析法以及综合评估等方法。

5.4.1 项目概述

某市轨道交通工程，线路全长约 4 km，设 2 座地下站（表 5-11），线路走向符合建设规划。根据工程筹划及工程估算，投资约 30 亿元，工程建设总工期约 3 年。

表 5-11 车站一览表

序号	车站名称	车站层数及站台形式	车站性质	车站规模	相关设备(风亭、冷却塔)
1	A 站	地下两层岛式	站前接出入场线	321.5 m×20.1 m	南侧东段 1 号风亭 4 个，中段 2 号风亭 4 个，西段 3 号风亭 2 个、冷却塔 2 个
2	B 站	地下两层岛式	终点站，设双折返线	490.0 m×20.1 m	北侧东段 1 号风亭 2 个、西段 2 号风亭 4 个，中段 3 号风亭 2 个、冷却塔 2 个

1. 征地及房屋征收概况

根据工程可行性资料，本工程范围涉及施工用地 90 亩（1 亩≈666.67 m^2），其中划拨单位土地 14 亩，施工借地 76 亩。施工范围共涉及单位 15 家，房屋建筑面积 3 000 m^2，其中涉及商业用房 2 000 m^2，单位用房 1 000 m^2。

2. 施工概况

本工程 2 个车站均采用明挖法，2 个正线区间均采用盾构施工。正线中间风井采用地下墙围护、明挖顺作法施工。

地下车站的施工用地分为两种：一种是车站基坑及施工作业通道范围，另一种是布置施工临时设备、材料存放及加工、施工机具停放、土方存放等用途的场地。第一种施工场地在车站上方及车站周边，第二种施工场地尽量利用车站周围的拆迁空地和公共绿地，面积一般为 3 000～5 000 m^2（不含车站面积）。

盾构施工场地分为两种类型：一种是盾构始发井设在车站端头的情况，这种情况下盾构施工场地设在车站的端头，利用车站作为施工的部分场地，不需要额外增加施工用地面积；另一种情况是盾构始发井设在区间上，每块场地需要约 2 500 m^2 施工用地。

3. 区域概况

工程建设区域地块沿线现状均为待建、在建用地，在总体规划中，科教研发用地占了较大比例，现有地面交通设施薄弱，不能满足居民出行需求。

本工程所涉及的两座车站:A站周边地势较为开阔,地下管线较少,施工遇到的管线主要集中在现状道路下方,施工期间,管线向两侧搬迁;B站施工期间遇到的管线主要集中在现状道路下方,车站施工期间管线搬迁。工程沿线两侧基本为居民区,穿越河流、桥梁等市政工程较多。

5.4.2 项目社会稳定风险调查

根据项目工程概况信息可知,本工程涉及部分企业、商铺用房征收,加之项目施工产生的施工噪声、振动、扬尘等环境影响,对居民的交通出行、用水、用电、用气等产生影响。以上影响如处置不当,均可能引发一定的社会稳定风险。

1. 征地及房屋征收影响调查

本项目房屋征收影响主要表现在以下几方面:

(1) 小区配套商业用房拆除,对居民生活便利性会产生一定影响;

(2) 小区配套商业用房的承租户受工程影响丧失经营场所。

商铺动迁的影响主要表现在以下几方面:

(1) 商铺拆迁对产权人和承租人的经济影响;

(2) 商铺拆迁导致商铺雇员失业,失去稳定的工资收入,如短时间内不能找到工作,将可能导致不稳定风险,应做好沟通协调工作。

2. 施工期影响调查

施工期可能产生的不稳定影响因素大体可分为环境影响及生活影响两大方面。环境影响的主要因素有施工噪声、振动、扬尘、渣土处置、施工废水等。对居民生活产生的影响主要是由于施工产生的交通出行不便、居民用水、用电、用气受到影响等。具体分析如下。

1) 噪声影响分析

施工期噪声主要来自地下车站明挖施工、停车场土建施工,且主要来自各种施工机械作业噪声、各种施工运输车辆噪声、建筑物拆除及已有道路破碎作业等噪声。区间盾构施工、全线机电设备安装、装饰装修工程对地面噪声敏感目标影响轻微。在工程建设中应重点关注,根据居民诉求,采取有效措施控制噪声影响,减轻可能产生的社会稳定风险。

2) 振动影响分析

本工程地下线路区段施工方式主要为盾构法,车站、联络线主要采用明挖法,这些施工方式经实践表明,只要严格控制、规范施工,振动对环境的影响可控。但由于城区范围内施工地段处于人口密集的环境敏感区,施工期使用的机械设备、车辆在使用时产生的振动将可能对周围环境产生振动影响。

3) 扬尘影响分析

本工程施工期间对周围空气环境的影响主要有以下几个方面。

(1) 以燃油为动力的施工机械和运输车辆的增加,必然导致废气排放量的相应增加。

(2) 施工过程中的车站、明挖路段和停车场土建工程中,开挖、回填、拆迁及砂石灰料装卸过程中产生粉尘污染，车辆运输过程中引起二次扬尘。

(3) 施工过程中使用具有挥发性恶臭的有毒气味材料，如油漆、沥青等，以及为恢复地面道路使用的热沥青蒸发所带来的大气污染。

施工期间对大气环境影响最主要的污染物是粉尘。

4）固体废弃物影响分析

本工程施工过程中产生的固体废弃物如不妥善处理，将会阻碍交通、污染环境。垃圾渣土运输过程中，车辆如不注意保洁，沿途撒漏泥土，将污染街道和道路，影响市容。另外，弃土清运车辆行走市区道路，会增加沿线地区车流量，造成交通堵塞。

如渣土无组织堆放、倒弃，暴雨期间可能使大量泥砂夹带施工场地的水泥等冲刷进入工地附近的雨水管道中，使管道淤塞，造成排水不畅，高浊度污水经雨水管道流入受纳河道，将造成水土流失，同时也会造成施工工地附近暴雨季节地面积水。

5）水环境影响分析

本工程不涉及地表水、地下水饮用水源保护区或水源地，工程施工期对水环境影响较小，预计产生社会稳定风险的可能性较小。

6）对城市社会、生态景观影响分析

本工程施工期间将会在一定程度上影响城市景观和绿化、干扰居民生活、阻碍城市交通等。

前期征地、房屋征收及施工期间的工程影响如表 5-12 所列。

表 5-12 工程影响分析表

时段		工程内容	工程影响
前期征地、房屋征收		工程征地	因征地范围内的土地利用功能发生改变，对居民生活、城市交通及城市景观和绿化等造成影响
		地下管线拆迁	(1) 土层裸露，易造成扬尘，影响空气环境质量，在雨天易污染地表水体等； (2) 对车辆及道路沿线居民的通行造成阻碍
		居民房屋征收	(1) 干扰居民工作、生活； (2) 产生建筑垃圾
		单位、商铺房屋征收	(1) 干扰单位正常生产； (2) 易产生单位补偿问题等； (3) 产生建筑垃圾
施工期间	地上施工	施工弃土、施工材料运输，施工人员驻扎	(1) 施工机械、运输车辆等排放废气、尾气，施工弃土撒落等； (2) 施工材料、施工弃土运输干扰城市交通； (3) 生产、生活污水排放易形成水污染源
	地下施工	车站明挖施工	(1) 基坑降水等施工对地面沉降及周边环境的影响； (2) 基础混凝土浇筑、振捣等形成噪声源； (3) 施工泥浆排放，影响市政雨水管道功能； (4) 土层裸露，易造成扬尘，影响空气环境质量； (5) 对车辆及道路沿线居民的通行造成阻碍

（续表）

时段		工程内容	工程影响
	地下施工	区间盾构施工	(1) 施工引起周边局部地面下陷，造成地下管线和邻近地面建筑物破坏； (2) 施工材料、施工弃土运输干扰城市交通； (3) 施工泥浆排放，影响市政雨水管道功能； (4) 堆渣场雨天造成道路泥泞，易淤塞下水道

5.4.3 项目社会稳定风险识别

通过结合本项目所面临的环境、条件等特点，初步识别出项目的社会稳定风险因素主要有以下两个方面：①征地及房屋征收；②环境影响。根据风险调查中工程影响分析和相关者分析，最终确定本项目主要的单项社会稳定风险因素共有3点，详见表5-13。

表5-13　　项目主要单项社会稳定风险因素一览表

发生阶段	风险因素	主要风险点
工程前期征地及房屋征收	本工程涉及一定数量商铺的房屋征收，可能因动迁引发不稳定事件	小区临街商铺
施工期间	B站施工时深基坑周边有较多敏感建筑存在，容易受施工影响，导致房屋结构或居民财产受损，如处置不当，易产生不稳定事件	B站周边小区
	车站、盾构井和深基坑开挖施工中可能产生噪声、振动、扬尘、固体废物堆积等环境影响，也可能因施工导致居民和企事业单位的给排水、用电、用气、通信、交通出行及安全等受到影响，如处置不当，易产生不稳定事件	周边小区、临路商铺

5.4.4 项目社会稳定风险评估与综合评判

1. 单项社会稳定风险评估

单项社会稳定风险因素的等级通过风险的发生概率和影响程度综合判定，本项目的3个单项社会稳定风险因素中有2个较大风险和1个一般风险，详见表5-14。

2. 项目社会稳定风险综合判别

通过单项风险因素的风险程度可综合判定项目整体风险等级。

采用风险程度判断法，根据表5-7的评判标准可知，本工程满足风险程度判定表中B级“1个重大或2～4个较大单风险因素风险”的判定标准，需要采取有效应对措施将风险等级降低到C级水平。

采用综合风险指数法综合判断本工程综合风险指数为0.556，介于0.36～0.64之间，因此项目整体风险等级为B级，详见表5-15。

表 5-14 单项社会稳定风险因素风险程度汇总表

序号	风险因素(W)	发生概率(P)	影响程度(C)	风险程度(P×C)	风险等级
1	本工程涉及一定数量商铺的房屋征收,可能因动迁引发不稳定事件	0.7	0.8	0.56	较大风险
2	B站施工时深基坑周边有较多敏感建筑存在,容易受施工影响,导致房屋结构或居民财产受损,如处置不当,易产生不稳定事件	0.4	0.7	0.28	一般风险
3	车站、盾构井和深基坑开挖施工中可能产生噪声、振动、扬尘、固体废物堆积等环境影响,也可能因施工导致居民和企事业单位的给排水、用电、用气、通信、交通出行及安全等受到影响,如处置不当,易产生不稳定事件	0.7	0.8	0.56	较大风险

表 5-15 项目综合风险指数计算表(初始)

序号	风险因素(W)	概率权重(I)	单因素风险等级(G)					风险指数
			微小	较小	一般	较大	重大	I×G
			0.04	0.16	0.36	0.64	1	
1	本工程涉及一定数量商铺的房屋征收,可能因动迁引发不稳定事件	0.4				0.64		0.256
2	B站施工时深基坑周边有较多敏感建筑存在,容易受施工影响,导致房屋结构或居民财产受损,如处置不当,易产生不稳定事件	0.3			0.36			0.108
3	车站、盾构井和深基坑开挖施工中可能产生噪声、振动、扬尘、固体废物堆积等环境影响,也可能因施工导致居民和企事业单位的给排水、用电、用气、通信、交通出行及安全等受到影响,如处置不当,易产生不稳定事件	0.3				0.64		0.192
$\sum I\times G$								0.556

综合上述两种方法,得出本项目的初始风险等级为B级,具有较大负面影响,需要采取有效应对措施将风险等级降低到C级水平。

5.4.5 项目社会稳定风险控制对策

本项目风险因素主要有3个,项目初始整体风险等级为B级,必须采取相应的风险处置措施。具体控制对策如表5-16所列。

表 5-16　项目社会稳定风险控制对策

风险分类	风险控制点	稳控对象	风险因素	控制对策
征地及房屋征收	征地房屋征收	临路商铺	本工程涉及一定数量商铺的房屋征收，可能因动迁引发不稳定事件	(1) 依法办理征地审批手续，建议具体征收方案确定后，单独开展社会稳定风险评估工作； (2) 房屋征收实施单位要有合法的资格并按规征收房屋； (3) 房屋征收部门应严格按照上海市相关房屋征收与补偿文件做好补偿方案，确保方案合理化、市场化，避免由于补偿标准不统一产生的不稳定风险； (4) 因房屋征收对商铺经营造成的经济损失，建议给予一定经济补偿
施工期振动影响	振动影响	周边小区	B站施工时深基坑周边有较多敏感建筑存在，容易受施工影响，导致房屋结构或居民财产受损，如处置不当，易产生不稳定事件	(1) 切实落实环境评价报告中经环保部门批复核准的各项环保措施； (2) 根据房屋结构及与工程距离的不同，振动影响也有差异，应有针对性地委托专业机构对敏感建筑做好施工前期、中期、后期的房屋检测工作； (3) 加强施工设备的维护保养，发生故障应及时维护； (4) 对确实由工程施工造成影响的建筑和相关者应给予适当补偿
施工期环境、社会生活影响	施工振动对房屋结构的影响	周边小区	车站、盾构井和深基坑开挖施工中可能产生噪声、振动、扬尘、固体废物堆积等环境影响，也可能因施工导致居民和企事业单位的给排水、用电、用气、通信、交通出行及安全等受到影响，如处置不当，易产生不稳定事件	(1) 隧道盾构段施工期主要影响为振动，可能对周边房屋结构产生一定影响； (2) 加强施工管理、文明施工，尽量避免或减少夜间施工； (3) 工程前期做好管线摸排工作； (4) 制订工程安全和施工环境影响方面的应急预案； (5) 应特别关注小区出入口及路口的交通组织和安全问题，尽可能减少施工期对市民的出行影响，保证相关人员的出行安全

在采取了减缓影响等对策和稳控预案后，措施实施前后各因素风险变化对比情况详见表 5-17。残余风险等级按下列两种方法综合判定。

1. *风险程度判断法*

采取措施后，本工程 3 个风险因素中有 2 个一般风险和 1 个较小风险。满足风险程度判定表中 C 级风险“1 个较大或 1～4 个一般单因素风险”的判定标准。多数群众理解支持，但少部分群众对项目建设实施有意见。

表 5-17　　措施实施前后各因素风险变化对比表

序号	风险因素(W)	风险概率 前→后	影响程度 前→后	风险等级 前→后
1	本工程涉及一定数量商铺的房屋征收,可能因动迁引发不稳定事件	较高→中等	较大→中等	较大→一般
2	B站施工时深基坑周边有较多敏感建筑存在,容易受施工影响,导致房屋结构或居民财产受损,如处置不当,易产生不稳定事件	较低→很低	较大→中等	一般→较小
3	车站、盾构井和深基坑开挖施工中可能产生噪声、振动、扬尘、固体废物堆积等环境影响,也可能因施工导致居民和企事业单位的给排水、用电、用气、通信、交通出行及安全等受到影响,如处置不当,易产生不稳定事件	较高→中等	较大→中等	较大→一般

2. 综合风险指数法

采用综合风险指数法判断本工程总体风险等级,本项目综合风险指数为0.3(<0.36),采取措施后,项目残余风险等级为C级,具体见表5-18。

表 5-18　　项目综合风险指数计算表(措施实施后)

序号	风险因素(W)	概率权重(I)	单因素风险等级(G)					风险指数
			微小	较小	一般	较大	重大	$I\times G$
			0.04	0.16	0.36	0.64	1	
1	本工程涉及一定数量商铺的房屋征收,可能因动迁引发不稳定事件	0.4			0.36			0.144
2	B站施工时深基坑周边有较多敏感建筑存在,容易受施工影响,导致房屋结构或居民财产受损,如处置不当,易产生不稳定事件	0.3		0.16				0.048
3	车站、盾构井和深基坑开挖施工中可能产生噪声、振动、扬尘、固体废物堆积等环境影响,也可能因施工导致居民和企事业单位的给排水、用电、用气、通信、交通出行及安全等受到影响,如处置不当,易产生不稳定事件	0.3			0.36			0.108
$\sum I\times G$								0.3

5.4.6　项目社会稳定风险评估结论与建议

1. 主要风险因素及等级

在工程影响分析、沿线相关者意见调查分析及政府职能部门意见征询会反馈意见的基础上，经综合分析确定本工程的主要单项社会稳定风险因素及各因素风险等级如表 5-19 所列。

表 5-19　　项目重要社会稳定风险控制点一览表

序号	风险因素(W)	主要风险点	单因素风险等级	
			初始等级	措施实施后残余风险等级
1	本工程涉及一定数量商铺的房屋征收，可能因动迁引发不稳定事件	临路商铺	较大	一般
2	B站施工时深基坑周边有较多敏感建筑存在，容易受施工影响，导致房屋结构或居民财产受损，如处置不当，易产生不稳定事件	周边小区	一般	较小
3	车站、盾构井和深基坑开挖施工中可能产生噪声、振动、扬尘、固体废物堆积等环境影响，也可能因施工导致居民和企事业单位的给排水、用电、用气、通信、交通出行及安全等受到影响，如处置不当，易产生不稳定事件	周边小区、临路商铺	较大	一般

2. 主要风险对策

根据风险分析，制订本项目主要风险因素防治措施（表 5-16）。

(1) 严格落实项目工程涉及、环境影响报告及环境评价批复中提出的各项环保措施，特别是施工期降低噪声、振动、扬尘及社会环境影响等防治措施。

(2) 工程征收方案应严格按照上海市和各区相关拆迁管理文件做好征收补偿方案，确保方案合理化、市场化，确保动迁方案公平、公正、公开，避免由于拆迁补偿标准不统一产生的不稳定风险。

(3) 落实项目前期征地及房屋征收风险的对策措施，主要包括工程范围内的征地及房屋征收稳控措施等。

(4) 委托第三方专业检测单位，做好项目沿线房屋检测，确保房屋和人身安全。

(5) 施工前做好管线勘查和调研，精心设计管线施工方案，加强施工管理，避免破坏现有管线。

(6) 在市、区、街镇层面成立维护社会稳定工作小组，制订风险处置应急预案，各职能部门积极配合，建立风险管理联动机制。

3. 风险评估结论

根据《国家发展改革委关于印发〈国家发展改革委重大固定资产投资项目社会稳定风险评估暂行办法〉的通知》，本工程建设可能引发 3 个单项社会稳定风险，其中有 2 个较大单因素风险和 1 个一般单因素风险，项目初始社会稳定风险等级为 B 级，采取一系列风险对策措施后，项目社会稳定风险等级降至 C 级（2 个一般单因素风险和 1 个较小单因素风险），风险水平可以接受，当前应对措施有效，从社会稳定风险分析及评估角度考虑，工程建设可行。

5.5 小　结

本章主要根据《上海市重点建设项目社会稳定风险评估指南》和《上海市重点建设项目社会稳定风险评估报告评价指南》对城市地下空间开发建设社会稳定风险评估的背景、必要性、目的以及评估方法等作了详细介绍，并以地下空间开发建设项目中相对较易引发社会稳定风险问题的轨道交通工程作为案例，通过风险调查、风险识别、风险评估及风险对策制订，完成社会稳定风险评估。

从本章论述可知，城市地下空间开发建设工程的社会稳定风险主要在前期的土地、房屋征收方面以及施工期对周边环境的影响方面。在项目建设前期，土地、房屋征收存在社会稳定风险，需要合法合规并按统一标准进行土地、房屋征收工作，以降低社会稳定风险。在项目施工期，对于地下工程而言，工程活动对周边环境的影响相对较大，易造成道路开裂、周边敏感建筑沉降、变形等情况，若未及时妥善处理，则易引发社会稳定问题；施工过程中的噪声、振动等对周边居民的生活和工作易造成影响，若未按要求采取防噪、减振等相关防护措施，则存在一定社会稳定风险。在社会稳定风险评估后，应按照评估建议的措施，积极落实，从而降低城市地下空间开发建设社会稳定风险。

6　城市地下空间开发建设信息化风险管控平台

6.1　引　言

地下空间开发建设风险的有效防控，离不开风险源的快速准确识别、实时动态监测、分析预警、专家决策及处置等一系列过程，信息化是串联以上各个环节，解决信息快速传递、多方协同共享的有效方式。互联网、云计算、物联网、GIS + BIM（GIS：Geographic Information System，地理信息系统；BIM：Building Information System，建筑信息模型）、全景摄影等新技术的出现，为基于信息化的地下空间风险防控提供了有力的技术手段。本书前述章节围绕地下空间开发建设过程中的地质环境技术、管理和社会稳定四方面探讨了风险源识别、风险评估、风险防控措施等内容。本章主要针对"互联网 + 动态监测"与"互联网 + 项目现场管理"，详述基于信息化平台的地下空间风险防控技术。

6.1.1　发展现状与趋势

6.1.1.1　发展现状

随着我国经济和城市建设进入新阶段，城市地下空间开发规模不断扩大，且逐步呈现向深部开发、网络化开发的态势。地下轨道交通、地下车库、地下变电站、地下商场、地下人防工程以及高层建筑的多层地下室等地下工程日益增多，产生了大量超深、超大的基坑与隧道工程，对土木工程行业提出了全新的挑战。

受复杂水土条件、土体卸荷及扰动变形、设计施工理论不完善等诸多因素影响，深大基坑、长距离隧道工程自身及周边环境不可避免地会产生变形，严重时将发生风险事故，造成人员伤亡和资金重大损失，对城市正常运行带来重大威胁。因此，地下工程建设及管理必须全过程依靠监控技术和预警技术，以指导工程建设相关方进行科学决策，降低工程风险。随着云计算、大数据、互联网以及 BIM 技术的发展，监测技术呈现出"从单项自动化采集到全自动化采集""从本地化的系统服务向基于云端的大数据分析服务""从平面展示向三维虚拟与实景结合展示"的发展态势。土木工程专业与 IT 技术的结合越来越紧密，基于工程模型的数字化、网络化、智能化的风险管控技术日趋成熟，构建地下工程动态监测及项目现场管理风险管控平台，已成为当前土木工程行业信息技术研究和应用的重点领域。

1. 国内外地下工程动态监测技术发展现状

国外结构安全监控技术最早应用于航空航天领域,后来在土木工程领域广泛应用,主要针对桥梁、大坝、建筑等上部结构,利用现场的无损传感技术,通过包括结构响应在内的结构系统特性分析,监测结构的损伤或退化状态。随着信息技术的深入应用,又逐步发展了 GIS 等信息系统技术,实现结构生命期内监测信息管理和辅助决策。如美国、日本、丹麦都建立了成熟的桥梁结构养护管理系统等。相比之下,隧道、地下车站、综合管廊等地下构筑物具有隐蔽性、长线性、地质环境与结构体系相互作用复杂等难点,对结构安全监控技术要求更高,总体发展相对滞后。

近年来,随着地下空间安全开发与运营的重要性日益突出,世界各国对地下工程施工安全风险监控的认识不断加深,在地下空间风险管控信息化平台研究领域已经积累了较丰富的经验。例如美国修建的全长 8 英里(约 12.87 km)的波士顿“大挖掘”(BIG DIG)公路工程中,投入大量资金用于沿线隧道的地质数据整理和基于 GIS 的工程软件开发;日本国铁早年投资开发了隧道监测养护专家系统(TIMES-1),通过远程系统收集了大量的病害现象、环境条件、气象条件、结构形式等资料,并据此分析病害成因;意大利 GeoData 公司开发了地质数据管理系统(GDMS),由建筑风险评估、盾构数据管理、监测数据管理等五大功能模块组成,已应用于俄罗斯圣彼得堡、意大利罗马等多个地铁隧道工程。

国内在地下空间风险管控信息化平台技术方面也做了大量的研究。同济大学朱合华、李元海对岩土工程施工监测信息系统进行了研究,以基坑工程施工为应用对象,引入了 GIS 全新思想,实现了以测点地图为中心的查询和数据输入输出的双向可视化,并提供监测概预算和图形报表等完整的实用工具。同济大学刘国彬等研发的深基坑工程自动监测系统,集数据自动采集、远程传输、数据处理、分析预测于一体,通过网络化的自动监测系统,在上海轨道交通 4 号线宜山路车站基坑施工过程中得到应用,保护了基坑周边环境,应用效果良好。伍毅敏、吕康成应用激光技术、单片机技术和通信技术开发了隧道位移实时监测系统,实现了隧道位移的高精度、自动、实时和远程量测。系统集数据实时采集、数据管理和数据应用等功能于一体,可根据用户要求提供数据浏览、查询、制作报表等服务,还可采用灰色系统理论对隧道位移发展进行短期预测和最终沉降预测。北京安捷工程咨询有限公司针对轨道交通建设安全管理开发了安全风险管理信息系统,集成第三方监测、施工监测、盾构监测、视频监控、安全管理信息等基础数据,利用风险评估方法、预警模型、专家研判等技术手段,实现工程的安全预警、响应与消警的闭环管理。南京坤拓土木工程科技有限公司研发了工程安全风险管理信息系统,面向规划、勘察、设计、施工、监理、监测等用户,实现动态管理风险辨析、信息发布、预测、预警、报警等功能,实现了安全风险协同管理,可有效规避或降低施工安全风险。上海勘察设计研究院(集团)有限公司针对基坑建设安全风险,开发了地下空间工程远程监测监控信息化平台(天安),基于 GIS + BIM 技术,集成地质、设计、施工工况、监测数据、周边环境等数据,实现信息的存储、分析处理、查询及成果显示输出自动化以及预测、预警等功能,有效管控基坑安全风险;针对轨道交通运营结构安全,开发了轨道交通保护区远程监护管理信息系统(云图),实现了上海轨道交通保护区内各类监护项目、长期收敛与沉降信息的集成管理,现已全面接入上海市10家轨道交通监护单位,超过250个项目,系统集成3 000余台自动化设备,为上海轨道交通维护管理单位及各家监护单位提供了便捷的系统服务。

2. 国内外地下工程项目现场管理技术发展现状

在国外,工程项目的现场管理通常由专业的工程管理公司或咨询公司来实施,其服务范围可涵盖整个项目过程,权威性和专业性高。在从业人员和企业方面,国外的工程顾问公司和工程咨询公司在工程项目建设和管理中占据主导地位,培养了一大批专业化人才,在项目知识管理方面形成了较完善和权威的体系。如美国项目管理协会开发的项目管理知识体系PMBOK,知识领域较为全面,在国际上有很高的权威性;PMP项目管理资格认证已成为一个国际性的认证标准;英国商务部开发的PRINCE 2,完全基于业务实例(Business Case)流程,为各领域的项目管理提供实践指导。一些工程咨询公司在技术专利、管理水平等方面占有明显优势,具有很强的市场竞争力,并可为项目提供规划、设计、造价、管理、咨询等一站式服务,从而拓展自身的经营业务,积极推进核心业务的多元化和一体化发展。

在信息化技术方面,国外建筑业企业应用项目管理软件较普遍,较流行的项目管理软件有微软的Microsoft Project,Primavera Project Planner(P3),Primavera Project Planner the Enterprise(P3e),Project Scheduler,Project Management Workbench(PMW)等,主要用于对项目进度的动态跟踪与控制。同时,国际上越来越重视BIM技术的应用与研究,目前BIM技术在建设项目中的应用日趋普遍和成熟。据统计,2009年,美国49%的工程项目应用了BIM技术,欧洲有36%的工程项目应用了BIM技术;2012年,BIM技术已经被北美71%的业主、设计师以及施工承包商所接受和应用。

在工程风险控制和管理方面,由欧美国家率先提出,并从隧道工程进一步推广到整个建筑行业,目前已形成了包括定性、半定量及定量化的风险评估方法体系;基于风险评估结果,建立诸如风险回避、损失防范、损失降低、风险分离等的风险管理体系。在实际工程项目中,专业的工程咨询公司凭借自身的技术优势和工程经验,已将风险控制与管理融入工程项目监理中,建立了一种基于风险控制的工程项目管理模式。

我国于1988年开始试点建设工程监理,受建设单位委托负责项目现场质量、安全、工期等管理工作。经过30年发展,监理企业和从业人员数量激增,并建立了基于个人执业注册制和企业资质认定的管理体系。根据国家住房和城乡建设部(以下简称住建部)《2017年建设工程监理统计公报》显示,2017年年末,工程监理企业达到7 945家,从业人员1 071 780人,但监理从业人员的注册人数比例较低,尤其是一线普通监理员的准入门槛较低,人员流动性大,业务水平良莠不齐。监理单位往往通过“人海”战术,现场派驻大量监理员对材料、人员、施工过程、监测、检测等进行旁站、记录,并形成格式化的书面监理日志提交给建设方。在目前同质化竞争激烈的环境下,由于派驻人员专业水准有限和管控模式的粗放,工程监管大多流于形式,普遍存在漏报重报、决策无依据等现象。总体上监管人力成本高，监管效率低。

在信息化技术方面，监理行业的信息化进程尚处于起步阶段，总体应用相对滞后，随着传统建筑工程向信息化推进，监理行业的信息化逐步得到重视，未来会有较大的发展空间。

在风险控制方面，我国目前的风险评估多采用静态分析，由于整个项目实施过程中的不可预见因素太多，风险源和风险等级也在实时变化，静态评估具有一定的滞后性，无法实时反映整个项目的风险动态情况。此外，由于工程项目信息化水平有限，目前的风险评估所需的工程数据大多采用人工输入，在评判方法上过多依赖人工判断和专家经验，这些均导致目前风险评估的效率、可靠性和及时性较低。当前，监理企业较少采用风险评估技术对项目风险进行系统性识别与控制，更多的是根据国家住建部《关于印发〈危险性较大的分部分项工程安全管理办法〉的通知》(建质〔2009〕87 号)，以及各地方管理部门的配套管理办法，例如《危险性较大分部分项工程清单申报表》(沪建交〔2009〕1731 号)的相关规定，按地下空间开发涉及的各分部分项工程的规模、类型等进行专项审查，侧重于程序化的管理，对地质风险、土建施工风险、设备风险有识别但深度不够，未有效融合行业相关方的知识积累，对实际工程指导意义不大，更未实现基于信息平台进行风险自动识别与评估。

6.1.1.2　发展趋势

1. 政策引导工程建设行业运用信息化手段实现风险管控的智能化

“十二五”规划以来，住建部强调要重点推进建筑企业管理与核心业务信息化建设和专项信息技术的应用，强化项目过程管理、协同工作，提高项目管理、设计、建造、工程咨询服务等方面的信息化技术应用水平，促进行业管理的技术进步。2015 年，住建部发布了《关于推进建筑信息模型应用的指导意见》，明确提出了到 2020 年年末，建筑行业甲级勘察、设计单位以及特级、一级房屋建筑工程施工企业应掌握并实现 BIM 与企业管理系统和其他信息技术的一体化集成应用。中国工程勘察设计行业协会提出，大型骨干工程勘察单位应基本建立三维地层信息系统，实现工程勘察设计优化，加强国产支撑软件和专业设计系统的研发和推广，推进复杂过程仿真模拟(CFD)、工厂生命周期信息管理(PLM)、建筑信息模型(BIM)、协同工作等技术应用。2018 年 1 月 7 日，中共中央办公厅、国务院办公厅印发的《关于推进城市安全发展的意见》指出，强化安全风险管控，建立城市安全风险信息管理平台，加大资金投入，加快实现城市安全管理的系统化、智能化。

上述政策导向为开展城市地下空间数据自动化、信息化采集，建设基础数据库、信息数据管控分析平台，三维建模和专业仿真设计分析等新技术的开发应用提供了有力支撑。地下风险管控平台的研发，可为城市地下空间开发安全提供强有力的保障，对地下空间开发科学化管理、提高面对紧急事件的处理能力等具有深远的社会意义和经济效益。

2. 大数据、互联网、物联网、GIS + BIM 等新信息技术推动风险管控系统化

GIS(地理信息系统)是收集、存储、管理和分析空间信息的技术，三维 GIS 在二维 GIS 的功

能基础上，还具有对地理空间数据三维可视化显示、多维度空间分析等优势，是构建数字地球、数字国家、数字区域以及数字城市的关键技术，成为重要的辅助决策工具。BIM(建筑信息模型)技术是近年来建筑行业迅速兴起的一种软件技术，能够实现面向工程结构全生命周期信息的精细化管理与应用。凭借三维可视化、动态模拟、信息协同管理等核心优势，在建筑工程、市政工程等主体结构领域取得了良好应用。

GIS与BIM技术融合是当前的研究热点，BIM不仅提供了建筑精细的三维模型，还携带了丰富的几何、语义信息，GIS具备强大的空间信息管理、查询、分析能力，二者有效结合，不仅可以为大型建筑工程的建设与维护提供有力技术支撑，还可以支持城市地下空间管理宏观与微观一体化，为工程的安全应急、导航和定位提供合理解决方案，助力智慧城市建设。总体而言，BIM + GIS在建筑工程领域融合应用的需求迫切，应用范围非常广阔，包括地下空间辅助规划设计、地形模拟、地面信息集成、土方开挖、风险管控等。

3. 基于信息化平台的风险防控技术具有显著的社会效益与经济效益

1) 对国民经济和社会发展的重要性

在我国改革发展的进程中，建筑行业在国民经济和社会发展中发挥了重要的作用。目前在科技引领发展的大背景下，建筑行业面临转型升级的需求十分迫切。大力发展“互联网 + ”是我国建筑产业转型升级的必然趋势，是引领企业创新驱动发展的新动力。地下空间风险管控平台是传统建筑行业与互联网技术进行深度融合的产物，是采用信息化技术对传统地下空间风险管控模式进行改造，提升服务能级的体现，是贯彻“互联网 + ”战略的一个具体实施。基于信息技术的地下空间风险管控平台将有助于提升行业整体技术水平，有助于保障城市地下空间建设安全，有利于推动行业跨界合作，激发更大的创业创新活力，助推经济转型提质增效，充分发挥互联网在生产要素配置中的优化和集成作用。

2) 对地下空间开发风险管理与防控的重要性

地下空间的隐蔽性及环境的敏感性增加了开发的风险，如上海轨道交通4号线董家渡区段涌水坍塌、杭州轨道交通1号线湘湖路站基坑事故以及佛山轨道交通2号线绿岛湖至湖涌盾构区间地面坍塌等重大事故或风险事件屡见不鲜，造成了重大的经济损失与工期延误。随着中浅层地下空间的不断开发和消耗，深层地下空间开发已逐渐成为解决城市空间资源瓶颈的重要手段。鉴于目前深层地下空间开发和管理的经验匮乏，工程设计、施工难度以及工程风险随着深度加深而成倍增加，容错率更低，一旦发生事故将严重危害城市公共安全，并且修复难度大，造成的经济损失和社会影响难以估量。

传统的工程风险管控多数是单专业、单项目的管控，且多依赖于人力，管理效率低，同时由于施工全过程的信息化整合度不够，工程风险、成本、工期控制难以做到针对性和实时性，无法满足深层地下空间开发的管理要求。

基于信息化手段的地下空间风险管控平台，借助互联网、云计算、大数据、GIS、BIM等新一代信息技术，将各类专业技术进行融合，实现多元数据集成共享、信息可视化、过程动态模拟，通过评估分析和数据挖掘,实现风险线上自动评估和线下专家咨询有机结合,对保障城市地下空间开发抵御风险能力,具有极为重要的意义。

6.1.2 需求分析

6.1.2.1 现存问题

地下工程建设、运营维护过程中,由自然因素、人员活动、工程活动等造成的地下空间风险事故频频发生,对城市安全造成了严重威胁和经济损失,使得地下工程的安全保障一度成为政府、管理单位以及行业关注的焦点问题。然而,面临突出的风险问题,我国目前仍然缺乏快速、便捷、有效的技术手段提前获知何时、何处会损坏,从而使得地下空间安全风险不可控,维护工作面临的困难重重,具体包括以下几个方面。

1. 数据是地下空间风险管控的重要基础,当前数据采集信息化、自动化程度不足

地下工程监测数据是地下空间风险管控的重要数据来源。地下工程建设的工程风险在发展成为工程事故之前,往往存在着某些特定征兆和现象,监测数据必然会有异常反应,有经验的技术人员可根据数据状况及时发现问题,并采取对策,以避免工程事故的发生或减少事故损失。然而,由于目前监测工程技术人员、现场操作人员的水平不一,缺少科学判断数据的能力,致使控制风险的作用有限。而且由于缺少先进的手段传送、处理数据,造成工程信息传递不畅,使得预示工程危险的一些重要信息不能及时传送至管理决策人员处,错失了许多避免工程事故的时间和机会。

为了达到经济合理和技术安全,现行规范要求大型深基坑工程普遍采用信息化施工方法。信息化施工的核心在于随时根据现场地质情况和监测成果对设计和施工方案进行动态调整和优化,其关键在于获取可靠、全面的地质信息及施工监测信息并及时分析和反馈,因此,必须将监测工作与施工、设计紧密联系,使之成为一个集信息、管理、施工于一体的综合信息管理系统。但是在监测行业内,目前能够真正成功实现信息化、自动化监测的基坑项目并不多见,大多数情况仍然依赖人工监测手段,监测工作技术含量不高,数据分析能力低。大多数的基坑监测系统只是起到了一些简单的反馈作用,自动化和智能化程度并不高,大多仅仅体现在数据采集方面,无法实现后台复杂的自动化逻辑计算,对各类传感器的性能也缺乏深入认识,分析手段落后,缺乏实用性。在软件系统功能方面,多数国内基坑的施工期监测信息没有采用相关平台软件进行管理,有些项目直接使用电子表格软件(如 Excel)或者关系数据库(Access)来管理监测成果,这些也仅仅停留在数据的存储和简单的整编和分析上。因此,行业与市场都迫切需要将信息化技术、监测技术、岩土工程和结构分析方法有机整合,形成有效的远程自动化监测服务,实现真正意义上的信息化施工。

2. 地下空间建设与运营积累了大量数据,但数据分析和挖掘深度不足

城市发展现阶段,地下空间建设了大量的地下管线、建(构)筑物基础、地铁隧道、车站等地下基础设施,面对大规模城市地下空间建设与运营工作的开展,大量的运营维护相关资料接踵

而来，形成海量的数据，包括建设期数据、竣工初始数据以及运营维护数据。其中，建设期数据又包括地质勘察和工程结构数据，竣工初始数据包括结构本体的沉降、收敛、病害数据，运营维护数据又包含了如隧道长期监护、病害养护管理、周边工程监测、地下结构长期沉降等数据。这些海量数据从空间、时间各个维度组成地下空间运营维护的大数据，如何建立信息之间的关联并有效管理和应用成为地下空间管理的难题之一。

国内已开展地下工程结构（如基坑、轨道交通结构）安全评估技术的研究和初步应用，但理论研究对实际工程指导不足，评价指标体系及控制阈值的科学合理性缺乏定论。地下工程在振动、荷载影响下的系统响应和安全评估是一个多因素叠加影响的复杂过程，单凭某一理论模型难以预测分析，必须结合大量历史实测数据进行统计、回归与反演分析，提取安全敏感因素或指标，构建合理化的安全评估体系和控制指标。

3. 城市地下空间开发对风险控制和成本控制要求高，迫切需要构建专业的风险控制与管理服务平台

上海新一轮城市规划提出了进一步合理利用地下空间资源，实施分区、分层、分类开发利用，同时谋划中深部地下空间规划，构建与城市总体布局相适应的地下空间开发体系。近年来，上海地下空间开发深度记录不断被刷新，上海轨道交通淮海中路车站最深达 33.3 m，成为上海最深地铁基坑；北外滩星港国际中心最深达 36 m 的地下空间刷新了上海市房屋建筑最深地下空间的纪录；正在规划中的苏州河深层调蓄项目，工作井深度更是普遍达到了 60 m。

上海在中浅层地下空间开发中虽积累了一定的经验，但深层地下空间开发经验欠缺，且深部地质条件极其复杂，施工过程中面临的不确定因素更多，一旦发生事故，其经济损失和社会影响将成倍增加。而传统监理工作模式对人的依赖性太高、信息化程度低，并且管理模式的粗放性、滞后性无法满足深层地下空间开发风险管控的要求，因此，迫切需要运用信息技术对传统项目监理模式进行改造，打造一体化的风险管理与控制平台，实现建设全过程的数据整合与分析，从而提高项目风险抵御能力和项目管理效率。

4. 采用信息化技术对工程监理进行改造和升级

采用信息化技术，将工程监理从“人为监管”向“数据管理”、从“数据整合”向“专家咨询分析”进行改造和升级。随着信息化技术的快速发展，整个工程建设项目的勘察、设计、施工、监测、检测等专业的信息化是必然趋势，因此，传统监理项目管理“人盯人”的管理模式将向“基于平台的数据管理与常规监理有机结合”的模式转变。单个监理行业的信息化难免形成信息孤岛，在复杂的深层地下空间开发项目中，仅靠单行业的信息化无法达到“窥一斑而知全貌”的效果。依靠“互联网＋”技术，将不同行业的信息进行整合，实现数据共享和协同是一种趋势也是现实需求。数据整合是基础，数据协同是手段，最终的目的是基于海量数据的综合分析进行风险管理与控制，即基于大量工程案例的数据挖掘，对工程数据进行动态化分析，并提供线上实时风险分析与线下专家咨询两种模式，以适应工程不同阶段的需求，为工程管理提供重要的技术

保障,并产生良好的社会效益和经济效益。

6.1.2.2　解决方案

1. 大力发展自动化数据采集技术,不断提高数据采集质量

深大地下空间开发和城市精细化、智慧化管控,对地下空间信息数据采集提出了高精度、高效率等要求,传统以人工为主的信息采集技术已经难以满足工程质量控制和风险防控的需求。

对于深大基坑围护结构的测斜、土压力、支撑轴力测试等数据,既是判断工程安全与否的关键,也是揭示并验证设计理论的重要基础资料,对数据的精准与采集效率要求极高。而传统的活动式测斜仪、普通固定式测斜仪、传统挂布法安装的土压力计等测试方法,在超深条件测试时存在误差大、效率低、实时性差、安装难等问题,难以满足 100 m 以上地下连续墙变形监测在精度和效率方面的要求,因此对高精度、高效率的自动化数据采集技术需求极为迫切。

对于邻近地铁隧道的监测而言,运营地铁线路每天能够留给工作人员进入隧道开展监测的时间仅为凌晨的三个小时,而随着城市轨道交通承担更多公共交通压力,甚至可能不会留给工作人员进入隧道监测的时间。此外,安全事故的发生也存在其偶然性。因此,采用实时的自动化监测技术成为必然选择。

2. 建立地下空间数据标准体系,实现数据管理一体化

地下空间牵涉面广、参与专业和单位众多,目前工程在勘察、设计、施工、监测、检测等各专业均在推进信息化技术,但采用的技术平台各有不同,数据分散在各专业单位和实施具体项目的人员手中,数据无法流通起来,难以实现共享。要实现地下空间风险防控的信息化平台,势必要对现有的各专业平台的数据接口和标准进行统一,打通各专业数据库,使分散在不同单位的数据整合起来,形成基于同一平台的多专业数据一体化管理,为风险评估和管控提供多元数据基础。

3. 积极研究云计算、大数据、人工智能等技术,实现数据分析智能化

目前国内地下空间风险防控大多停留在监控数据管理阶段,很少提供先进的预警、评估或修复咨询服务。同时,设计院或高校等科研院所建立的专业服务模式,受限于原型动态监测资料获取难、依赖人工分析成本高、咨询服务实时性不足等问题,难以形成可持续、可复制的服务模式。未来,随着云计算、互联网、大数据、人工智能等信息技术的发展,基于人工智能、大数据分析开展的地下空间风险评估与预警,将为管理者提供高效、可靠的评估成果,有力保障地下空间开发建设安全。

6.2　基于“互联网+动态监测”的地下工程风险管控平台

6.2.1　概　述

随着城市地下空间大规模开发,深、大、急、险的地下工程屡见不鲜,如超深地铁车站基坑开

挖施工、大型综合体地下室施工、隧道穿越施工等,随之带来的施工质量问题、安全隐患越来越多地暴露出来,工程安全风险事件频发,严重者还造成恶劣事故。大量实践证明,地下工程安全风险的发生,通常有一个积累演变的过程,在大量事故后开展的原因调查分析中,经常发现在事故发生之前就存在一些征兆,但因为无法做到实时监测,也就错失了将风险和事故预先控制在可控范围内的最佳时机。如果能够实时对地下工程从建设到运营维护的全过程进行监测,通过专业预估风险,及时采取应对措施,不仅可以挽回不必要的巨大损失,而且可以带来安定平稳的社会发展环境。

因此,随着重大地下工程安全监测的要求不断提高,以人工模式为主的传统岩土工程监测服务水平越来越难以适应市场需求。传统的监测技术,一般是按照规范规定,通过布设传感器,人工测量获取监测项目数据。通过设定监测项目的控制值,超过控制值时及时通报相关单位采取应对措施,从而起到保障地下工程施工和周边环境安全的重要作用。然而,目前大多数地下工程监测工作只是起到了一些简单的反馈作用,特别是对于大型基坑工程,由于存在工期紧、工序复杂、参建单位多、监测频率高、输入信息种类多、数据量大等制约因素,实时信息化监测的难度更大。因此,迫切需要将计算机、互联网、监测技术和岩土工程分析方法有机整合,建立监测信息服务平台,突破传感器采集、数据传输、数据处理难点,实现真正意义上自动化监测和信息化施工。

6.2.2 传统监测方法与自动化监测方法

6.2.2.1 传统监测方法

传统的监测技术,一般是按照规范规定,通过监测人员在现场布设传感器,人工测量获取监测项目数据。位移或变形采用水准仪、经纬仪等仪器测试,测斜采用测斜仪测试,水位变化采用电测水位计量测,支撑轴力采用钢筋应力计、轴力计等仪器测试。监测人员回到室内后,还需进一步整理原始数据、统计分析、绘制曲线、分析判断监测结果、出具当日监测报告。显然,传统的监测技术依赖大量的人力成本,信息采集、数据记录工作量极大,造成监测效率低,监测信息动态更新慢,具体表现如下:

(1) 资料处理速度慢,成果反馈不及时,不利于监理、设计、施工单位和业主部门全面掌握各个部分的监测情况,影响决策;

(2) 成果可视化程度差,不直观;

(3) 监测数据存储缺乏数据库支持,检索速度慢;

(4) 分析手段落后,缺乏统计分析和监测数据数学建模功能,对于大量的、不同类型的数据难以进行全面综合分析以发现其变化规律及安全隐患。

此外,随着地下空间工程理论研究的发展,风险评估、地下空间数值分析等技术手段在分析评价工程安全性方面应用广泛。但是,工程数据积累不完备,信息共享不畅通,此类分析方法很难和监测服务有机结合。为了提高监测数据分析深度,势必要建立统一数据平台,建立动态的案例库，实现实测和理论的反演对比分析。

6.2.2.2 自动化监测方法

随着互联网、物联网、移动通信等新一代信息技术的发展，地下工程采取信息化施工方法，地下空间监测技术不断向自动化和高精度方向进步和发展。地下空间自动化监测的核心在于随时根据现场工作状况和监测成果对设计和施工方案进行动态调整和优化，其关键在于获取可靠、全面、连续的地质监测及施工信息并及时分析和反馈。显然，实现"自动化监测—快速反馈—施工控制—在线管理"，已成为城市安全管理和地下空间工程监测技术发展的必然趋势。

实现自动化监测，首先要实现监测数据远程自动化采集。数据远程自动化采集系统因工程特点、性能要求的不同，以及成本及适用性等因素，往往需要工程技术人员根据实际情况进行设计、选型和组建，一般由现场监测传感器、控制和数据采集设备、数据调制与解调装置、数据无线收发设备以及配套的供电及防雷设备组成，如图 6-1 所示。其中现场测试传感器一般选择便于进行自动化远程监测的测试方法。控制和数据采集装置可采用具有模数转换功能的测控单元(MCU)，该装置的主要作用是采集各传感器的原始信号(电压、电流、频率等)，同时还可以接收指令对采集频次、激发方式、激励电压等参数进行调整。数据调制与解调装置是将模拟信号转化为数字信号的装置，一般该装置与数据无线收发设备集成，组成相应的通信模块。

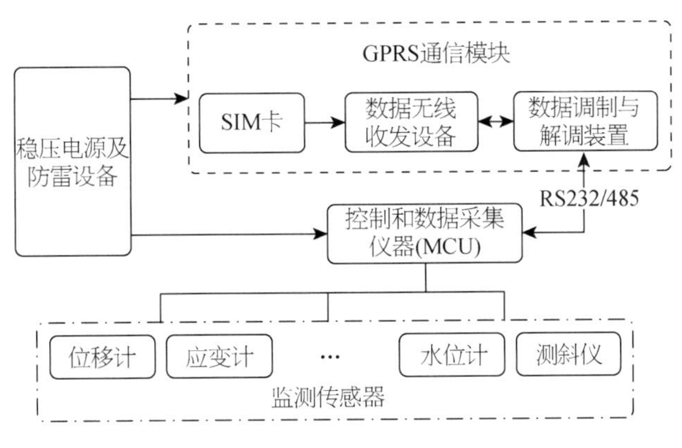

图 6-1 自动化采集系统硬件组成

将通信技术应用于传统的地下工程监测工作中，并借助合理布设的可实施自动量测、数据采集的自动化监测设备，对地下工程中若干关键监测指标实施连续不间断的自动化采集，实现监测信息无接触、实时采集和传输，建立起连接前端设备和后端处理分析和评估系统的纽带。具体而言，系统实现的功能主要体现在自动化数据采集和自动化数据传输两个方面。

1. 自动化数据采集

自动化数据采集的实现主要通过先进的自动化监测设备，对表征地下工程安全状态的主要监测指标，如结构或土体的位移或变形、围护结构的侧向变形、地下水位、支撑轴力以及立柱、坑底回弹变形等，实施实时连续的数据采集。上述监测指标对应的监测设备和主要技术特点如下。

1）位移或变形自动化数据采集

通常可实施位移或变形自动化数据采集的主要手段为测量机器人和静力水准系统。其中测量机器人应用范围较广，可进行位移、沉降、挠度、倾斜等多项变形监测，静力水准系统仅适用于高程变化的沉降监测，如建（构）筑物的沉降、隧道或管线沉降等。

（1）测量机器人

测量机器人又称自动全站仪，是一种集自动目标识别、自动照准、自动测角与测距、自动目标跟踪、自动记录于一体的测量仪器。它的技术组成包括坐标系统、操纵器、换能器、计算机和控制器、闭路控制传感器、决定制作、目标捕获和集成传感器等 8 部分。坐标系统为球面坐标系统，望远镜绕仪器的纵轴和横轴旋转，能在水平面 360°和竖面 180°范围内寻找目标；操纵器的作用是控制仪器的转动；换能器可将电能转化为机械能驱动步进马达；计算机和控制器用于设计从开始到终止的操纵系统、存储观测数据并实现与其他系统的接口；闭路控制传感器将反馈信号传送给操纵器和控制器，以进行跟踪测量或精密定位；决定制作主要用于发现目标，如采用图像识别的方法或分析目标局部特征的方法进行影像匹配；目标捕获用于精确地照准目标，常采用开窗法、阈值法、区域分割法、回光信号最强法以及方形螺旋式扫描法等；集成传感器包括距离、角度、温度、气压等传感器，用来获取各种观测值。目前，测量机器人已广泛应用于地形测量、工业测量、自动引导测量、变形监测等工作中。

测量机器人自动监测系统进行变形监测具有以下特点：可以自动进行气象改正；实现 24 小时连续自动监测；实时数据处理，即时图形显示；内有线性变换和赫尔默特变换等，满足位移、沉降、挠度、倾斜等变形监测内容，达到亚毫米级精度等。

（2）静力水准系统

静力水准系统是用来测量观测点高程位置变化的方法之一，它具有很高的测量精度和自动化程度，在测量领域获得了广泛应用。尤其是在新建的重大工程中，对许多关键建筑、部件和位置的位移变化要求相当苛刻，不仅需要知道某段时间内高程位移量的大小，往往还要实时监测这些变化，以便及时调整仪器的工作状态，更好地指导工程施工。在这些领域，静力水准系统越来越成为不可替代的监测手段。

具体实施时，在基点上安装 1 只静力水准仪作为观测基点，在建筑物的角点、中部等部位设置静力水准观测装置，装置间用连通管连接，通过各装置内液面高度的变化，测得各点的差异沉降。

2）测斜自动化数据采集

固定式测斜仪主要由以下几部分组成：地面接口盒、数字探头、导轮组、连接杆、中间连接电缆、传输电缆和顶部夹具。固定式测斜仪采用数字化探头，用一个数据采集仪对所有探头进行循环采集或命令式采集。

一般情况下，将测斜管置入钻孔中并灌浆固定，测斜探头由连接管和万向接头连接在一起后置入测斜管中,固定在测斜管导槽中的每个探头顶部安置的滑轮用于确保调整传感器的定位。探头可以固定在测斜孔内所需要测定的深度(通过改变接杆长度的方法),一个测斜孔内可以在不同深度上固定多个探头。

当探头倾斜时,其受到的重力分力引起磁场中的线圈旋转并产生电流,这股电流与倾斜的角度成正比,提供了探头的输出量。该输出量经探头内部编码器编码(地址)后送出探头,经过一条 4 芯的总线电缆送到地面,通过对所有探头读数的综合计算就可以得到测斜管不同深度部位的相对位移。不断地读取数据并将这些读数表示的位移与前面所得到的位移进行比较,就能得到地下某些位置的位移精确值。读数可以通过在测斜管口旁的总线电缆上连接便携式读数装置和电脑来读取,一条或者多条总线电缆上的探头也可以连接在自动数据采集器上,再通过调制解调器由远程电脑读取和使用数据。

3) 水位自动化数据采集

自动化水位监测主要是通过在水位观测孔内安装振弦式渗压计来测读,同样将渗压计导线接入无线自动化数据采集单元,通过 GPRS 通信模块实现远程监控。

振弦式渗压计是一个振动膜压力传感器,传感元件是将柔软的压力膜焊接在坚固的圆柱体空腔上而形成的,除振弦外的所有部分都是由高强不锈钢组成,高强度的振动弦一端夹在膜的中间,其另一端夹在空腔的另一端,在制造过程中振弦预紧到一定的张力状态后进行密封以确保寿命和稳定,读数仪连接到电磁线圈后激励线圈并测量线圈的振动周期。

在使用过程中,地下水的压力变化导致膜的变形而使弦的张紧度和共振频率改变,数据采集器精确测量弦的共振频率并且以周期或线性读数显示,采用渗压计的压力计算公式便可以计算水头高度,从而得出地下水位。

4) 支撑轴力监测数据采集

为掌握混凝土支撑的设计轴力与实际受力情况的差异,防止围护体的失稳破坏,须对支撑结构中受力较大的断面、应力变幅较大的断面进行监测。支撑钢筋制作过程中,在被测断面的上下左右四角埋设钢筋应力计,同时将钢筋应力计导线接入无线自动化数据采集单元,通过 GPRS 通信模块实现远程自动监控。

支撑受到外力作用后产生微应变,其应变量通过振弦式频率计来测定。测试时,按预先标定的率定曲线,根据应力计频率推算出混凝土支撑钢筋所受的力,再通过变形协调假定,推算出整个支撑截面所受的轴力。

5) 自动化测距数据采集

激光测距仪是利用激光对目标的距离进行准确测定的仪器,可用于对基坑变形影响范围内的隧道管片的管径收敛变形实施自动化监测。其原理为:激光测距仪在工作时向目标射出一束很细的激光,由光电元件接收目标反射的激光束,计时器测定激光束从发射到接收的时间,从而计算出激光测距仪至目标的距离。

与普通测距仪相比,激光测距仪具有精度高、速度快的特点,同时,激光测距仪还具备角度测量、面积测量等功能。

2. 自动化数据传输

自动化数据传输分为现场数据传输和远程数据传输两种，分别利用无线通信技术和虚拟专用网(VPN 技术)实现监测数据“测点—采集系统—处理分析系统”全过程传输。数据传输系统是联系现场采集系统和后端数据处理与分析系统的纽带，主要通过无线数据传输技术来实现。

1) 现场数据传输

GPRS 是在 GSM 系统的无线端新增 PCU 作为分组接入和控制单元，在网络端新增 SGSN 实施用户接入管理，并采用 GGSN、DNS 等分组支持单元，将电路交换和数据交换系统合二为一，将无线通信和网络技术融为一体。基于中国移动数据传输服务平台和因特网建立的 VPN (Virtual Private Network)通信方案，使 GPRS 数据用户在进行数据传送与接收时拥有独立的 IP 地址，是真正意义上的 IP 数据用户。GPRS 建立链路后，相当于专线直接接入因特网，数据稳定可靠，监控中心主机只需接入因特网且具有固定的 IP 地址，这样可大大节省建网费用和运行开销。此外，GPRS 网络的数据理论传输速率高达 172 kb/s，完全能够满足地下空间工程中的各种监测数据的传输。

2) 远程数据传输

VPN 也叫虚拟专用网，它通过对网络数据的封装和加密传输，在公众网络上传输企业或个人的私有数据，达到私用网络的安全级别，是利用公用网络资源构筑起私用网络的新型网络技术。“隧道”技术和安全技术是 VPN 实现的关键技术。“隧道”由一系列协议组成，“隧道”技术负责将待传输的原始信息经过加密、协议封装和压缩处理后，再嵌套装入另一种协议的数据包送入网络中，像普通包一样传送，但只有此网络授权的用户才能对数据包进行解释处理，这就保证了授权用户与专用网络的安全连接，如同在公用网上为信息交换的双方开辟了一条专有而隐蔽的数据“隧道”。安全技术由认证、加密、密钥交换与管理组成，防止数据的伪造、破译以及加密密钥的安全传递。

6.2.3 城市地下空间工程远程自动化监测服务平台

城市地下空间工程远程自动化监测服务平台主要解决传统方式下地下空间监测存在的问题，如无法实现全天候实时监测、监测信息传递的延误等不足，实现长期、连续地采集、传递反映地下空间安全状态、变化特征及其发展趋势的信息，并进行统计分析、信息反馈和安全预警。平台系统从功能上可划分为一个中心和四大核心系统，即城市地下工程安全信息化监控中心、远程数据自动化采集系统、数据处理分析系统、监测安全评估系统及监测成果发布浏览系统。每个系统位于监测数据从传递和使用的不同环节，各司其职，并面向不同层次用户提供服务，包括监测现场作业人员、专业分析人员、工程建设各方、咨询专家及政府监管部门，最大程度地满足用户动态了解地下工程监测安全状态的需求。

根据用户需求，平台建立的系统功能架构及平台系统架构图分别如图 6-2 和图 6-3 所示。

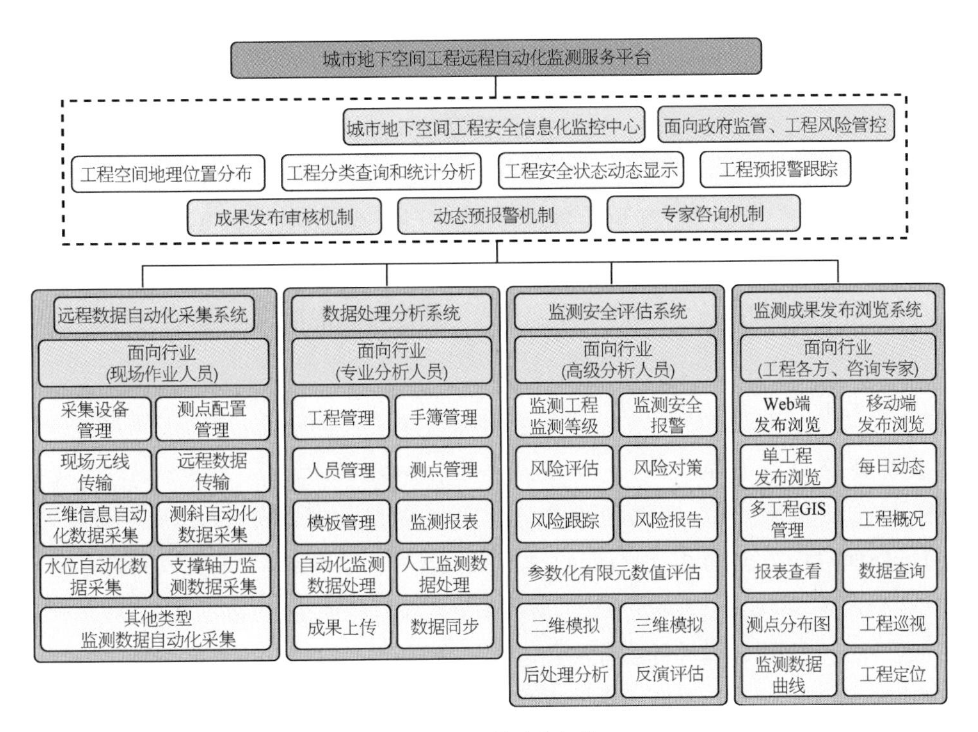

图 6-2 系统功能架构

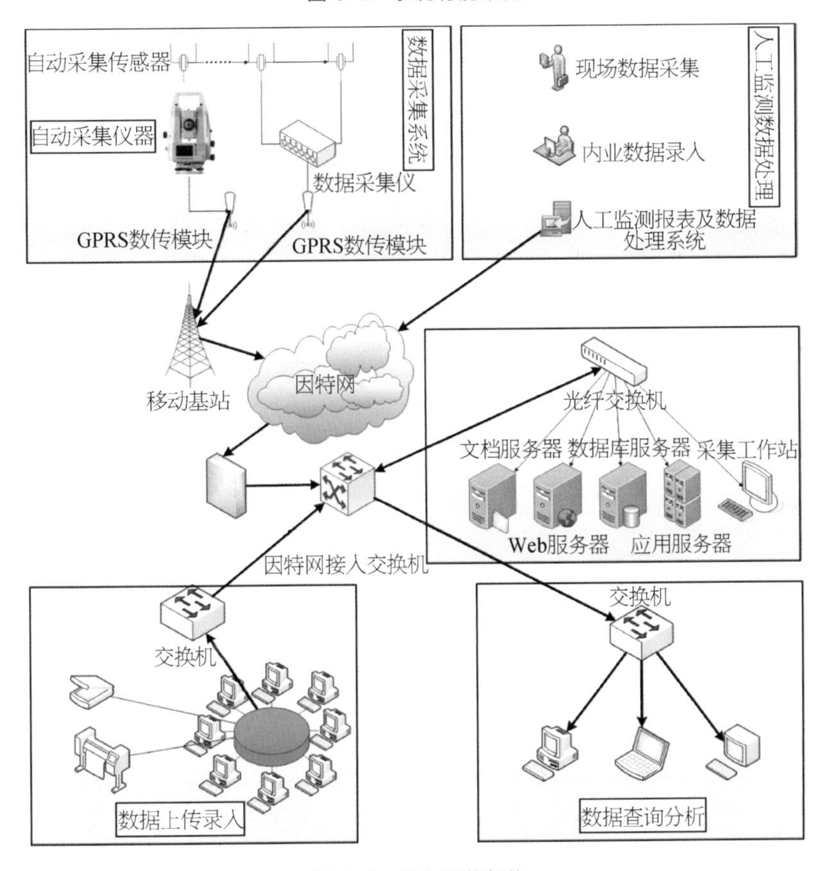

图 6-3 平台系统架构

1. 远程数据自动化采集系统

远程数据自动化采集系统通过部署先进的自动化监测仪器，如测量机器人、固定式测斜仪、静力水准仪等，将工程现场监测数据实时传输至采集仪，经由 GPRS 传输发射模块进行无线传输，实现监测数据远程、实时和无接触采集。与传统的人工监测相比，具备实时性、不间断性、准确性、公正性和客观性等特点。目前，系统已实现地下工程位移或变形、围护侧向变形、地下水位以及支撑轴力等监测数据的自动化采集和传输。通过无线传输技术和 VPN 网络技术，也可以实现对监测仪器的远程操控，配置传感器工作通道和采集频率，保证现场即使在无人监控的条件下也能满足用户对监测工作的要求。

2. 数据处理分析系统

数据处理分析系统采用标准化、智能化分析技术，对自动化监测和人工监测获得的原始数据进行分析处理，并可以进行相互验证，同时在服务器端构建数据库，实现数据的存储与管理。在自动化监测方面，系统通过标准化处理，解决系统对不同厂商生产、数据格式不一的传感器的兼容性问题，并且利用自动辨伪的统计法判定粗差，断点处理技术、多测值权重整合计算技术等误差处理技术，保证了自动化监测成果的真实性和稳定性。在人工监测处理方面，系统针对监测工作流程：数据采集→数据校核→成果数据的处理计算→制订报表格式→统计汇总成监测报表→递交业主或归档。结合数据库和软件的定制开发，实现了大部分常见监测项目的数据批量录入与整编功能、计算处理（包括误差处理、可靠性检验、物理量转换等）以及监测日报表自动生成的功能，极大程度地简化了现场人员的工作流程，提高了监测服务的质量和效率。图 6-4 是平台监测报表编辑和查看页面。

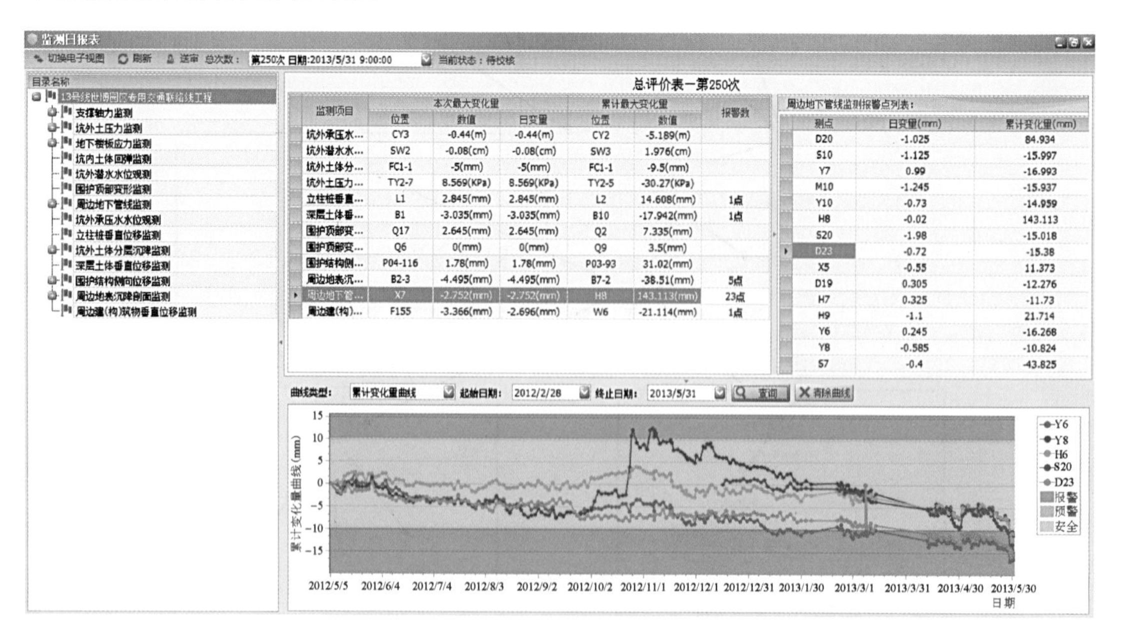

图 6-4　平台监测报表编辑和查看

3. 监测发布浏览系统

监测成果发布浏览系统由网络数据服务器支持，采用 Web 客户端和移动客户端两种模式，向地下空间工程相关的施工单位、业主单位、设计单位、监测单位等各方用户实时发布监测数据信息，并提供数据图表浏览、监测状态预警监控、项目辅助管理等功能，是各方项目信息交流的公共平台。用户可通过远程登录，根据权限设置查询监测成果及有关工程文档、项目信息、监测报警、监测数据、图表分析、短信发送、视频监测、项目管理等，相关各方可随时随地通过网络查询有关数据，及时和相关各方沟通。

Web 客户端浏览发布系统[图 6-5(a),(c)]，根据用户需求，实现了单工程发布浏览和多工程 GIS 管理。前者主要满足项目管理各方的使用需求，可详细了解工程具体信息，包括工程概况、监测报表、曲线分析、测点分布、公告通知、相关工程文档及交流等；后者主要面向管理层及监管部门，实现了对辖区内的多个工程的管理，主要利用 GIS 的技术手段，以地图为载体显示工程分布情况，结合跨工程信息汇总技术，将重要信息及时推送至系统界面，方便从海量的工程中及时发现需要重点关注的(报警)工程，并进入工程发布浏览系统详细查看工程监测信息。

移动客户端浏览发布系统[图 6-5(b)]，基于 Android 或 iOS 移动智能系统定制开发，可满足用户随时随地进行数据查看和现场采集的业务需求，界面部分根据移动端触摸规则进行设计，将报表的横向浏览改进为竖向触摸滚动浏览的方式，单曲线、曲线叠加等模块均根据移动智能系统进行定制化改进。

4. 监测安全评估系统

监测安全评估系统是针对目前监测分析理论性、实用性不足的现状，利用岩土工程专业化分析技术手段，以基坑工程与隧道工程为分析对象，基于主平台数据底层开发的专业化评估系统。系统根据分析方法的不同可分为监测安全报警、工程风险评估与参数化有限元数值评估三大功能模块。

监测安全报警是定量评价监测数据最直接的方法，应用于地下工程施工的全过程中。它通过建立地下工程监测安全控制指标体系，识别并追踪关键监测指标数据的安全状态，采用数据曲线安全状态区分和动态数据状态汇总两种方式，直观反映监测数据状态。一旦监测值超过既定的安全控制标准，系统及时给予报警，提醒工程施工和管理各方。

工程风险评估用于工程前期和施工期对工程风险的预测和评估。它利用工程风险分析评估技术，实现工程阶段存在的各类风险源的识别，建立风险评估模型，评定监测对象的工程安全风险等级，提供风险控制建议，必要时结合施工期的监测数据进行动态风险跟踪评估。另外还建立了风险评估参考案例数据库，强化风险评估案例的积累，为后续类似工程提供参考。

参数化有限元数值评估作为风险评估的补充，可根据后期施工过程中的监测数据进行反演分析。它是基于大型商业有限元软件二次开发而形成的快速建模计算基坑问题的分析模块，可通过设置参数、快捷建模、快速分析，实现定量分析实施监测的基坑在开挖过程中结构内力、变形以及周边环境的变形发展。同时还可以利用阶段性监测数据反演计算参数，通过优化计算参数和分析结果，为后续工况或类似工程提供技术支撑。

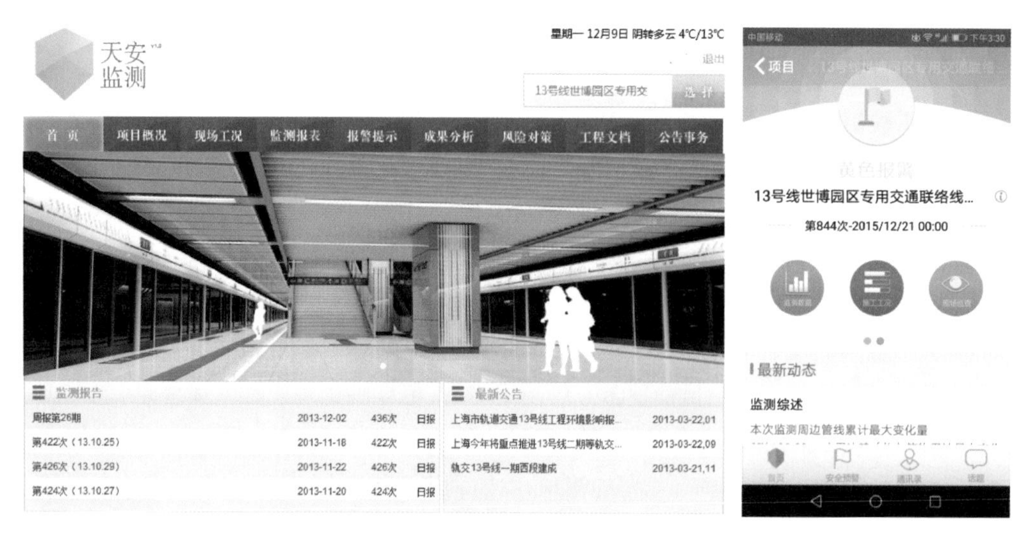

(a) Web端发布平台界面　　　　(b) 移动端发布平台界面

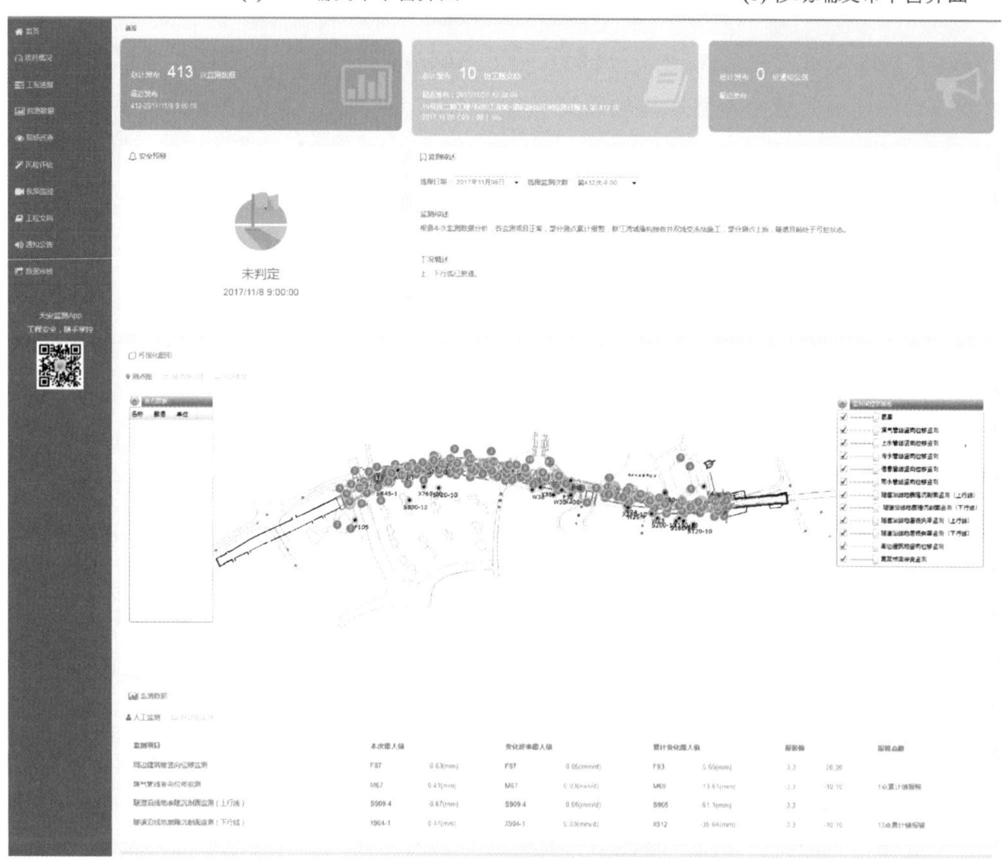

(c) 隧道工程监测信息发布界面

图 6-5　项目监测数据发布平台

5. 地下空间工程安全信息化监控中心

监控中心以 GIS 及 BIM 轻量化引擎技术作为可视化的基础，通过导入与监测项目有关的监测点布置图、周边环境图、场地地质图、工程设计图、工程 BIM 模型等，实现对工程结构本体及周边环境的数字化管理。系统可反映场地周边的地下管线、建筑物、地形、地质、监测仪器分布、钻孔等信息，可快速定位监测对象在模型中的位置，可点击查询其属性信息、监测数据，还可绘制监测点的过程及分布曲线，实现地下空间动态监测数据分类、分级精准表达和流程化管理，并通过动态化虚拟展示，提高了信息的集成质量及可阅读性。图 6-6 所示为工程信息化监控中心。

系统集成管理监测数据、施工进度、仪器属性、勘察设计资料、图形、日常档案等信息。为方便用户获取需要的特定信息，提供了强大的查询功能，包括监测数据查询、监测速率查询、施工进度查询、监测仪器属性查询、勘察设计资料查询、日常档案查询、地理信息查询以及工作量信息查询等。所有的查询在系统内进行了高度封装，只需选择查询方法、添加查询条件，系统即可实现复杂的多表交叉组合查询功能。

图 6-6 地下工程安全信息化监控中心

6.2.4 城市地下空间工程远程自动化监测服务平台应用案例

6.2.4.1 上海轨道交通 13 号线淮海中路车站基坑自动化监测与管控平台

1. 工程概况

上海轨道交通 13 号线是上海市城市轨道交通系统中的一条重要骨干线路，该线路淮海中路车站位于黄浦区瑞金一路以东，淮海中路以北，呈西北—东南走向，为地下六层岛式站台车站，车站主体结构外包尺寸长 155 m，宽 23.6 m（标准段）～22.35 m（端头井），围护结构采用 1.2 m厚地下连续墙，最深处达到 71 m，采用明挖顺作法施工，施工现场如图 6-7 所示。地墙既作为基坑开挖时的围护结构,使用阶段又与内衬两墙合一,成为车站结构的主体部分。车站南北两端分别设有盾构工作井,均为盾构始发井。

图 6-7 淮海中路车站基坑施工现场

此工程基坑开挖深度大,最深处达到 33.3 m。由于本工程的复杂性、特殊性和环境保护的重要性,在施工过程中有必要引入自动化监测技术,对关键部位实时监控,获得即时、全面、连续的监测数据,并在第一时间对数据进行多种处理、综合分析,及时向相关单位提交有价值的实时信息,指导工程进行信息化施工。

2. 自动化监测

上海勘察设计研究院(集团)有限公司(原名:上海岩土工程勘察设计研究院有限公司,以下简称上勘集团)承担该工程第三方监测任务,为满足工程实际需求,在车站深基坑施工监测期间,全过程运用远程自动化监测技术,解决了基坑开挖期间工程及周边建筑的安全监控的难题,方便工程建设各方及时掌握监测数据,提高决策效率。项目实施期间,项目组研究制订了详细的信息化监测方案,主要包括围护墙体测斜自动化监测、支撑轴力、坑外水位以及基坑周边重点建筑的自动化监测。

1) 围护墙体测斜自动化监测

根据要求,在先期施工的车站基坑北端头井布设一个自动化测斜孔 PZ1,北标准段布设 PZ2,PZ3,PZ4 三个自动化测斜孔,在开挖面以上按 3 m 间距布置 1 个固定式测斜仪探头,开挖面以下按 5 m 间距布置 1 个固定式测斜仪探头,共计 4 个自动化测斜监测孔位。为保证自动化监测工作不妨碍正常施工监测,独立埋设安装固定式测斜仪监测系统的测斜管。

2) 支撑轴力的自动化监测

选择车站基坑北标准段 Zi-1 和 Zi-2 两组测点,在竖向上形成轴力监测剖面,利用原已埋设的钢筋应力计将其电缆线接长引入自动化采集系统中实时监测。

3）坑外水位的自动化监测

在基坑的周围布置3个自动化水位监测孔，在原已埋设的水位观测孔内安装孔隙水压力计引入自动化采集系统中实时监测。

4）基坑周边保护建筑

卜龄公寓的监测采用测量机器人自动化观测。

图6-8所示为现场主要测点布设情况。

图6-8　现场测点布设情况

3. 监测管控平台

在方案实施阶段，该项目基于远程自动化监测技术，在现场部署自动化采集系统，实时采集、处理和分析自动化监测数据，并纳入人工监测数据，为工程定制开发了基于Web的监测成果发布浏览系统，如图6-9—图6-12所示。

通过多专业模型集成，将基坑支护结构、地层结构、监测测点模型融为一体(图6-13)，实现多专业信息一体化应用，提升监测数据分析的可靠性。基于Web技术，开发实现了通过网页查看BIM模型与数据的监测信息平台，如图6-14所示。

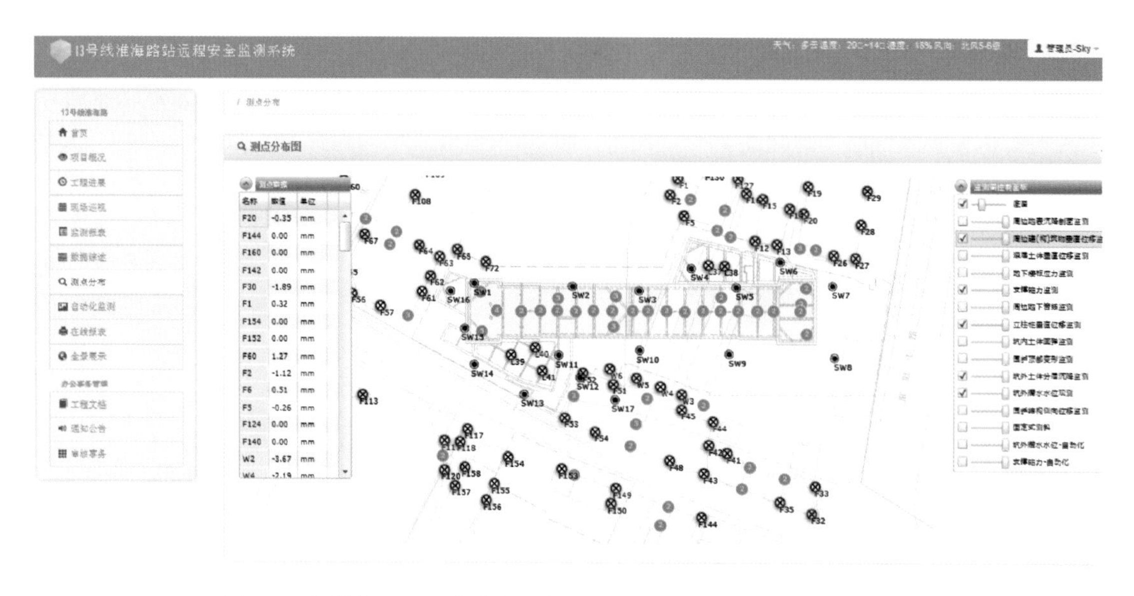

图 6-9　轨道交通 13 号线淮海中路地铁车站自动化监测系统（Web 端）

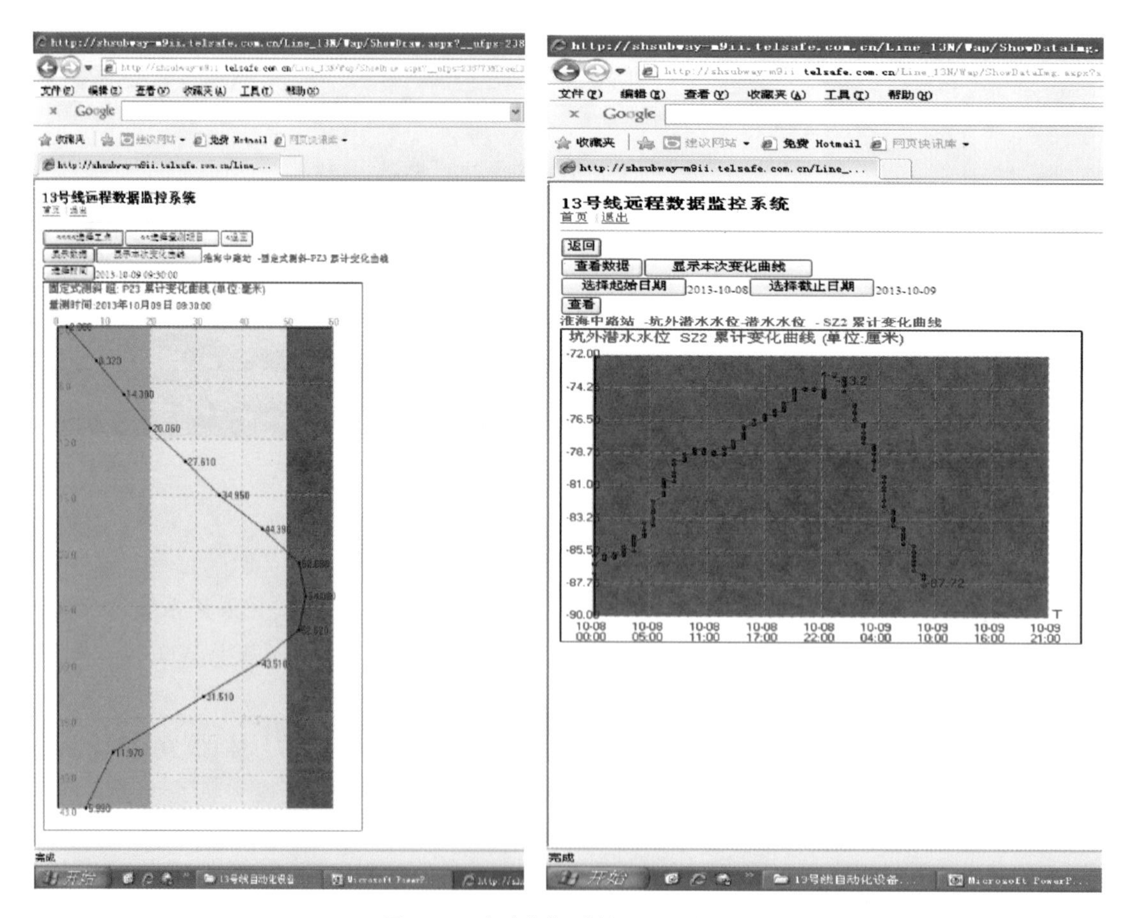

图 6-10　自动化监测数据 Web 端发布

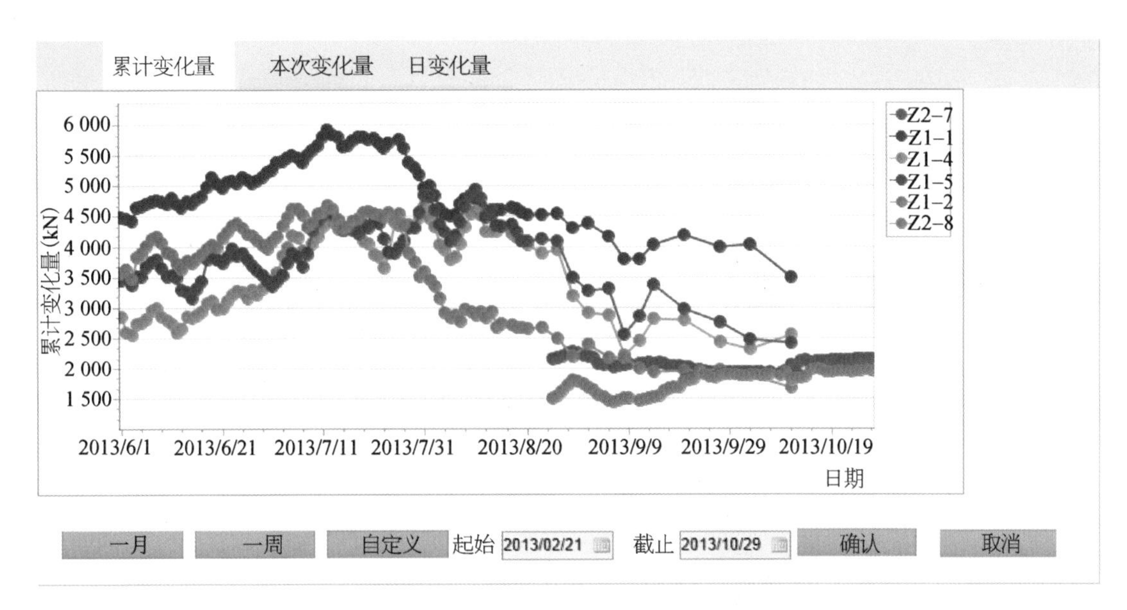

图 6-11 人工监测数据的 Web 端发布

图 6-12 Web 端全景展示技术的应用

利用这套集成自动化和人工监测数据管理和应用平台，上勘集团监测项目组对基坑开挖施工全过程实施了严密的监控，并通过互联网向各个工程建设单位提供监测数据和安全报警服务(图 6-15)，并留存记录，提供报表导出，多方面提醒基坑施工单位、业主等相关方关注基坑施工风险，优化施工方案，减少基坑施工对周边环境的影响。

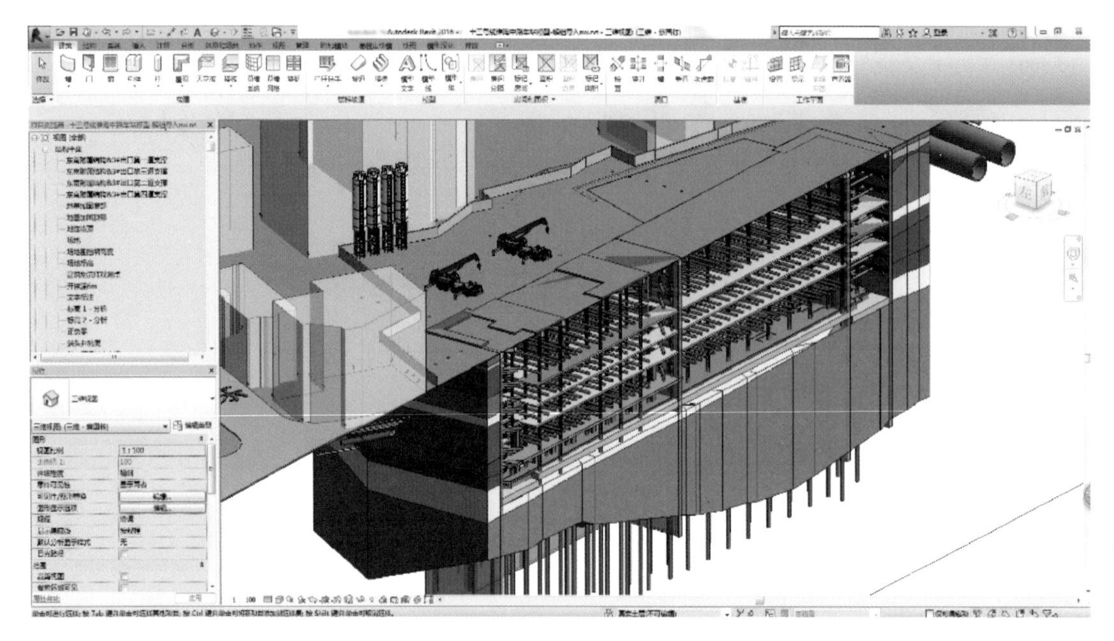

图 6-13　基坑支护结构与地质及周边环境整合的 BIM 模型

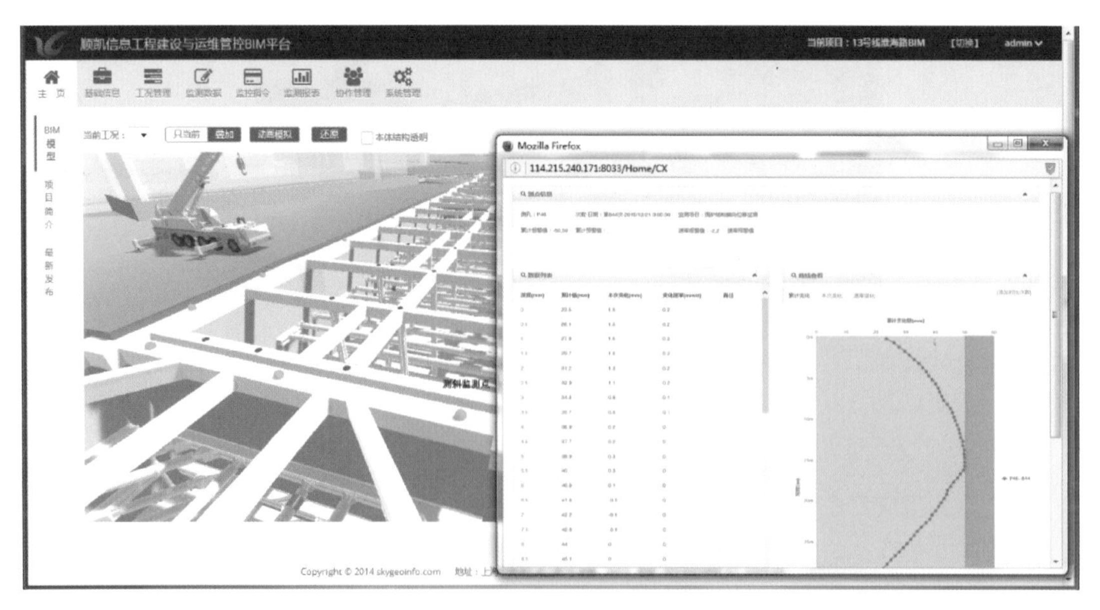

图 6-14　Web 端基于 BIM 模型的监测信息查看

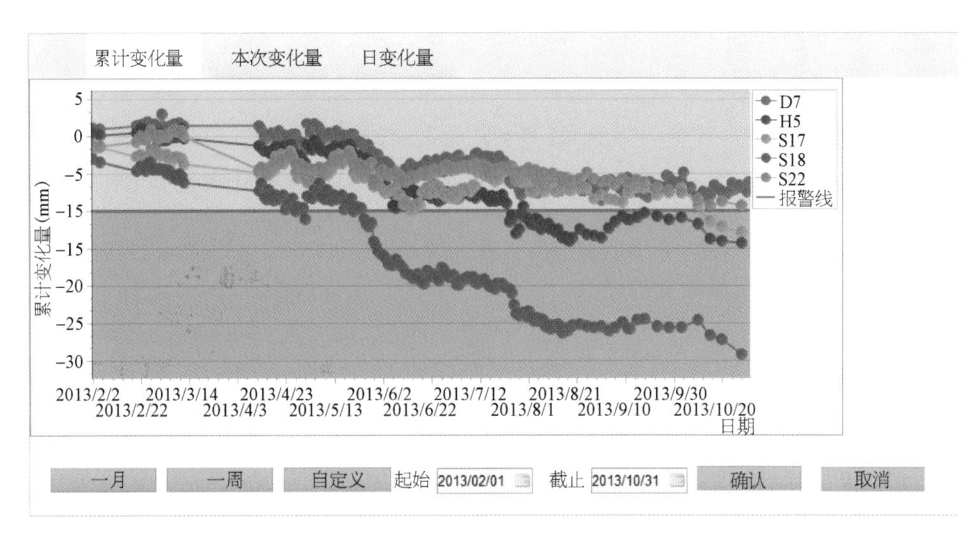

图 6-15　平台的监测数据报警提示

采用参数化有限元数值评估技术，通过设置参数、快捷建模、快速分析，实现定量分析实施监测的基坑在开挖过程中结构内力、变形以及周边环境的变形发展。图 6-16 为淮海中路车站典型基坑断面变形快速分析示例。

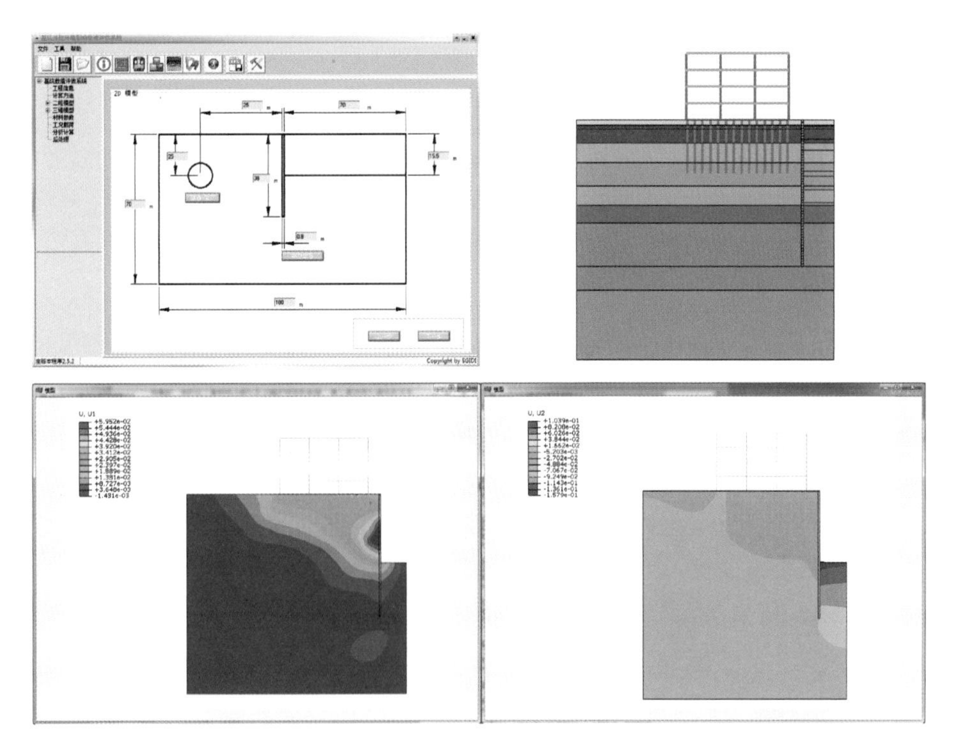

图 6-16　参数化软件界面及淮海中路车站典型基坑断面有限元分析

经过为期两年的监测，平台系统运转正常，监测数据的获取、分析、发布以及安全报警功能稳定，本项目基坑开挖及地下工程施工过程安全平稳。基于GIS、BIM、互联网信息技术的应用，确保了淮海中路车站关键性节点工程顺利实施。相关研究成果已纳入上海市《基坑工程施工监测规程》《岩土工程信息模型技术标准》等多部标准，形成了软土地区深基坑自动化监测、天安监测GIS管控平台、岩土工程信息模型技术等多项共性技术，可为后续类似工程及行业从业单位提供借鉴和指导。

6.2.4.2 杨浦区基坑风险管控平台

1. 背景需求

城市地下空间开发需求日益迫切，城市建设向地下要空间已成为必然趋势，深基坑工程监管一直备受关注。国务院"十三五"安全规划和《国务院办公厅关于促进建筑业持续健康发展的意见》中明确要求，要加强对深基坑等危险性较大的分部分项工程的管理，同时要充分利用社会第三方专业化、信息化的监管模式和手段，来提升城市精细化治理的能力。杨浦区行政区域内地下空间开发活动频繁，深基坑项目监管面临如下现状和问题。

1）数量多，动态管理相对薄弱

2017年，区内在建工程项目170余个，建设面积约为350万 m^2，其中涉及基坑工程作业的市政项目和房建项目约占1/3。虽然建设管理部门十分重视深基坑等重大工程监管，在开发流程上制订了严格的审核审查制度，但是由于深基坑工程具有地质条件复杂、施工周期长、对周围环境影响大和不可预见风险因素多等诸多特点，地下工程施工动态管理不足成为常态现象。

2）风险大，安全状态不稳定

由于特殊的地质条件，杨浦区浅部普遍存在较厚的砂性土，易出现渗水引起的漏砂、路面下沉、房屋开裂、管线变形等险情，加之管理手段单一，管理的投入不够，导致在基坑工程建设中居民投诉事件常发，形势比较严峻。

3）监管人员严重不足

杨浦区内建设工程安全质量监管按照"3+1"监管模式，分为南、中、北三个监督组和一个巡查组，平均每组监管35个在监项目，涉及基坑工程5～10个，需要负责日常的行政许可、条件审查、巡查执法、投诉处置等工作，监管任务繁重与监管人员不足的矛盾非常严重。

4）监管专业技术水平不足

基坑项目涉及岩土工程、地质工程、结构工程、测绘工程等多专业，基坑安全监管的技术要求高、专业性强。而安全监管人员与安全专业相近专业的人员不多，虽然近年经过多轮业务培训，业务能力有所提升，但仍有部分监管人员还不适应深大基坑工程的快速发展带来的更专业的监管工作要求，导致在监管工作中经常出现"管不准""管不到位"的问题。

5）难以实现过程动态监管

目前深基坑工程监管仍采用传统的制度性、流程性的监管模式，现场只能做到对关键节点检查，无法实现对基坑工程的动态跟踪监管，亦无法快速获取基坑实时的监测预报数据，快速发现问题的能力不足，难以满足全过程动态风险管控的需求。

深基坑工程的风险管理是一个动态的过程，由于地质条件、环境条件及施工工况变化的复杂性，应采取动态管理模式规避风险。为有效应对建设工程质量监管难题，杨浦区积极探索采购第三方参与深基坑工程监管服务的新模式，通过政府采购服务，委托上海勘察设计研究院(集团)有限公司牵头参与区内深基坑工程监督管理。一是定期组织专家对杨浦区在建的基坑工程相关的勘察、设计、施工、监测等进行专业检查，分别从现场审查图纸、查看监测数据和现场安全检查方式进行动态的监管，有效控制基坑施工引起的各类风险。二是定期提出每一个深基坑工程书面评估意见，实现动态监管的常态化评估。发现违规操作应督促现场整改并书面报告政府监督机构。三是承担政府监督机构的技术顾问，为深基坑工程周边危害评估、应急抢险、制定管理规定等方面提供技术支持服务。

2. 平台建设内容

平台基于云技术、物联网、大数据等信息技术，综合施工工况、监测数据的综合分析，研究制定基坑工程安全风险评判标准的基础上，研发并部署“杨浦区基坑工程安全质量管控平台”。同时，结合工程进展情况，生成施工数据、监测报表、数据图形、预警报告等，实现对基坑工程项目的全过程监控。平台支持自动化传感器实时监测、人工监测上传和工况数据的集成应用，通过数据分析，进行基坑工程安全状态评估和风险管理，为基坑工程安全施工提供便捷可靠的数据管理和工程信息化服务。

根据政府监管需求，梳理了平台安全质量管控业务流程，如图 6-17 所示。项目建立初期，将与基坑工程相关的信息进行初始化，包括开挖深度、支护形式、地质条件等。基坑工程参建相关方每日可对工况数据、监测数据进行维护，系统平台基于多因素、变权重的算法进行风险分析计算。同时，平台提供监测数据、施工工况的浏览查询功能，并对监测数据进行图形绘制。

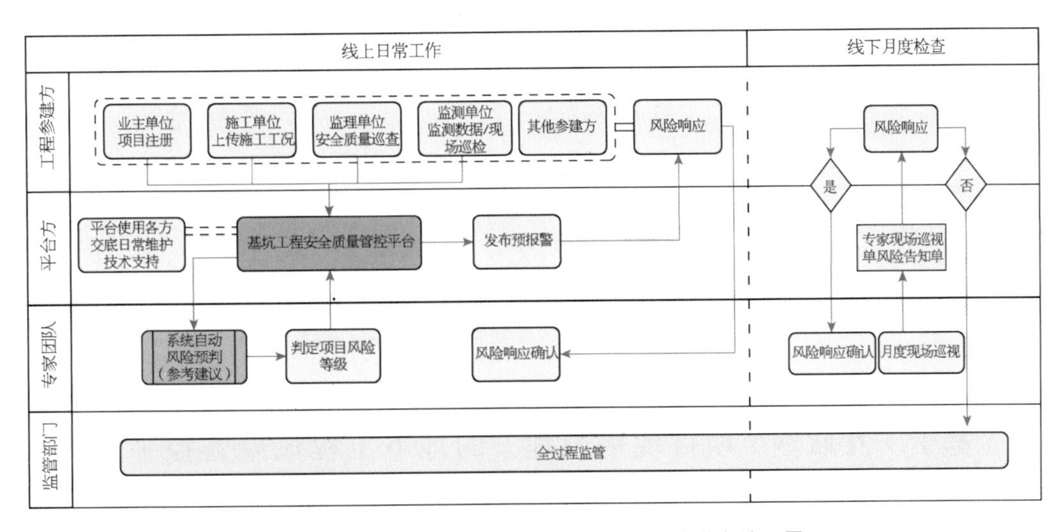

图 6-17 杨浦区基坑工程安全质量管控平台业务流程图

平台基于 Android 和 iOS 系统定制化开发，管控框架如图 6-18 所示，移动端 APP 界面如图 6-19 所示。平台实现杨浦区在建基坑工程项目“一张图”全覆盖管控，并由资深专家团队实时提供风险评估咨询服务，为政府工程安全质量监管提供一套全新的服务模式。自平台上线以来，已监管了 20 多个基坑项目，运行稳定，实现了监测信息实时采集与传输，风险管控准确、及时并有针对性，基坑工程风险整体受控。

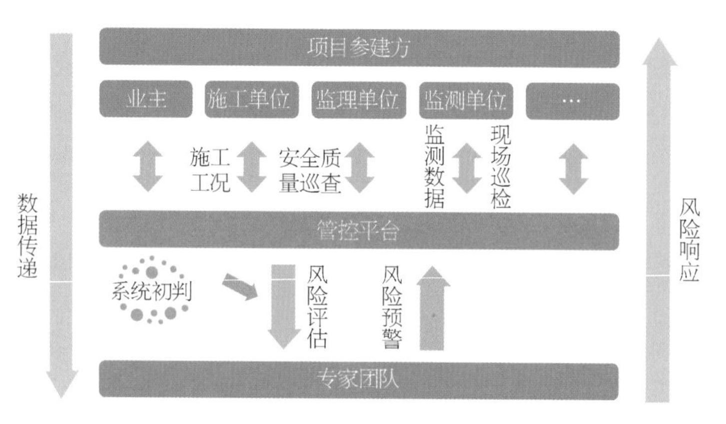

图 6-18　杨浦区基坑工程安全质量管控平台框架

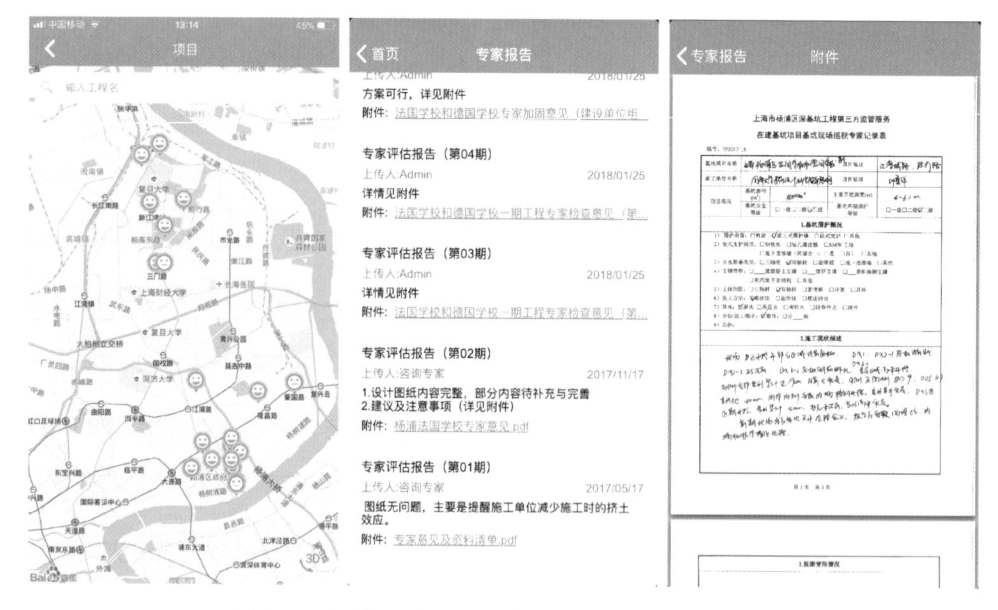

图 6-19　杨浦区基坑工程安全质量管控平台移动端界面

6.3　基于“互联网+项目现场管理”的地下工程风险管控平台

6.3.1　概　述

随着城市地下空间开发体量以及开发深度的不断增加，其面临的地质条件更为复杂，设计与施工作业本身风险高，工程项目现场管理单位如何代表政府或投资方对工程程序、质量、安全、投资、工期等进行有效管理面临巨大的挑战。传统的工程项目现场管理多依赖于人为监管，管理效率较低，同时由于施工全过程的信息化整合度不够，程序、投资、工期、质量、安全、职业健康管控难以做到针对性和实时性，无法满足深层地下空间开发风险管理要求。基于信息化的项目管理及风险管控平台，借助互联网技术，将各类专业技术进行融合，实现项目程序、投资、工期、质量、安全等的有效管理，并借鉴多专业知识积累，增强对工程项目风险的识别与控制能力，实现信息共享、协同工作，全方位提升地下工程项目管理及风险管控服务能级。

6.3.2 地下工程项目现场管理与风险管控平台

地下工程项目现场管理与风险管控平台旨在采用信息化手段，实现工程信息动态实时整合与分析，并集中专家智慧和经验，提升项目风险应对、处置的能力，提高项目全过程风险抵御能力和项目管理服务水平。平台系统从功能上可划分为五大核心系统：项目事务管理系统、配置系统、项目现场管理系统、风险管控系统和算量造价系统。其中，前三者是基础信息管理功能模块，管理基础项目信息、人员信息及项目施工过程的文档、进度、质量、现场巡查等信息；后二者是功能提升模块，包括施工过程重大风险源识别、工程事故、风险防控、专家咨询决策和基于BIM技术的工程算量等。平台接入了Pano-on全景视频系统，减少现场巡查时间，提高项目管理效率。平台还可对接地下工程监控监测系统，为工程风险分析及评估提供专业数据支撑。

根据项目管理及风险防控需求，平台建立的功能框架如图6-20所示。

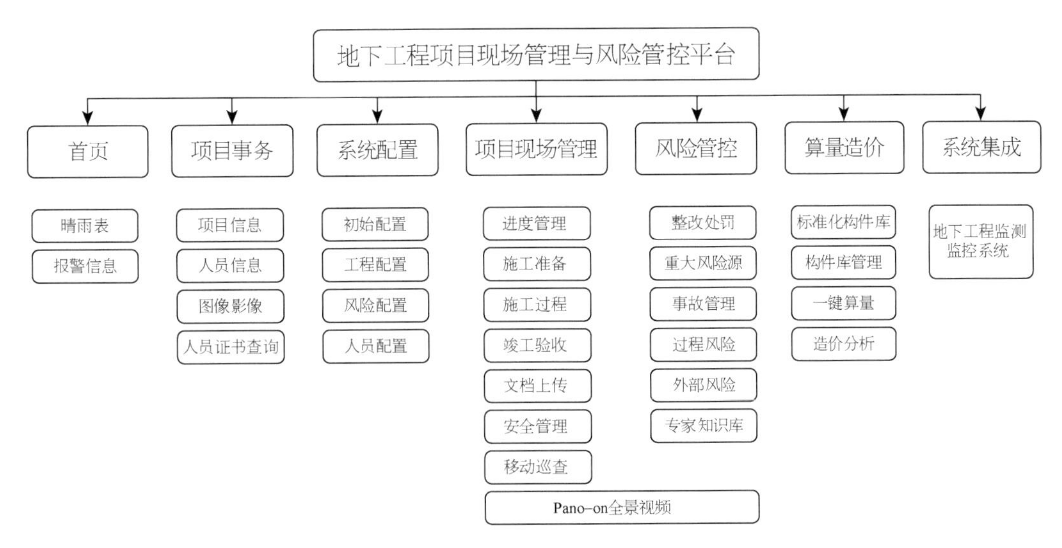

图6-20 地下工程项目现场管理与风险管控平台

1. 项目现场管理系统

项目现场管理系统是基于信息技术，采用移动端和桌面客户端两种形式(图6-21)，实现项目现场全过程的数据化录入和信息化管理。项目现场管理系统包括进度管理、施工准备、施工

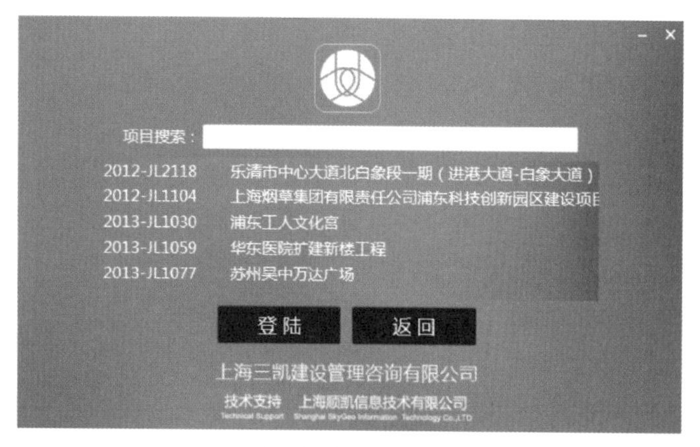

(a) 系统桌面客户端

(b) 系统移动端

图 6-21 项目现场管理系统

过程、施工验收、文档上传、安全管理、安全巡视记录等七个子模块，包含了从项目准备到项目验收归档整个过程的一系列工程和文档管理。相比较传统的项目管理方式，该管理系统的主要优点如下。

（1）能够实现实时动态的工程项目管理，能够随时按需全面地获取项目的管理信息（如工程进度、工期等）；

（2）智能提醒，能够及时地将重要信息（如整改处罚、工程事故）反馈给决策者，提高了项目管理效率；

（3）数据化录入和处理，有效地减少了大量数据整理和填报的时间，提高了数据的时效性；

（4）在工程项目全生命周期内，分布于各分部分项工程的资料、文档以及数据都存储在平台的数据库中，实现了多专业多部门的数据共享和协同；

（5）移动端可以随时查看项目信息，更加灵活方便，巡查后上传照片，保留项目管理痕迹。

2. 风险管控系统

风险管控系统包括整改处罚、重大风险源、事故管理、过程风险、外部风险以及专家知识库六个模块。结合地下空间，尤其是深层地下空间开发建设的特点与难点，强化桩基、基坑和隧道工程施工过程中的风险防控。系统整合了上海地区地质数据，建立地质条件分区，梳理各个区域地层特点及工程风险点，为项目风险管控提供基础数据。针对具体工程项目，整理记录项目施工过程中存在的各类重大风险源，并实时动态记录施工过程中出现的工程风险、外部风险、风险事故及处置过程。系统支持线上与线下专家咨询两种模式的有机结合，以适应工程不同阶段、不同突发事件的应对需求。基于系统集成的多源信息数据，通过工程统计、类比等手段，将当前工程数据与已有数据进行对比分析，为工程风险评估提供基础。基于此，建立一套基于全过程数据的动态风险评估方法，实现各子系统数据调用、风险分析、风险评判和处理措施的自动化、实时化。风险管理系统界面如图 6-22 所示，图中不同颜色块代表不同地质条件分区。

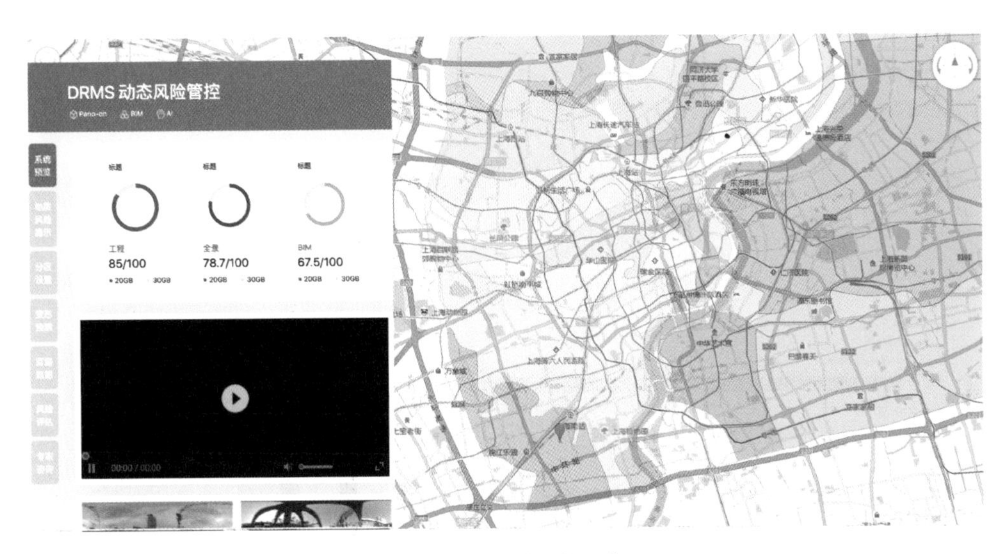

图 6-22 风险管控系统

3. 算量造价系统

当前国内已有一些应用较广泛的综合性算量软件，随着 BIM 技术在建筑工程领域应用逐步深入，算量软件也在逐渐融入 BIM 技术，以解决算量过程中存在的诸多问题。这些软件公司开发的算量软件，均不同程度整合了 BIM 技术，在土建、安装及精装修领域形成了完整的 BIM 建模规则及算量规则，但未形成单独针对地下工程领域的融合 BIM 的算量软件。

算量造价系统重点针对地下工程基坑围护设计，制定适用于目前工程造价计算体系的 BIM 建模规则，制作基于计量算法的标准化基坑算量构件库，如图 6-23 所示。基于标准化构建库，

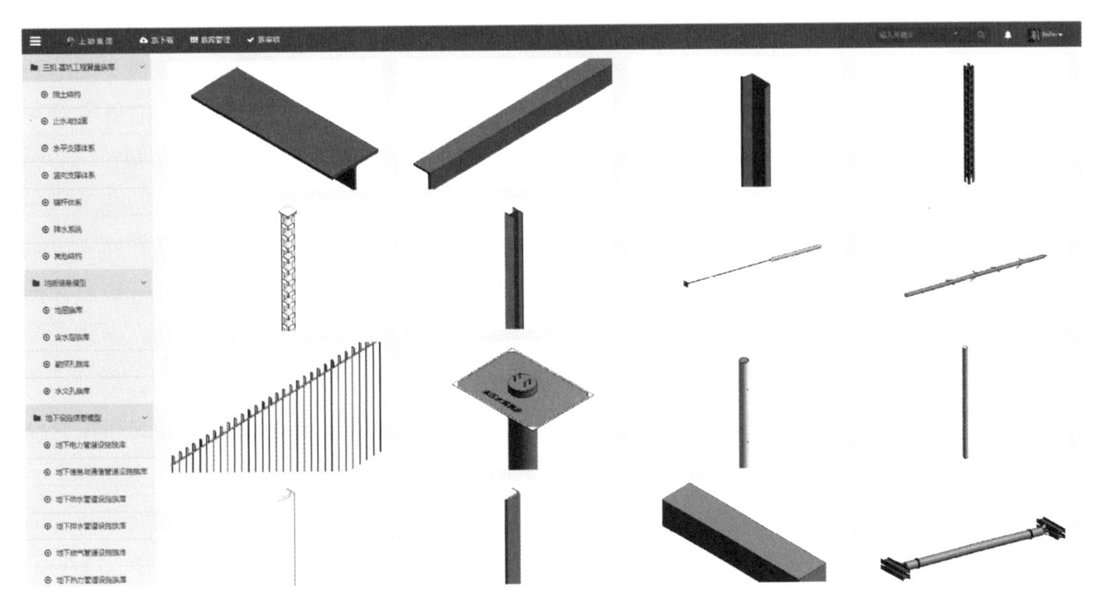

图 6-23 标准化构建库

建立基坑围护结构 BIM 模型，通过 BIM 软件二次开发，快速生成符合造价计算要求的工程构件用量清单，经过综合单价和总价计算后，实现工程一键算量、Excel 表格导出等功能。图 6-24 为基于 BIM 技术的算量造价系统界面。

图 6-24　基于 BIM 技术的算量造价系统

4. Pano-on 全景视频系统

全景(Panorama)，又称为 3D 实景，是一种新兴的富媒体技术，它与视频、声音、图片等传统流媒体最大的区别是“可操作，可交互”。全景分为虚拟现实和 3D 实景两种。虚拟现实是利用 Maya 等软件制作出来的模型模拟现实的场景；3D 实景是利用单反相机或街景车拍摄实景照片，经过特殊的拼合、处理，使观看者身临其境。

Pano-on 全景视频系统是一个可实现远程管理，让管理者提高效率、让执行者提高工程质量的系统，系统界面如图 6-25 所示。其主要功能包括：

(1) 系统和全景设备联动，一键拍摄，全景照片自动上传到 Pano-on，保证项目全景照片的时效性；

(2) 高清的全景照片，720°无死角、全面展示工程项目现状；

(3) 以全景照片为基础，对存在工程质量问题、安全隐患、违反安全文明的施工或存在异议的地方进行标注，实时评价或寻求帮助，保证评价的时效性；

(4) 各个项目上的评价在评论区汇总，方便管理者一眼即可掌握项目状态。

通过本系统，项目管理者可以足不出户掌握项目现场的全貌，减少了现场巡视时间，降低了工作强度。现场工作人员利用本系统帮助寻找项目现场的质量安全问题，面对比较棘手的问题

图 6-25　Pano-on 全景项目管控系统

时，可通过远程协助快速处理。Pano-on 在线全景管理系统的应用，真实还原场景，减少了盲区，同时提高了沟通效率。

6.3.3　地下工程项目现场管理与风险管控平台应用案例

本书以上海三凯建设管理咨询有限公司在项目中运用信息化平台为例，介绍地下工程项目现场管理与风险管控平台在实际工程中的应用。

6.3.3.1　项目现场管理系统

1. 进度管理

项目现场管理系统包含了计划施工进度、实际施工进度等内容，以横道图的形式体现出实际进度与计划进度之间的比较关系，如图 6-26 所示，并可进行偏差原因分析，为监理开展建设

计划：　实际：　工程量：　当前月　后退10天　2014/7/30　前进10天　☑计划　☑实际　☑工程量

2014
7
1 2 3 4 5 6 7 8 9 10 11 12 13 14 15 16 17 18 19 20 21 22 23 24 25 26 27 28 29 30 31
地基与基础(计划)　地基与基础
地基与基础(实际)　地基与基础
地基与基础(工程量)　地基与基础 51.67%
地基处理(计划)　地基处理
地基处理(实际)　地基处理
地基处理(工程量)　地基处理 100%
桩基(计划)　桩基

工程结构	计划开始时间	计划结束时间	实际开始时间	实际结束时间	状态	提前/滞后原因	纠偏措施	%	操作
工程总进度	2014/1/6	2014/12/8	2014/2/5	选择日期	进行中，滞后30天			9.44	保存
1#	2014/1/6	2014/12/8	2014/2/5	选择日期	进行中，滞后30天			28.33	保存
地基与基础	2014/1/6	2014/12/8	2014/2/5	选择日期	进行中，滞后30天			51.67	保存
地基处理	2014/1/6	2014/7/7	2014/2/5	2014/7/15	已完成，滞后8天			100	保存
桩基	2014/5/15	2014/9/18	2014/5/6	选择日期	进行中，提前9天			55	保存
混凝土基础	2014/10/1	2014/10/31	选择日期	选择日期	未开始			0	保存
主体结构	2014/7/29	2014/10/15	选择日期	选择日期	未开始，滞后1天			0	保存
混凝土结构	2014/9/5	2014/10/15	选择日期	选择日期	未开始			0	保存
钢结构	2014/7/29	2014/8/7	选择日期	选择日期	未开始，滞后1天			0	保存
建筑装饰装修	2014/7/1	2014/7/9	2014/7/4	选择日期	进行中，滞后3天			33.33	保存
门窗	2014/7/1	2014/7/9	2014/7/4	2014/7/6	已完成，提前3天			100	保存

图 6-26　进度管理

工程项目的进度风险控制提供技术支持。

2. 质量、安全控制

项目现场管理系统包含了施工组织设计、专项施工方案、监理规划、监理细则、材料检测、检验批、分部分项工程、单位工程验收、监理联系单、通知单等诸多内容，为监理开展建设工程项目的质量、安全风险控制提供技术支持，如图 6-27、图 6-28 所示。

监理工作文件 | 监理指令文件 | 现场记录 | 监理过程资料 | 远程协助 | 工程材料资料

材料见证取样台账

材料类别 全部

	取样见证日期	材料名称	规格品种	代表数量	使用部位	材料检测日期检测报告日期	检测报告编号	检测结果	是否平行检测	唯一性标识起始号	唯一性标识终止号	备注	操作
1	2014-11-15	水泥土	1	1		2014-11-15	1	合格	否			1	修改 删除
2	2014-11-03	1	1	1			1	合格	是			1	修改 删除
3	2014-11-01	水泥	42.5	500		2014-11-04	1	合格	是				修改 删除
4	2014-10-27	1	1	1		2014-10-27	1	合格	否			1	修改 删除
5	2014-10-26	1	1	1		2014-11-04	1	合格	否			1	修改 删除
6		热轧带肋钢筋	HRB400E三级8	49.776									修改 删除
7		热轧带肋钢筋	HRB400E三级12	52.156									修改 删除
8		热轧带肋钢筋	HRB400E三金18	53.46									修改 删除
9		热轧带肋钢筋	HRB400E三级32	53.95					是				修改 删除
10		热轧带肋钢筋	HRB400E三级25	31.185									修改 删除
11		热轧带肋钢筋	HRB400E三级28	46.86									修改 删除
12		热轧带肋钢筋	HRB400E三级10	49.584									修改 删除
13		热轧带肋钢筋	HRB400E三级25	35.343					是				修改 删除
14		热轧带肋钢筋	HRB400E三级32	59.062									修改 删除
15		热轧带肋钢筋	HRB400E三级25	49.896									修改 删除
16		热轧带肋钢筋	HRB400E三级10	58.145									修改 删除
17		热轧带肋钢筋	HRB400E三级8	37.74									修改 删除
18		热轧带肋钢筋	HRB400E三级10	45.977									修改 删除
19		热轧带肋钢筋	HRB400E三级10	20.05									修改 删除
20		热轧带肋钢筋	HRB400E三级28	51.19									修改 删除

上传归档 导出 新建 返回

图 6-27 质量控制

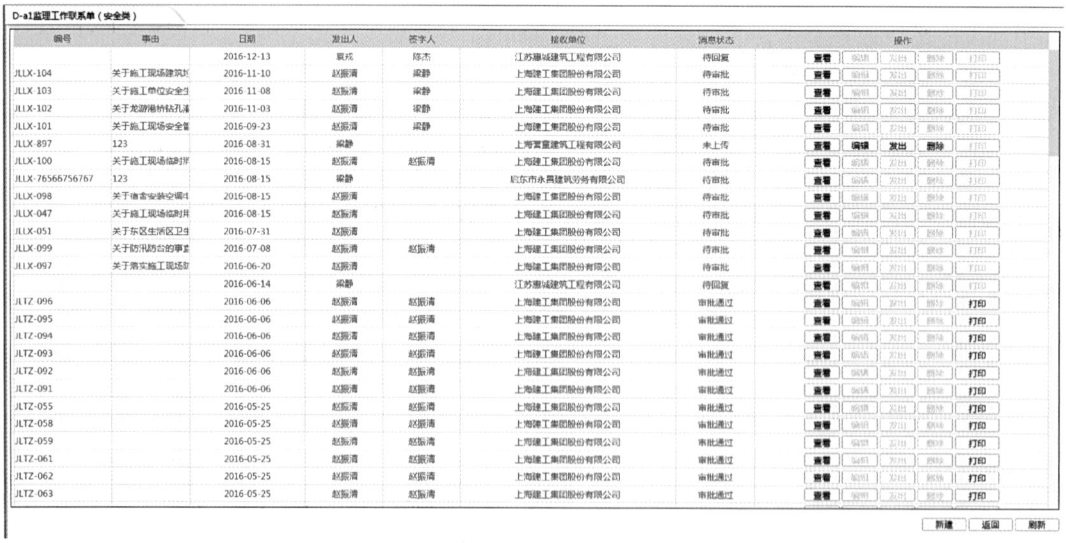

D-a1监理工作联系单（安全类）

编号	事由	日期	发出人	签字人	接收单位	消息状态	操作
		2016-12-13	袁戎	陈杰	江苏惠城建筑工程有限公司	待回复	查看 编辑 发出 删除 打印
JLLX-104	关于施工现场建筑垃	2016-11-10	赵振清	梁静	上海建工集团股份有限公司	待审批	查看 编辑 发出 删除 打印
JLLX-103	关于施工单位安全生	2016-11-08	赵振清	梁静	上海建工集团股份有限公司	待审批	查看 编辑 发出 删除 打印
JLLX-102	关于龙游港桥钻孔灌	2016-11-03	赵振清	梁静	上海建工集团股份有限公司	待审批	查看 编辑 发出 删除 打印
JLLX-101	关于施工现场安全管	2016-09-23	赵振清	梁静	上海建工集团股份有限公司	待审批	查看 编辑 发出 删除 打印
JLLX-897	123	2016-08-31	梁静		上海营量建筑工程有限公司	未上传	查看 编辑 发出 删除 打印
JLLX-100	关于施工现场临时屏	2016-08-15	赵振清	赵振清	上海建工集团股份有限公司	待审批	查看 编辑 发出 删除 打印
JLLX-76566756767	123	2016-08-15	梁静		启东市永昌建筑劳务有限公司	待审批	查看 编辑 发出 删除 打印
JLLX-098	关于宿舍安装空调中	2016-08-15	赵振清		上海建工集团股份有限公司	待审批	查看 编辑 发出 删除 打印
JLLX-047	关于施工现场临时用	2016-08-15	赵振清		上海建工集团股份有限公司	待审批	查看 编辑 发出 删除 打印
JLLX-051	关于东区生活区卫生	2016-07-31	赵振清		上海建工集团股份有限公司	待审批	查看 编辑 发出 删除 打印
JLLX-099	关于防汛防台的事宜	2016-07-08	赵振清	赵振清	上海建工集团股份有限公司	待审批	查看 编辑 发出 删除 打印
JLLX-097	关于落实施工现场安	2016-06-20	赵振清		上海建工集团股份有限公司	待审批	查看 编辑 发出 删除 打印
		2016-06-14	梁静		江苏惠城建筑工程有限公司	待回复	查看 编辑 发出 删除 打印
JLTZ-096		2016-06-06	赵振清	赵振清	上海建工集团股份有限公司	审批通过	查看 编辑 发出 删除 打印
JLTZ-095		2016-06-06	赵振清	赵振清	上海建工集团股份有限公司	审批通过	查看 编辑 发出 删除 打印
JLTZ-094		2016-06-06	赵振清	赵振清	上海建工集团股份有限公司	审批通过	查看 编辑 发出 删除 打印
JLTZ-093		2016-06-06	赵振清	赵振清	上海建工集团股份有限公司	审批通过	查看 编辑 发出 删除 打印
JLTZ-092		2016-06-06	赵振清	赵振清	上海建工集团股份有限公司	审批通过	查看 编辑 发出 删除 打印
JLTZ-091		2016-06-06	赵振清	赵振清	上海建工集团股份有限公司	审批通过	查看 编辑 发出 删除 打印
JLTZ-055		2016-05-25	赵振清	赵振清	上海建工集团股份有限公司	审批通过	查看 编辑 发出 删除 打印
JLTZ-058		2016-05-25	赵振清	赵振清	上海建工集团股份有限公司	审批通过	查看 编辑 发出 删除 打印
JLTZ-059		2016-05-25	赵振清	赵振清	上海建工集团股份有限公司	审批通过	查看 编辑 发出 删除 打印
JLTZ-061		2016-05-25	赵振清	赵振清	上海建工集团股份有限公司	审批通过	查看 编辑 发出 删除 打印
JLTZ-062		2016-05-25	赵振清	赵振清	上海建工集团股份有限公司	审批通过	查看 编辑 发出 删除 打印
JLTZ-063		2016-05-25	赵振清	赵振清	上海建工集团股份有限公司	审批通过	查看 编辑 发出 删除 打印

新建 返回 刷新

图 6-28 安全控制

3. 移动巡查

项目现场管理系统包含移动端功能，可以保留项目现场管理及巡查痕迹，有效减少了现场工作人员的工作压力，提升了项目管理能级。图 6-29 所示为工程项目现场巡视记录。

图 6-29 工程项目现场巡视记录

6.3.3.2 项目风险管控系统

1. 整改处罚

当项目出现整改处罚时，用户可通过系统直接上传整改处罚的内容。上传完成后，系统及时向相关人员推送消息通知，并在系统首页展示和提示整改处罚相关信息，以此提高整改处罚的处理效率，防止遗漏、延误。整改处罚模块界面如图 6-30 所示。

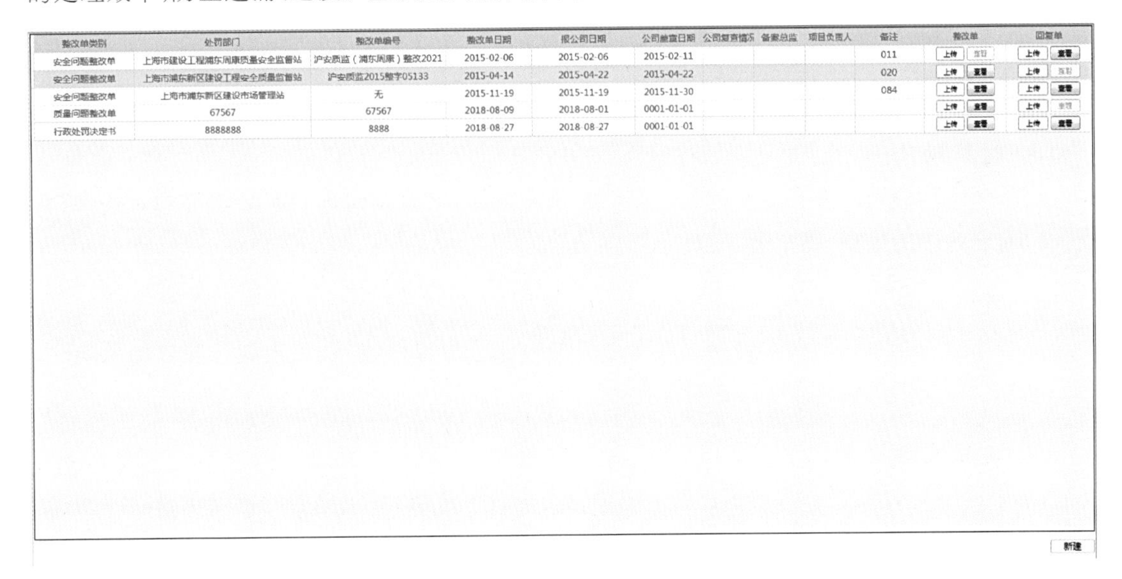

整改单类别	处罚部门	整改单编号	整改单日期	报公司日期	公司核查日期	公司复查情况	备案总监	项目负责人	备注	整改单	回复单
安全问题整改单	上海市建设工程浦东周康质量安全监督站	沪安质监（浦东周康）整改2021	2015-02-06	2015-02-06	2015-02-11				011	上传	上传 查看
安全问题整改单	上海市浦东新区建设工程安全质量监督站	沪安质监2015整字05133	2015-04-14	2015-04-22	2015-04-22				020	上传 查看	上传
安全问题整改单	上海市浦东新区建设市场管理站	无	2015-11-19	2015-11-19	2015-11-30				084	上传 查看	上传 查看
质量问题整改单	67567	67567	2018-08-09	2018-08-01	0001-01-01					上传 查看	上传
行政处罚决定书	8888888	8888	2018-08-27	2018-08-27	0001-01-01					上传 查看	上传 查看

新建

图 6-30 项目整改处罚模块界面

2. 重大风险源

重大风险源是指项目中危险性较大的分部分项工程。由于整个项目实施过程中的不可预见因素太多,存在的重大风险源也在实时变化。该重大风险源功能依据规范标准和经验建立初始重大风险源配置,可以按照时间节点添加并查看施工过程中可能遇到的风险源,并将其展示在首页进行预报警示,详见图 6-31。

项目重大危险源

更新列表	危险性较大的分部分项工程范围	超过一定规模的危险性较大的分部分项工程范围
初始风险	**基坑支护与降水工程**	
2015年9月24日 星期四	开挖深度≥3m	开挖深度≥5m
2015年11月3日 星期二	深度虽未超过3m,但地质条件和周边环境复杂的基(槽)支护、降水工程	深度虽未超过5m,但地质条件和周边环境、地下管线复杂,或影响毗邻建(构)筑物安全的基坑(槽)的土方开挖、支护、降水工程
2015年12月8日 星期二	**土方开挖工程**	
2015年12月14日 星期一	开挖深度≥3m的基坑(槽)的土方开挖工程	深度虽未超过5m,但地质条件和周边环境、地下管线复杂,或影响毗邻建(构)筑物安全的基坑(槽)的土方开挖、支护、降水工程
2016年3月15日 星期二	**模板工程**	
2016年4月1日 星期五	各类工具式模板:大模板、滑模、爬模、飞模工程	各类工具式模板:大模板、滑模、爬模、飞模工程
2016年5月11日 星期三	混凝土模板工程:搭设高度≥5m;搭设跨度≥10m;施工总荷载≥10KN/m2;集中线荷载15KN/m2;高度大于水平投影宽度且相对独立无联系构件的混凝土模板支撑工程	混凝土模板支撑工程:搭设高度≥8m;搭设跨度≥18m,施工总荷载≥15KN/m2;集中线荷载≥20KN/m2
2016年5月31日 星期二	承重支撑体系:用于钢结构安装等满堂支撑体系	承重支撑体系:用于钢结构安装等满堂支撑体系,承受单点集中荷载700kg以上
2016年6月16日 星期四	**起重吊装工程**	
2016年6月17日 星期五	采用非常规起重设备、方法,且单件起吊重量在10KN及以上的起重吊装工程	采用非常规起重设备、方法,且单件起吊重量在100KN及以上的起重吊装工程
2016年7月28日 星期四	采用起重机械进行安装的工程	起重量300KN及以上的起重设备安装工程;高度200m及以上内爬起重设备的拆除工程
2016年8月29日 星期一	起重设备的自身的安装、拆卸	起重量300KN及以上的起重设备安装工程;高度200m及以上内爬起重设备的拆除工程
2016年10月13日 星期四	**脚手架工程**	
2016年11月10日 星期四	搭设高度24m及以上的落地式钢管脚手架工程	搭设高度50m及以上落地式钢管脚手架工程
2016年12月12日 星期一	附着式整体和分片提升脚手架工程	搭设高度50m及以上落地式钢管脚手架工程
2017年1月3日 星期二	悬挑式脚手架工程	提升高度150m及以上附着式整体和分片提升脚手架工程
2017年2月16日 星期四	吊篮脚手架工程	提升高度150m及以上附着式整体和分片提升脚手架工程
2017年3月6日 星期一	自制卸料平台、移动操作平台工程	架体高度20m及以上悬挑式脚手架工程
2017年3月28日 星期二	新型及异型脚手架工程	架体高度20m及以上悬挑式脚手架工程
2017年4月13日 星期四	**拆除、爆破工程**	
2017年5月16日 星期二	建筑物、构筑物拆除工程	采用爆破拆除的工程
2017年9月25日 星期一	建筑物、构筑物拆除工程	码头、桥梁、高架、烟囱、水塔或拆除中容易引起有毒有害气(液)体或粉尘扩散、易燃易爆事故发生的特殊建、构筑
2017年11月17日 星期五		
2017年12月4日 星期一		
2018年3月26日 星期一		
2018年8月1日 星期三		

新增日期　上传　编辑

图 6-31　重大风险源界面

3. 事故管理

当项目出现了一些事故时,项目总监或相关负责人要及时上报。通过本系统,用户可以直接将相关的事项以文字描述的形式,发送至公司相关负责人处,以便及时高效地对事故进行处理。

4. 过程风险

过程风险功能可以查看各类施工过程中的风险事件,可以及时地对风险事件应对处理,并且可以查看处理的结果,详见图 6-32。

5. 外部风险

过程风险功能可以查看各类施工过程中的内外部风险事件,当项目出现一些外部风险时,可以通知总监或相关负责人及时查看和处理。

6. 工程风险提示

点击工程项目所在位置,系统自动匹配项目所处区域地层,显示地层的特点和风险源,并对工程可能存在的风险事件进行提示。图 6-33 所示地质风险提示界面中,展示了预制桩施工可能存在的风险提示。

7. Pano-on 全景视频应用

采用全景技术，对工程项目现场进行 720°一键拍摄，获取的高清全景照片自动上传至 Pano-on系统，项目管理者可以轻松掌握项目现场的全貌，发现项目现场的质量问题、安全隐患

单位工程	分部工程	分项工程	上报人	质量风险	类别	部位	风险内容	处理情况
2016\5\26 星期四（1）								
			赵振清	质量风险	检查	东区养护室	混凝土-当前养护室湿度为86（90	无需处理
2016\5\25 星期三（2）								
			赵振清	质量风险	检查	西区养护室	混凝土-当前养护室湿度为86（90	无需处理
			赵振清	质量风险	检查	东区养护室	混凝土-当前养护室湿度为84（90	已处理
2016\5\23 星期一（1）								
			赵振清	质量风险	检查	东区养护室	混凝土-当前养护室湿度为88（90	已处理
2016\5\18 星期三（3）								
联合实验生产工	地基与基础	有支护土方	赵振清	质量风险	旁站	灌注桩 混凝土浇	充盈系数2不在（1-1.3）内	已处理
联合实验生产工	地基与基础	有支护土方	赵振清	质量风险	旁站	灌注桩：222--	沉渣厚度大于10mm	未处理
联合实验生产工	地基与基础	有支护土方	赵振清	质量风险	旁站	灌注桩 混凝土浇	充盈系数0.75不在（1-1.3）内	无需处理
2016\5\16 星期一（2）								
			赵振清	质量风险	检查	西区养护室	混凝土-当前养护池温度为90℃+（	未处理
			赵振清	质量风险	检查	东区养护室	混凝土-当前养护室湿度为88（90	无需处理
2016\5\13 星期五（1）								
			赵振清	质量风险	检查	东区养护室	混凝土-当前养护室湿度为86（90	无需处理
2016\5\4 星期三（1）								
			赵振清	质量风险	检查	东区养护室	混凝土-当前养护室湿度为88（90	无需处理
2016\4\25 星期一（1）								
			赵振清	质量风险	检查	西区养护室	混凝土-当前养护室湿度为88（90	已处理 未处理 无需处理
2016\4\18 星期一（1）								
			赵振清	质量风险	检查	西区养护室	混凝土-当前养护室湿度为86（90	已处理 未处理 无需处理
2016\4\14 星期四（1）								

图 6-32 过程风险界面

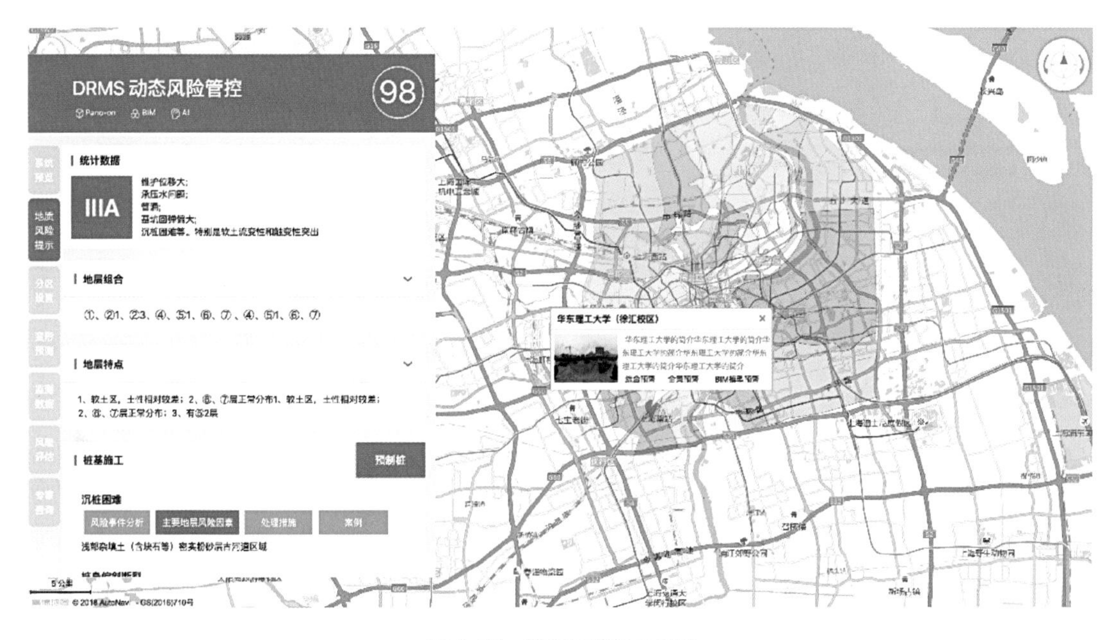

图 6-33 地质风险提示界面

等,并可通过系统对异常区域进行标注和实时评价,极大地提高了工作效率。图 6-34 展示了某基坑工程结构渗漏水全景图。

图 6-34　某基坑工程结构渗漏水全景图

8. 线上专家咨询

线上专家咨询模块是专家远程为项目提供技术支撑的重要入口,项目参与方可针对工程现状,通过系统平台向专家咨询意见,经专家分析解答,可有效解决各类问题,满足工程风险管控需求。图 6-35 是线上专家咨询界面。

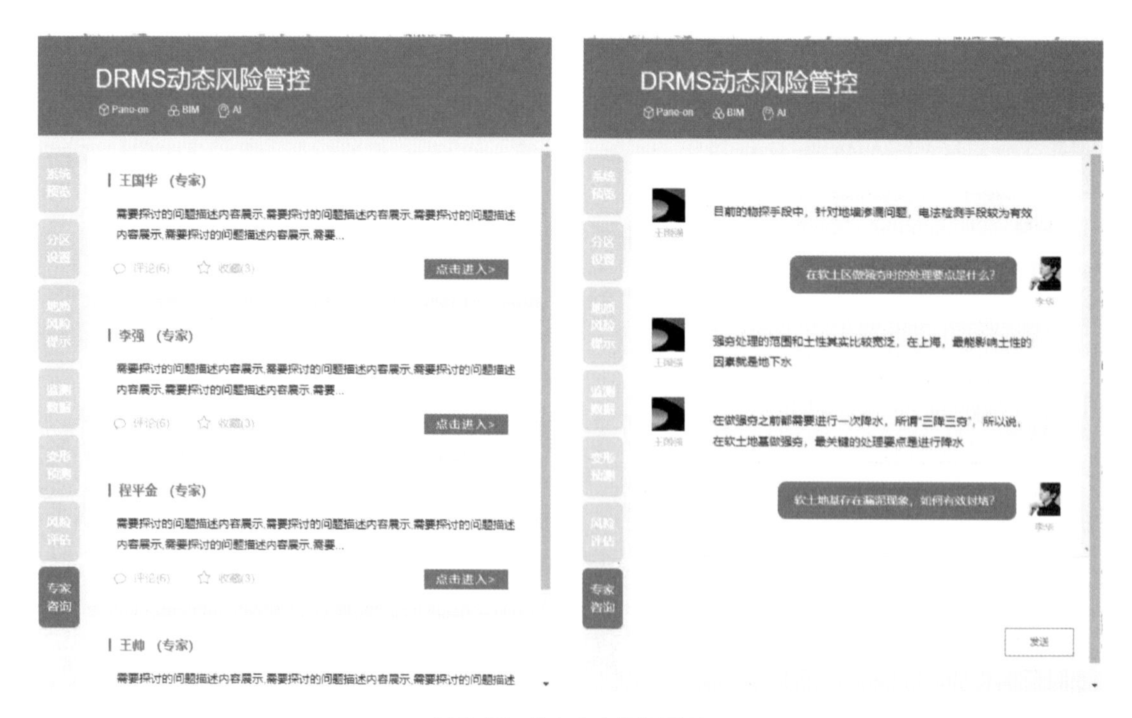

图 6-35　线上专家咨询界面

6.4　小　结

城市地下空间开发普遍存在风险，随着开发规模不断扩大，且逐步向深部延伸，地下空间开发面临的风险更大。传统以人工为主的工程监测手段及“人盯人”的项目现场管理模式已经难以满足工程风险防控需求。为提升地下空间开发建设风险感知、智能分析、智慧决策能力，实现物联网、互联网、大数据分析、人工智能等新兴信息技术手段与传统土木工程的深度融合已成为地下空间风险防控的必然趋势。

本章介绍的基于“互联网＋动态监测”和“互联网＋项目现场管理”的地下工程风险管控平台，是信息化技术与地下工程建设融合应用的探索与尝试，为应对地下工程建设风险提供了一种解决思路，供读者参考。随着工程实践的深入，平台系统将不断完善和提升。

7　城市地下空间开发建设风险管控模式与机制

7.1　动态风险管理模式

7.1.1　动态风险管理模式的提出

早期的项目风险管理体系一般将风险分析和风险管理分成几个相对独立的工作单元，并按照一定的顺序连接形成一个系统。工作单元一般包括风险因素识别、风险估计、风险评估、风险控制等。风险分析主要是在项目前期作为可行性研究或决策依据，而进入项目具体实施阶段，风险分析随之结束，进入风险管理阶段，这是典型的静态项目管理思想。这种“静态”的风险管理思想的缺点在于将项目的发展人为划分为“现在”和“将来”两个独立的状态，在“现在”进行风险分析，“将来”对其进行管理。

然而，工程项目具有很强的过程性、动态性，以深基坑工程为例，根据常规经验，在深基坑开挖之前，工程风险极小，但随着基坑开挖深度的不断增大，开挖卸载所造成的围护结构两侧水土压力的不平衡也越来越大，实际工程所承担的风险也随之增加，这可以通过一些信息的反馈(外观、监测数据等)来得到印证。由于风险不断发展变化，随着工程进展，各项风险的概率、损失以及对工程风险的影响不断变动。因此，风险管理是一个动态的过程，随着工程的进展，反映工程建设环境和工程实施方面的信息越来越多，原来不确定的因素也逐渐清晰、暴露，通过分析项目目标的实现程度可以判断风险管理者对项目风险的分析是否客观，已采取的应对措施是否奏效，引入面向过程的、动态的风险管理观念显得尤为重要。

20 世纪 90 年代以后，面向过程的、动态的风险观念逐渐被引入风险管理当中。动态风险管理即在特定环境下，在完成预定目标的过程中对风险进行系统的、动态的控制，以减少项目实施过程中的不确定性。动态风险管理不仅使各级的项目管理者建立风险意识，重视风险问题，而且还在各个阶段、各个方面实施有效的风险控制措施，形成一个前后连贯的管理过程。动态风险管理包含以下含义：首先是对项目全过程的事故风险点，从项目的立项到结束，都必须进行风险的研究与预测、控制以及风险评估，实行全过程的有效控制以及经验积累与教训；其次是对风险防范的人员、材料、设备、资金等的全方位管理；最后是及时实施全面动态的组织措施。

7.1.2　动态风险管理的流程

动态风险管理的目的是确保在整个工程生命周期内采用一致的方式处理系统潜在危害及其风险。它既可以提供一个标准及统一的形式来记录危害、监察和防范风险发生，亦能够通过同一标准进行评估，以系统规划相应的风险处理措施，从而在一定的工期和预算范围之内，将该工程在建设时期的风险降低至合理可行的最低限度。

地下工程风险管理应从项目管理全过程、全方位角度出发，把周期性的风险管理与地下工程本身的周期性有机结合，提出一个适用于地下工程动态风险管理框架体系的构想。

面向过程的动态风险管理思想是将风险管理与项目管理有机结合在一个系统框架中，具体如下。

(1) 将风险管理体系进行任务单元划分，并形成一个可以进行循环作业的封闭系统，如图 7-1 所示。动态风险管理流程是一个循环的过程，完成工程前期风险管理流程后，随着工程的进展进行风险跟踪、风险再识别、再评估与再决策，如此循环，用以对工程建设的风险进行动态管理。

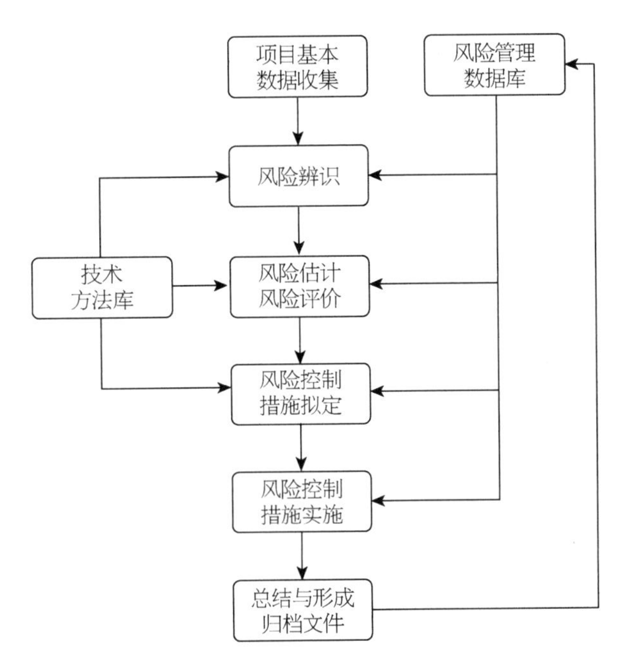

图 7-1　风险管理单元作业流程和循环体系

(2) 将该封闭循环单元作业步骤与项目实施过程结合起来，体现风险管理的连续性和动态性，如图 7-2 所示。可见，在工程每个时期内均应对每个关键节点进行风险管理，做到风险的动态控制与管理，每个节点的风险防范步骤与流程即为一个风险单元。其中，风险节点应符合以下划分原则：①根据工程的风险点数量确定阶段数量的原则；②前一阶段的实施结果可能影响后一阶段的风险识别、评估与控制的原则。

7.1.3　动态风险管理的特点

在建设项目生命周期各阶段中，每个阶段的建设内容、建设任务和资源条件都有着非常大的差异，因而项目各阶段中影响建设项目目标所具有的风险因素会有所不同。从整体上看，作为一个建设项目的风险分析过程，各个阶段风险因素之间都有相关性，彼此又有时间上的连续

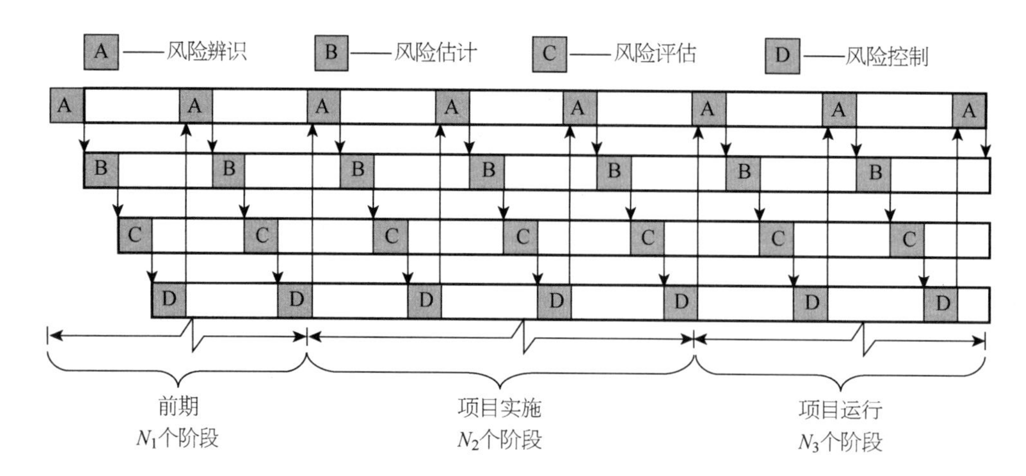

图 7-2　面向过程的动态风险防范体系框架图

性。上一阶段重要的风险因素,到下一阶段可能转化成非重要风险因素或变为更加重要的风险因素;上一阶段的非风险因素也可能在下一阶段变成风险因素甚至是重要的风险因素。因此,建设项目在进行过程中,在各个阶段中,风险因素的重要性都是不同的,是时时变化的,并且会对建设项目有非常大的影响。区别于一般风险管理方法,动态风险管理有如下特点。

(1) 分部工程分类不同。常规风险管理研究严格按照地下工程建设流程分类,而动态风险查勘偏向于按照风险性质分类,更有利于对同类型风险的归纳和拟合。

(2) 风险管理内容有差别。常规风险管理研究体现出地下工程建设的一般性,是众多工程经验和案例的总结,使得风险评估成果比较平均,而动态风险查勘是根据具体工程中发生的事故和故障资料统计,并结合监测数据以及风险动态因素查勘的一手资料整理而成,因而研究成果更具有针对性。

(3) 风险管理重点不同。常规风险管理的侧重点主要在于通过专家调研得到风险等级较大的风险,是以往工程经验中认为重要的风险,而动态风险查勘着重考虑通过第一手资料分析得到的发生概率较大或潜在损失较大的风险。

(4) 风险评估结果与实际有区别。如工程阶段风险管理认为盾构推进总体风险等级为四级,需召开专家评审会并由高层决策方案,但实际工程由于管理得当,建设技术先进,加上一段时间的实践锻炼,使得工程总体风险等级为三级,风险决策性质为采取规避和控制措施降低风险,并准备相应的风险应急预案。

7.1.4　动态风险管理应用案例

7.1.4.1　上海长江隧桥工程

1. 工程概况

上海长江隧桥工程采用“南隧北桥”方案,包括上海长江大桥和长江隧道工程两个部分。其中,以隧道方式穿越长江南港水域,长约 8.9 km;以桥梁方式跨越长江北港水域,长约

10.3 km。隧道起于浦东新区五号沟,盾构圆隧道段外径 15 m,内径 13.7 m,为双管双向 6 车道,设计行车速度为 80 km/h,长江隧道以及整个长江隧桥工程于 2009 年 10 月 31 日通车。

上海长江隧道盾构一次性掘进距离长达 7.5 km,两台超大盾构直径达 15.43 m,江底高水压施工,最深处覆土达 55 m,在建设过程中存在着大量的不确定和不可预见的风险因素,不可避免地面临着各种风险,并且风险贯穿于工程建设全过程。在工程建设管理方面,运用动态风险管理理论,通过风险分析和评估,不断跟踪风险,并采取针对性措施消除或减小风险。

2. 动态风险管理具体实施内容

工程前期建设单位组织参建单位根据长江隧道工程的建设特点和难点,罗列了 12 项重大危险源,并落实相关承包方编制了风险应急预案,组织专家评审。同时,督促各施工单位梳理和评估日常施工过程中的一般风险,依据每日生产活动的特点以告示牌形式进行现场告示。

随着隧道工程建设的进行,风险大小和性质不断变化,监理单位 24 小时旁站监督,详细记录现场信息,以每周例会形式进行风险解读和跟踪管理,风险查勘人员对监理记录进行风险统计分析,以双周报形式报告工程建设过程中的风险,对风险的发展情况进行实时跟踪观察,检查工程总体风险水平的变化,判断重大风险的发展趋势,督促风险规避措施的有效实施,同时及时发现和处理尚未辨识到的风险。

动态风险管理是一个循环的过程,即通过监控、复查、登记等方法对隧道建设中的风险进行跟踪和再管理,除了上述基于动态风险理念的风险循环跟踪管理,还包括以下方面。

(1) 基于监测数据的动态风险分析。通过监测数据的动态管理,及时掌握隧道安全性态,建立一套系统的风险监控和预警预报体系。

(2) 基于事故故障登记的动态风险分析。通过对已有工程建设事故故障数据的分析,和对未来建设过程中的风险情况的预测,不断把新的经验和数据加入以后可能发生的风险的评估中,从而实现动态风险管理。

(3) 基于动态风险理念的风险控制方法。随着工程建设的推进,风险可能不断变化,因此风险控制措施也需要不断变化,具体可包括建设经验定期总结、管理体制合理完善、先进技术引进和创新等。

3. 动态风险管理的成效

相比工程建设前期的风险管理,动态风险管理更能联系具体工程实际,更能反映风险随着工程建设的进程动态变化的实质,更能对工程建设中的风险进行有效的管理和控制。例如,通过对设备故障风险跟踪查勘和有效动态管控,动力及推进系统故障风险等级由三级降为二级,并维持在二级水平,泥水及供水系统故障风险等级由四级降为三级。可见,动态风险管理能有效降低风险,具有明显的风险防范效益。

7.1.4.2 广中路地道工程

1. 工程概况

广中路地道工程位于上海市虹口区内,地道分为南北两条独立的单向双车道地道,均采用箱涵式结构,北地道全长 490.539 m,南地道全长 773.174 m。主体结构基坑开挖范围内主要土层为第②$_1$层粉质黏土、第②$_3$层砂质粉土、第③层淤泥质粉质黏土夹黏质粉土和第④层淤泥质黏土,基坑底部主要为呈软塑状的第⑤层粉质黏土。场地地下水类型有浅部土层中的潜水和深部第⑦层的承压水。

以水电路—中山北一路的地道暗埋段的 NA05 段作为应用实例,围护形式主要采用 SMW 工法桩,基坑开挖深度为 10 m,采用 ϕ609 钢管支撑,共设两道支撑,基坑邻近建筑物、高架与轻轨桥墩基础,周边管线较为密集。

2. 动态风险管理具体实施内容

工程前期,基于专家调查法罗列了基坑施工过程中可能遇到的 15 项主要风险并进行权重打分,结合人为因素(设计、施工、监理、监测单位资质)修正风险概率,确定主要风险事故的风险等级。

在开挖前准备阶段、开挖阶段和地下结构施工阶段进行施工期动态风险评估。基于邻近建筑物监测计算开挖前准备阶段每天的风险指标;基于环境监测和支护结构监测计算开挖阶段和地下结构施工阶段每天的风险指标,评价基坑综合风险等级。工程施工全过程风险指标变化如图 7-3 所示。

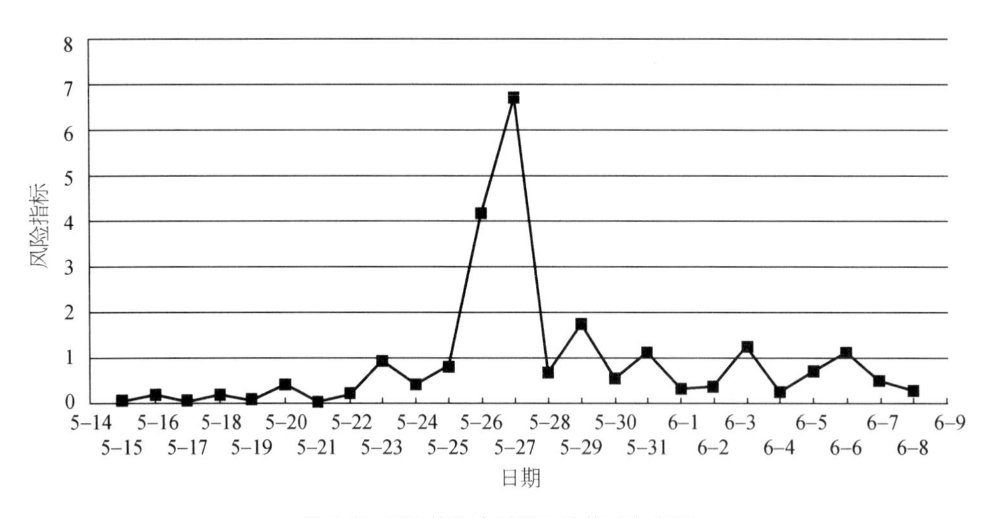

图 7-3　工程施工全过程风险状况变化图

针对风险预估前十大风险因素进行分析,分别提出相应的风险预控措施,制作风险提醒警示牌,并将可能发生的风险事故及其应急方案作为风险交底材料之一。根据开挖前准备阶段、开挖阶段和地下结构施工阶段监测数据,针对风险等级及对应的监测项目,提出相应的风险控制措施,并针对基坑风险和邻近居民楼风险两项重大风险,分析相关风险因素,提出相应的风险控制措施。

3. 动态风险管理的成效

广中路地道工程依据“施工前风险预估—施工期动态风险评估—施工期风险控制—重大风险防控”的风险分析和控制流程，对广中路地道风险进行了全面的动态风险监控，在实际工程中，建立了风险管理体系，进行了风险分析并采取风险防控措施，顺利地完成了广中路地道基坑工程 NA05 段的地道工程建设。

7.2　多元共治的风险防控机制

7.2.1　多元共治机制的概念

改革开放和市场经济的不断发展打破了我国原有的国家统揽政治、经济和社会等所有事务的格局，市场特别是社会组织体系随着外部制度环境的逐步改善，其独立性和功能发挥日益显著。政府自身的改革不断向纵深方向发展，为市场和社会的发展腾出了空间，创造了良好的外部环境。市场已成为配置资源的决定性因素，这意味着政府要将简政放权、减少对微观经济事务的干预落到实处，采取更合理的方式消减市场经济运行带来的各种负面影响和“外部效应”。社会组织在数量、结构优化、社会创新和内部管理等诸多方面呈现出积极繁荣的景象，各类社会组织之间的网络体系和结构框架已初步成型，社会组织不断涌现、能力不断提升，参与国家和社会治理的需求和动力日渐增强。因此，在政府、市场和社会三重体系日臻完善的条件下，以政府或市场为主的一元治理模式已不能满足经济和社会的发展需求，由政府、市场与社会组成的多元主体共同治理的多元共治模式呼之欲出。

2017 年 11 月 2 日，上海市政协举行十二届三十八次常委会议，建议完善上海城市安全风险管理体系建设的“123”基本思路和框架，即着力于一个理念、两个平台、三个机制的建设升级，从传统的政府一元主体主导的行政化风险管控体系转型升级为开放性、系统化的多元共治的城市安全风险管理体系。

多元共治机制即要构建政府主导、市场主体、社会主动的城市安全风险长效管理机制。政府主导城市安全风险管理，做好公共安全统筹规划、搭建风险综合管理平台、主动引导舆情等工作，同时对相关社会组织进行统一领导和综合协调，加大培育扶持力度，积极推进风险防控专业人员队伍建设；运营企业规范行业生产行为，提供专业技术和信息资源，充分发挥市场在资源配置方面的优势，形成均衡的风险分散、分担机制；充分调动社会公众的主观能动作用，鼓励社会组织、基层社区和市民群众充分参与。

基于法治的多元共治体系是我国在实践中形成的要求和制度创新。在应急管理方面，2008 年汶川地震和南方暴雪后，形成了政府主导、社会协同的社会组织参与应急救灾格局，实践探索中，政府提出健全分级负责、相互协同的抗灾救灾应急机制，中央统筹支持，地方就近统一指挥；在雾霾治理方面，政府提出健全政府、企业与公众共同参与的新机制，实行区域联防联控；在生态环境保护方面，提出落实主体功能区制度，探索建立跨区域、跨流域生态补偿机制，要求各级政府和全社会都要行动起来；在慈善事业发展方面，政府的角色从主导向支持转变，明确了社会是慈善事业的主体；在扶贫方面，提出引导社会力量参与扶贫事业；在食品药品安全生产方面，提出建立最严格的覆盖全过程的监管制度，建立食品原产地可追溯制度，加强食品药品安全综合治理；在社会服务领域，提出要扩大服务消费，支持社会力量兴办各类服务机构，重点发展养老、健康、旅游、文化等服务。各个方面的实践探索形成的要求都包含了社会共治——多元主体共同治理的本质与内涵。

7.2.2 多元共治存在的问题

目前，城市地下空间开发主要包括政府、企业（建设单位、勘察设计单位、施工单位等）、第三方部门（如监理单位、保险公司、第三方风险管理机构等）三大主体，政府通过法律、制度和政策等方式发挥宏观主导作用，企业通过建立诚信体系和自律机制约束自身行为，第三方部门作为自律监管者发挥监督企业私权利的优势，共同支撑多元共治模式。

在多元共治模式中，政府处于主导地位，因为政府具有公权力，比起其他治理主体，它拥有更多的资源和能力，代表的公共利益也更具有普遍性，其权威地位与政策的可信度是其他主体所无法比拟的；市场具有主体作用，或者说企业由于逐利性，会通过合理压缩成本以追求利润最大化，可以有效提高管理效率；社会组织具有政府和市场所不具备的优势，它的服务、干预、协调功能，可以有效避免政府和市场功能同时失灵。但是，在城市地下空间开发多元共治中，政府、企业和社会作用发挥尚显不足，主要表现在以下方面。

1. *政府方面*

1）地下空间开发建设各自为政，缺少统一的管理

城市地下空间设施的产权主体分属地铁、自来水、排水、燃气、热力、电信、电力公司，以及政府、部队、工矿企业等数十个企事业单位。在建设过程中，各环节的管理又分属不同的政府管理部门，如规划管理由城市规划部门负责、土地权属取得由国土资源部门负责、开工许可管理由城市建设部门负责、地下轨道交通由交通部门负责、人防工程由人防办负责等，难以统一监管协调，对地下空间开发构成了很大制约，增加了地下空间将来连接成片和统一管理的难度。

2）城市地下空间开发利用规划管理体系及法律法规亟待完善

根据住建设部印发的《城市地下空间开发利用“十三五”规划通知》的具体目标，至 2020 年，不低于 50％的城市需完成地下空间开发利用规划编制和审批工作，补充完善城市重点地区控制性详细规划中涉及地下空间开发利用的内容；不低于 50％的城市初步建立包括地下空间开发利用现状、规划建设管理、档案管理等的综合管理系统，有效提升城市地下空间信息化管理能力。需健全地下空间开发利用各项管理制度，完善有关法律法规、标准规范的修订，促进地下空间开发利用依法管理工作取得较大进展，使管理水平能够适应经济社会发展的需要。其他包括标准制度、风险评估制度、规范信用制度、多元主体问责制度等均有待建立。

2. 企业方面

1) 缺乏规范的风险管理体系,风险认知不足

目前,国内各单位所从事的地下工程风险管理项目,主要侧重于风险的分析与评估,而且大多数是应用一种或几种评估方法对工程或工程中的某一部分或某一阶段进行估计,得出风险值,对于其他方面研究还较少。在评估方法的选取上,尚未达成统一的共识,另外对风险评估的认可也存在很大程度的差异。

2) 地下空间开发利用技术创新力度不够

国外城市地下空间开发利用快速发展,意大利、法国、加拿大、日本等国的地下空间开发利用已达 100～150 m,这与我国地下空间开发利用总体上不足 50 m、利用形式仍以地下交通为主形成了明显的差距,亟须加强对地下工程安全风险管理的预测和防控技术研究,才能够增强对工程风险的预测能力,防微杜渐、防患于未然。通过对风险机制的分析研究,对安全预测和监控技术的研究,对各种风险预报和预警机制的研究,才能够较为准确地评估风险发生的概率和可能性,为提出科学合理的风险决策提供详实的依据。

3. 社会方面

1) 风险管理水平参差不齐,缺乏专业队伍和人才

目前,各城市地下开发速度、规模日益加大,国内对工程安全风险管理咨询评估的从业单位和人员缺乏明确的准入管理,许多工程实践中安全风险评估工作还停留在由院校科研单位以科研项目的形式承担,对于工程安全风险咨询评估工作的内容、质量评价标准、咨询工作的责任认定、从业人员资格认定等尚没有统一的管理,使得工程安全风险管理水平参差不齐。此外,作为风险管理非常重要的第三方监测工作,专业规范的监测队伍紧缺,使得国内工程监测市场鱼龙混杂,这直接影响监测数据的准确性,以及动态风险管理的有效性。

2) 地下空间开发风险防控的社会化有待提高

在地下空间开发风险管理中,多元共治机制中社会力量发挥作用比较明显的领域就在投融资方面,尤以国外为主,投融资体制改革的一个重要变化就是投资主体基本实现了由单一的政府向包括政府、企业、银行、其他法人、个人在内的多元化主体的转变。

7.2.3 多元共治的各方主体作用

多元共治强调的是主体的多元性,各主体既相对独立又相互联系,在特定领域内发挥各自的功能优势,共同实现目标,其本质就是构建政府、市场、社会共同参与的“多元共治模式”,多元共治模式主体与目标的多元化、权利和责任边界的模糊化,容易引发权利冲突和问责困境并最终导致机制失灵,因此首先要明确各方主体在城市地下空间开发风险防控中发挥的作用。各方主体的主要作用如下。

1. 政府

政府在地下空间的开发管理上应起到宏观指导、组织协调、推动保障、行业指导和监督服务

的作用，其定位是项目的发动者、组织者、推动者和协调者。

2. 建设单位

在项目初期，建设单位应该结合项目的资金、技术力量等方面的特点来制定相应的风险事故防范接受准则，作为今后风险评估结果的分类和采取不同风险措施的依据。同时，建设单位应邀请专门的工程管理咨询机构对工程的风险进行定性与定量的评估，根据评估结果为后阶段制订风险事故防范计划和风险事故处理措施提供有力的依据。在招投标阶段，业主要根据风险评估报告结果，对工程的重大技术风险进行描述，并提出转移风险的技术要求和投标者要求具备的风险防范能力，选择承包商，并通过合同确定各方在风险防范中的权利和义务。在施工阶段，监督和协助施工单位开展工程管理工作，检查施工单位的风险防范计划落实情况，核准施工单位的风险防范控制措施，对施工中的风险进行动态跟踪管理。

3. 勘察设计单位

虽然勘察设计单位的风险主要集中在项目初期的勘察设计阶段，但是由于地质资料失真、参数不正确、设计错误、设计不细致、设计造成施工不便等风险所引起的地下工程的损失也是相当巨大的。因此，勘察设计人员在项目初期就应采取工程全生命周期的设计理念，充分考虑工程施工和投入使用阶段的风险，采取一定的优化措施，将今后可以预见的风险降低至最低程度。同时，在工程施工过程中，设计单位也应根据施工阶段监测数据反馈的信息以及实际施工情况来不断优化设计方案，朝动态化设计方向发展。

4. 施工单位

在投标阶段，应专门组织人员制订针对投标工程的风险事故防范体系，结合投标文件以及自身的风险防范经验和能力对工程风险进行全面细致的识别和评估，并制订有效的风险控制措施。在施工阶段，应贯彻落实风险防范计划，建立完整的风险管理、预警和报警体系，在编制和评审各项工序的施工组织设计时，重点关注各工序风险点识别的全面性以及风险防范控制措施的充分性，在重大工序施工前可以邀请专家评审施工方案，并在施工过程中结合工程的特点，进行动态风险防范管理。此外需对施工人员进行风险防范培训，重视对各分包商的安全与技术交底工作，并督促各分包商层层交底到位。

5. 监理单位

监理作为建设工程内部风险防范体系中的中坚力量，应该不断提高自身的专业技能、提高管理水平、加强自身的职业道德约束。此外，今后可以推行职业责任保险，监理工程师对自身因工作的疏忽或过失造成委托方或其他第三方的损失而承担赔偿的职业责任进行投保，一旦由于职业责任导致了业主或其他第三方的损失，其赔偿由保险公司来承担，索赔的处理过程也由保险公司负责。

6. 保险方与风险管理机构

投保建设工程保险，即为转移风险，一旦发生事故，在保单责任内，保险人将给予补偿，建设工程就可以避免或减少事故带来的损失。但从整个社会的角度上看,保险人的出险理赔仍然是一种社会资源的损失,这种损失也应降低和减少,因此,上海市住房和城乡建设管理委员会(以下简称住建委)成立了上海市建设工程事故防范试点工作推进小组,制定了《建设工程安全质量风险管理体系》,该体系提出建立一个独立的风险管理机构,该机构受保险公司的委托,与保险公司一起形成“共保体”,使保险公司的角色从被动承险改变为主动参与和控制风险,试点期间,风险管理机构由监理公司、审图机构或质量检测机构等转化而来。

在地下空间的开发利用过程中,涉及诸多的利益相关者,包括地方政府、建设单位、勘察设计单位、施工单位、监理单位、保险公司、风险管理机构等,城市地下空间开发多元共治的行为与过程,实际上就是城市地下空间开发的各类主体之间利益的博弈与均衡的过程,应充分发挥各参与主体的作用,调动其积极性,促进地下空间的有序开发。

7.3　上海建设工程质量风险管理新模式

7.3.1　建设工程质量风险管理的背景

我国现阶段的建设工程质量管理为“政府监督、社会监理、参建各方主体对工程质量负责”的体系。该体系在我国有其适存性和现实意义,但仍带有强化政府监督的作用,与市场经济的需要和风险管理的规律有一定差距。从国外经验来看,解决上述问题的有效手段是在建设工程质量管理领域引入工程内在缺陷保险,并辅以相应的工程质量风险管理机构进行风险控制。

建筑工程质量潜在缺陷保险(Inherent Defect Insurance,IDI),是由建设单位投保的,根据保险条款约定,保险公司对在正常使用条件下,在保修范围和保修期限内出现的由于工程潜在缺陷所导致的物质破坏,履行赔偿义务的保险。它由建设单位投保、支付保费,保险公司为建设单位及最终的购房者提供因房屋缺陷导致损失时的赔偿保障。潜在缺陷是指建设工程在竣工验收时未能发现的,因勘察、设计、施工及材料质量等原因造成的工程质量不符合国家或地方工程建设强制性标准及合同的约定,并在使用过程中暴露出的质量缺陷。

根据上海市人民政府办公厅转发市住建委、保监会等三部门《关于本市推进商品住宅和保障性住宅工程质量潜在缺陷保险的实施意见》(沪府办〔2016〕50 号,以下简称《实施意见》)要求,自 2016 年 7 月 15 日起,上海市在保障性住宅工程、浦东高新区范围内的商品住宅中,推行工程质量潜在缺陷保险。签署范围的住宅工程在土地出让合同中,应当将投保工程质量潜在缺陷保险列为土地出让条件。同时,鼓励上海市其他区县的商品住宅工程逐步推进工程质量潜在缺陷保险。为了更好地贯彻落实《实施意见》,2017 年 7 月 26 日上海市住建委制定并印发的《上海市住宅工程质量潜在缺陷保险实施细则(试行)》,进一步明确了各级建设行政主管部门及房管部门的推行职责分工,土地出让的附加条件,保险公司相关工作内容及风险管理机构的工作内容。

7.3.2 工程质量风险管理机构服务新模式

1. 工程质量风险管理机构

建设工程质量风险管理机构(Technical Inspection Service,TIS),也称工程保险技术机构,是保险公司的风险管理服务供应商,是指受保险公司委托,对被保险建设工程项目潜在的质量风险因素实施识别、评估、报告,并对风险因素提出控制、处理建议,促进工程质量的提高,减少和避免质量事故发生,并最终承担合同责任的机构。

风险管理服务是指通过风险识别、估测、评估等风险管理技术,对工程质量潜在缺陷风险实施有效控制,从而获得最大的安全保障。

TIS 业务的目的是通过为保险公司提供潜在质量风险管理服务,对风险进行识别、判定、分级管理及监督,从源头上减少保险公司在保险有效期内不必要的赔付和损失,从而达到对建筑质量的管理和控制效果,获得最大的安全保障。

2. TIS 机构组织结构

TIS 机构包括研发小组、现场小组和专家顾问小组,组织结构如图 7-4 所示,职责分工如表 7-1 所列。

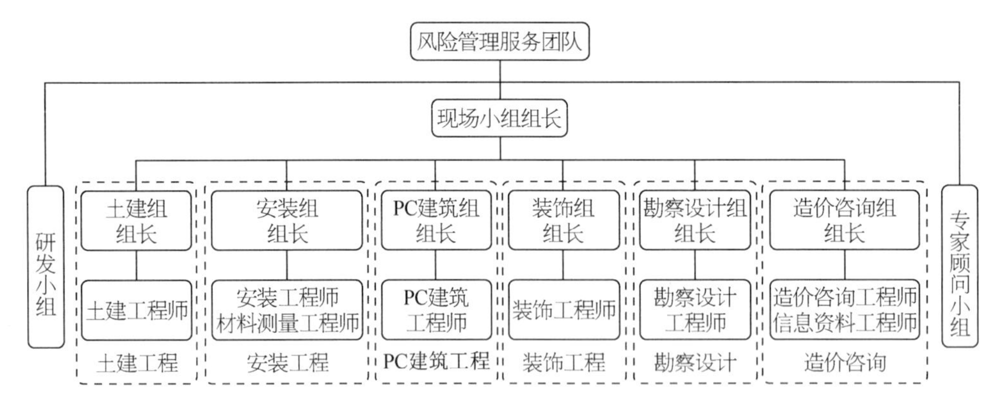

图 7-4 TIS 机构组织结构

表 7-1 TIS 机构职责分工

机构组织	职责分工
研发小组	(1) 制订部门内部研发工作计划; (2) 管理部门内部事务,如组织项目申报、评审和实施,组织和开展学术交流,定期举办工作会议等; (3) 开展统筹工作,负责对外工作联系,材料申报等
现场小组	(1) 统筹项目现场踏勘工作定期、有序开展; (2) 确保专业人员覆盖踏勘所需所有专业,如土建专业、安装专业、装饰装修、勘察设计等; (3) 根据工作计划,完成现场踏勘任务; (4) 确保踏勘结果(踏勘报告)的准确性与合理性

（续表）

机构组织	职责分工
专家顾问小组	(1) 为风险管理服务提供技术支持； (2) 协助现场小组完成勘察任务； (3) 核查现场小组工作成果的准确性； (4) 为辨识到的风险提供解决方案

3. 机构工作流程

TIS 机构开展工作的主要依据包括各项法律法规，如国家和地方现行建设工程法律法规和技术标准、地方工程质量潜在缺陷保险法律法规和技术标准、投保人与保险人签订的建筑工程质量潜在缺陷保险合同及保险条款、保险人和 TIS 机构签订的 TIS 合同等，其他依据包括勘察设计文件、施工管理技术文件、施工测量验收记录、施工质量保证文件、出厂质量证明试验报告等。

TIS 业务的基本工作流程主要包括五个环节，如表 7-2 所列。

表 7-2　　TIS 业务的基本工作流程

序号	工作环节	工作内容
1	收集工程质量风险信息	根据设计图纸、标准规范、施工条件、承包合同与业主要求、企业管理情况等，组织工程技术和管理人员分析工程的难点、特点，收集施工各阶段的质量风险及影响因素的相关信息
2	进行质量风险评估	可采取定性与定量相结合的方法，结合企业自身的技术质量管理水平，并综合考虑外部的可利用资源，对收集的质量风险信息进行分类汇总，逐项分析、评估出各项风险的严重程度或等级
3	制订质量风险管理策略	按照风险评估结果，对不同程度的质量风险采取不同的管理策略。主要指施工企业和项目部根据自身条件和外部环境，围绕企业发展战略，选择适合的风险管理的总体策略，并确定风险管理所需人力和财力资源的配置
4	提出并实施质量风险管理解决方案	根据确定的质量风险管理策略，进一步提出并实施每项质量风险的防范、控制措施
5	实施质量风险管理的监督与改进	建立风险管理的监督与改进机制，在工程施工各阶段和质量风险管理过程中定期或不定期地对质量风险管理情况进行监督检查，并评价效果、查找不足，及时纠偏和持续改进

风险管理机构应充分发挥第三方机构的专业优势，深入开展建筑质量检查工作，机构开展检查工作的主要工作流程如图 7-5 所示。

4. 机构工作方法

(1) 资料核查：核查各类参建单位的资质情况，核查勘察报告、设计图纸的规范使用情况，核查荷载计算模型及参数的适合性，核查新技术、新工艺、新工法的使用情况，核查施工过程中

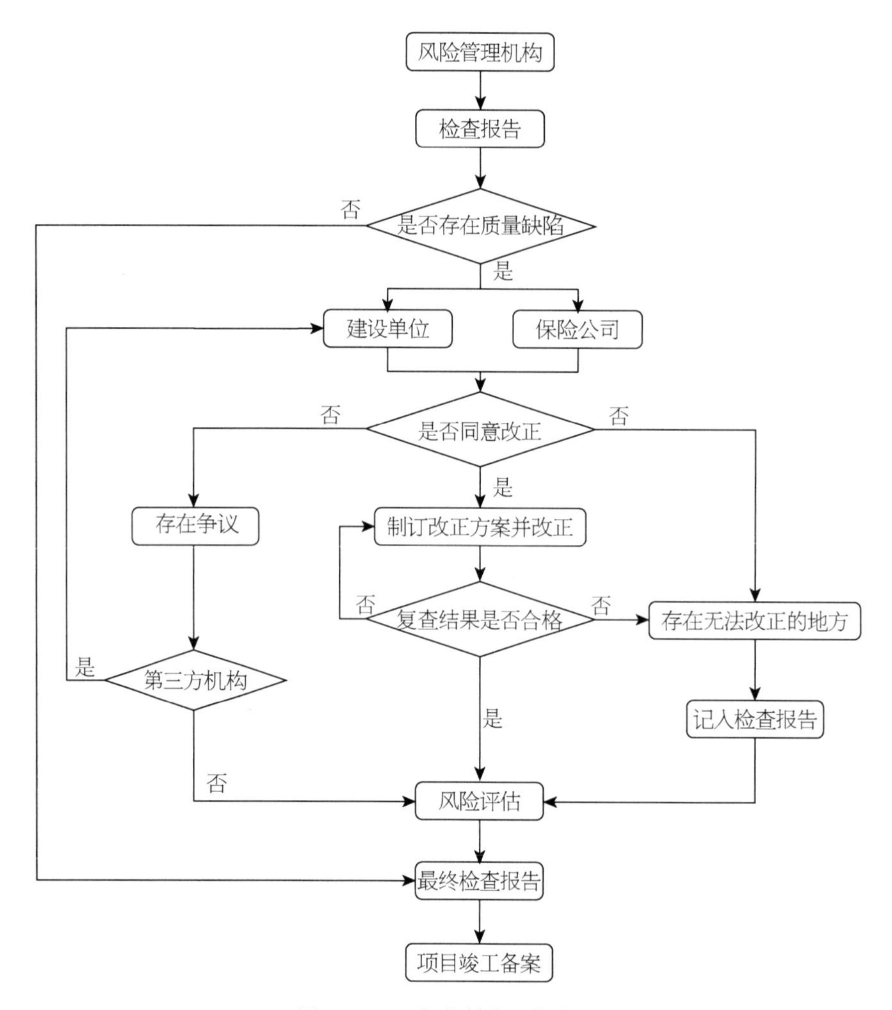

图 7-5　TIS 机构检查工作流程

各类资料的完整性真实性等。

(2) 现场巡查：施工过程中对重点的项目和部位实施现场巡查，检查施工过程中所用材料与批准的是否符合；检查施工单位是否按批准的施工方案、技术规范施工。

(3) 实物测量：对完成的工程的几何尺寸进行实测实量，对不符合要求的地方提出整改意见。

(4) 材料试验：对各种材料、配合比、混凝土强度等级等随机抽样试验。

(5) 阶段报告：根据检查的实际情况出具相应的检查报告。

(6) 影像资料留存。

5. 机构工作内容

风险管理机构根据委托合同的风险管控要求对建设工程施工过程进行质量检查，提供质量缺陷风险判断的依据。对于城市地下空间开发建设，TIS 机构工作内容按照施工进程大致可以分为三个阶段：项目施工前期、项目施工期间、项目竣工阶段，工作框架图如图 7-6 所示。

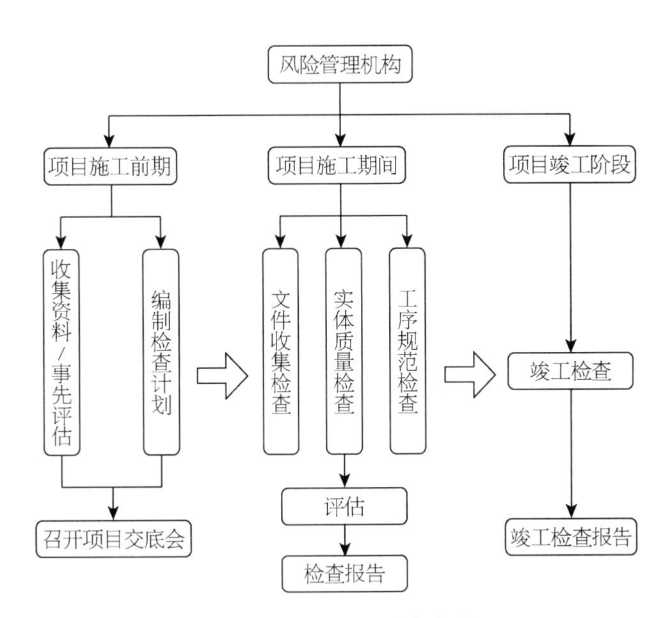

图 7-6　TIS 机构工作架构图

1) 项目施工前期

风险管理机构在签订风险管理委托合同后应对被委托项目自立项开始与工程质量相关的文件进行检查评估,同时编制检查工作计划。

(1) 初步评估项目质量风险

风险管理机构应在项目施工前期收集相关的工程建设资料,包括项目的勘察文件、初步设计文件、施工图设计文件、主要参建单位的基本信息等。

风险管理机构应对工程建设资料分析评估,对存在的技术风险进行警示。

(2) 编制风险管理检查计划

在完成对项目质量风险的初步评估后,风险管理机构应针对项目的实际情况和风险点编制并提交相应的风险管理检查计划。计划内容应包括检查内容的安排、施工过程中需重点控制的阶段和部位、检查工作的要求和过程控制可能采取的相关措施等。

(3) 质量检查首次交底

在项目开工前,保险公司应组织风险管理机构、建设单位及项目主要参建方召开质量检查首次交底会。交底会上风险管理机构应针对项目特点,对工程中可能存在的质量风险点、施工过程中质量检查的方式以及参建各方对质量检查需配合的相关事宜等进行告知,以保证质量检查活动的顺利开展。

2) 项目施工期间

在项目施工过程中,风险管理机构应按风险管理检查计划对项目工程质量展开风险检查,并根据现场的检查情况出具检查报告,对于存在的质量风险问题应做好跟踪和记录工作。

(1) 质量风险检查

施工过程中的质量风险检查应包括资料检查、实体检查和工序检查三部分内容。资料检查是对施工过程中的质量控制文件和记录报告进行抽查;实体检查是对施工过程中形成的工程实体进行实测实量;工序检查是对现场的施工工序进行检查,检查可以是普通工序的抽查。

(2) 质量风险检查分析

风险管理机构在每次质量检查结束后,应根据检查的实际情况出具相应的检查报告。检查报告应结合保险合同,对应保险责任范围进行分项评估。

(3) 质量风险跟踪

对于检查报告中提出整改建议的质量缺陷问题,风险管理机构需在检查过程中保持与建设单位和监理单位的沟通,掌握问题整改情况,并对整改的实施结果进行跟踪,同时记录相关的处理情况,登记整改销项内容。

对于质量风险检查分析中提出的整改建议,参建单位拒不整改或整改不力的,风险管理机构应对风险问题的处理过程和处理结果进行记录,并就风险事实进行客观的描述和说明。

3) 项目竣工阶段

(1) 竣工评价

工程竣工阶段,风险管理机构应对项目从立项开始到竣工整个过程的质量检查情况、风险问题跟踪情况进行汇总及评价,形成质量风险最终检查报告并提交保险公司。

(2) 回访检查

项目竣工备案两年后,风险管理机构应对该项目进行实地回访检查,了解项目当前情况下的质量风险状况,并出具回访检查报告。

考虑项目竣工后的状态有两种,即尚未入住或已经入住使用,因此检查的形式可以是现场实体检查或进行住户问卷调查取证,以判断项目竣工备案两年后的质量风险变化情况。

6. 风险管理服务计划及成果报告

1) 风险管理服务计划

风险管理合同签订后,风险管理机构需根据项目的特点、检查频率及人次安排,制订工作检查计划及检查频率,详见表 7-3。

表 7-3　TIS 工作检查计划及检查频率

序号	主要节点	工程规模	
		次数	人数
1	前期工程及设计		
2	地基基础工程		
3	主体结构工程		
4	机电安装工程		
5	室内初装修工程		
6	竣工验收		

（续表）

<table>
<tr><th rowspan="2">序号</th><th rowspan="2">主要节点</th><th colspan="2">工程规模</th></tr>
<tr><th>次数</th><th>人数</th></tr>
<tr><td>7</td><td>2 年质保期结束</td><td></td><td></td></tr>
<tr><td>8</td><td>2 年至 10 年结束</td><td></td><td></td></tr>
<tr><td colspan="2">合计：人×次</td><td colspan="2"></td></tr>
</table>

2）风险管理服务成果报告

风险管理服务成果报告在风险识别的基础上进行，运用概率论或数理统计方法，对已识别的风险及问题进行分析，通过分析确认将会出现问题的可能性有多大，出现的问题是否能够被及时发现以及造成的后果等。在评估中应秉持公平、公正、公开、客观、真实、全面的原则，保障评估的有效性，各阶段审查/评估报告如表 7-4 所示。

表 7-4　　TIS 项目各阶段审查/评估报告

<table>
<tr><th>施工阶段</th><th>一级目录</th><th>二级目录</th><th>报告名称</th></tr>
<tr><td rowspan="11">施工前期
准备阶段</td><td rowspan="5">D0 系列</td><td>D0</td><td>风险初步勘察报告</td></tr>
<tr><td>D0-1</td><td>结构稳定性设计审查报告</td></tr>
<tr><td>D0-2</td><td>两年保质期设计审查报告</td></tr>
<tr><td>D0-3</td><td>五年保质期设计审查报告</td></tr>
<tr><td>D0-4</td><td>十年保质期设计审查报告</td></tr>
<tr><td rowspan="3">D1 系列</td><td>D1-1</td><td>地基基础工程专项风险评估报告</td></tr>
<tr><td>D1-2</td><td>结构工程专项风险评估报告</td></tr>
<tr><td>D1-3</td><td>外墙/屋面专项风险评估报告</td></tr>
<tr><td colspan="2">D2</td><td>新技术、新材料的审查报告</td></tr>
<tr><td colspan="2">D3</td><td>防水设计审查报告</td></tr>
<tr><td colspan="2">D4</td><td>加盖房屋风险审查报告</td></tr>
<tr><td rowspan="6">施工过程
检查阶段</td><td rowspan="6">D5 系列</td><td>D5-1</td><td>施工过程对基础工程的风险分析</td></tr>
<tr><td>D5-2</td><td>施工过程对结构工程的风险分析</td></tr>
<tr><td>D5-3</td><td>施工过程对非结构外墙及屋面的风险分析</td></tr>
<tr><td>D5-4</td><td>防水工程的风险分析</td></tr>
<tr><td>D5-5</td><td>设备安装的风险分析</td></tr>
<tr><td>D5-6</td><td>门窗、隔墙及装修工程的风险分析</td></tr>
<tr><td rowspan="4">竣工评价
阶段</td><td colspan="2">D6</td><td>总体评价报告</td></tr>
<tr><td colspan="2">D7</td><td>事故报告</td></tr>
<tr><td colspan="2">D8</td><td>缺陷清单和未整改报告</td></tr>
<tr><td colspan="2">D9</td><td>回访检查报告</td></tr>
</table>

各阶段的检查、评估表式及用途如下。

(1) 风险管理授权书

保险公司应向风险管理机构出具《风险管理授权书》,同时报送建设单位。风险管理机构凭授权书进入施工现场实施风险管理。

(2) 风险初步勘察报告

风险管理机构应按照风险管理合同要求执行现场检查,并及时编写风险初步勘察报告(D0)报保险公司。检查报告应当包括检查情况的描述、质量缺陷问题改正情况、检查存在质量缺陷问题及潜在风险分析、问题的处理建议。结构稳定性设计审查报告(D0-1)、两年保质期设计审查报告(D0-2)、五年保质期设计审查报告(D0-3)、十年保质期设计审查报告(D0-4)随后分别单独出具。

建设单位在收到检查报告后,应当组织参建各方及时改正质量缺陷问题。质量缺陷问题改正完毕后,建设单位应当及时回复保险公司。质量缺陷问题未改正的,风险管理机构不得同意通过相关验收,建设单位不得组织竣工验收。

(3) 专项风险评估报告

项目实施过程中,形成系列专项风险评估报告。针对地基基础、地质勘察及地下室的相关设计标准及参数选择形成审查报告(D1-1);针对地上结构的相关设计标准及参数选择形成审查报告(D1-2);针对外墙/屋面的相关设计标准及参数选择形成审查报告(D1-3);针对地下室、外墙、保温等方面的设计适用性和合理性形成审查报告(D3)。此外,如果出现了新技术、新材料等其他因素,可针对工程采用的新技术、新材料、新工艺、新设备等方面的适用性进行审查,并出具审查评估报告(D2)。如出现加盖房屋,可针对加盖房屋的风险进行审查,出具检查评估报告(D4)。

(4) 施工过程阶段

风险管理机构通过现场查勘,对施工过程中的专项事件及里程碑事件进行审查及评估,并根据实际情况提供施工过程评估报告(D5-x)。

(5) 总体评价报告

在工程完工后,风险管理机构应对整个工程实施过程中的质量检查情况、质量缺陷问题追踪情况进行汇总评价。质量缺陷改正完后,编制总体评价报告(D6)并报保险公司。最终检查报告包括:检查情况汇总、改正质量缺陷问题汇总、事故报告(D7)、缺陷清单和未整改报告(D8)、总体风险评估。

保险公司审核最终检查报告,盖章后连同《上海市住宅工程质量潜在缺陷保险责任范围说明书》送达建设单位。建设单位收到最终检查报告后,方可组织竣工验收。

市、区质量监督机构在建筑工程竣工验收监督中,应抽查最终检查报告,无最终检查报告的不得出具监督报告。

(6) 观察期阶段

根据规定,上海住宅类项目有 2 年的观察期,TIS 机构应组织专项力量对实用情况进行查勘。观察期结束前三个月,风险管理机构出具回访检查报告(D9),同时与缺陷清单和未整改实施现状报告(D8)一起提交至保险公司。

7.3.3 建设工程质量安全风险管理实施现状

1. 上海市风险管理制度试点运作模式

上海市风险管理制度试点的运作模式是:由工程建设单位牵头,联合勘察设计单位、施工承包单位以及各级分包商、供应商等工程参与各方,组成共同投保体(简称“共投体”),共同向保险公司投保建设工程保险。保险涵盖建安工程一切险附加第三者责任险、人身意外伤害险和工程质量保险(今后将逐步加入设计职业责任险和各类工程担保)。保险公司为降低共投体所转移来的风险,委托风险管理机构对工程进行质量安全方面的全过程风险控制,由此保险公司和风险管理机构共同组成了共同保障体(简称“共保体”)。目前,风险管理机构的工作主要由一些技术力量雄厚的工程监理咨询单位来完成,由风险管理机构委托施工图审查、材料构件检测等工作。在逐渐整合建筑市场现有资源,包括工程监理、施工图审查、质量检测和质量监督等机构后,将形成专门的、功能集成的风险管理机构。相应地“共保体”的职能范围也将扩大。“共投体”和“共保体”也可以通过保险中介来协助完成投承保和理赔等工作。保险公司委托风险管理机构后,建设单位依然可以根据自己的需要委托项目管理公司来进行投资、进度管理。

目前,上海市有资格做 IDI 保险主承保的保险公司有:中国人民财产保险有限公司、中国太平洋财产保险有限公司、中国平安财产保险有限公司,其余保险公司均可以做跟单共保单位,目前不可以做主承保单位。将来这个限度会放宽,允许更多的保险公司作为 IDI 保险的主承保公司。

2017 年,上海市住建委推荐了上海建科院、上海同济咨询公司、上海三凯工程咨询公司等 13 家具有综合监理资质的单位作为首批风险管理服务商。此外还有两家外资咨询公司也可提供房屋质量风险管理咨询服务。

在全国范围内开展房屋质量保险已经成为建筑行业的发展趋势,除上海外,北京、青岛、深圳等地已经开展了房屋质量保险,不少省市也正在筹备中。

2. 风险管理新模式的作用

1) 发挥市场机制作用,政府具体管理行为淡出

政府职能转变客观上要求以经济和法律等市场手段,而不是仅仅依靠行政手段来解决风险问题。政府应淡出建筑工程风险管理的具体事务,通过引入工程保险,进一步发挥市场机制在资源配置中的基础性作用,分散质量风险和重大安全风险,从而实现政府职能由“权重威严”的刚性管理向“有效服务”的柔性管理转变,实现建筑行业由“垂直封闭”型管理向“社会开放”型管理转变。

2) 多险种同时投保,获得全面保障

工程保险是国际上通行和主要的工程风险管理手段,我国工程险种类别和推广程度上都与

国外相差甚远，工程保险市场急需培育和规范。在建设工程风险管理制度中，应要求参与工程建设的建设单位、勘察设计单位、施工承包单位等投保建安工程一切险及附加第三者责任险、建筑意外伤害保险、建设工程设计职业责任险和监理职业责任保险等多个工程保险险种，此外还特别应该拓展国际上广泛开展的工程质量保险。通过保险将建设期间的质量安全风险和工程竣工后一段时期内(国际上通常为 10 年)的工程质量缺陷风险向保险公司转移，使质量安全事故发生后的损失尽快得到补偿，并在很大程度上避免繁琐的责任界定程序。

3）实行专业化风险管理，增强独立公正性

保险公司对于建设工程质量安全管理存在不连续、不专业、人才不足等问题，难以通过自身力量控制保险中的各种风险，因此委托专业的风险管理机构协助其进行质量安全风险管理，能够发挥风险管理机构的专业管理优势。同时，风险管理机构受聘于保险公司，这样可以相对独立于业主，确保公正独立的第三方的地位，避免目前一些监理机构面临的独立公正性缺失问题。

4）改变工程管理割裂状况，实现全过程风险管理

风险管理机构通过整合现行建筑市场中质量体系中的各个重要环节，如施工图审查、施工监理、材料检测等，实现工程质量安全风险一体化管理，避免质量安全监管的脱节，达到对工程本体质量与施工安全实施系统的、连续的、全过程、全方位的监管。另外，风险管理机构从设计阶段开始介入，直至运行保修阶段进行全过程管理，保证了工程质量安全的连续性与信息的有效传递。

5）净化建筑市场，重塑建筑市场诚信体系

保险公司根据不同建筑公司的实力和信誉，实行差别化保费。能力差、信誉低的建筑公司极可能买不到保险而被淘汰出市场。如此一来，保险以市场自治的方式建立起新型的建筑市场进入与退出机制，可以起到净化建筑市场的作用。同时，由保险公司聘请的风险管理机构，因其必须对项目和保险公司负责，必然把工作重点全部放在工程质量和安全监督上，这一改变不仅直接确保了风险管理机构作为公正独立第三方的地位，同时通过改变审图、检测的委托关系，可以纠正目前的一些造假违法行为，保证施工图审查、材料检测工作的公正性，有利于建筑市场诚信体系真正形成。另外，保险公司对建筑市场主体的评估等，也推动着建筑市场诚信的重新建立。

风险管理制度的实质是结合保险和工程建设两个领域，将勘察设计、现场施工、竣工和使用各个阶段的质量安全管理进行串联，形成新型管理模式。其中，项目的建设方与参建各方组成“共投体”投保，而由一个保险公司或数个保险公司牵头，与风险管理机构、材料检测机构等联合组成过程监管、出险理赔的“共保体”，可以形成相互制衡、互相补充的良好机制。

风险管理制度的事前风险预控、施工中的风险监控以及事故发生后的保险补偿相互衔接，形成了对建设工程的多重保障。相信上海风险管理制度试点一定会取得很好的效果。

8 城市地下空间开发建设的新挑战与展望

8.1 城市地下空间开发趋势

城市地下空间开发面临的新挑战主要来自两个方面：一是深层地下空间的开发；二是平面网络化拓展。

8.1.1 深层地下空间开发

随着中浅部地下空间资源的不断消耗，地下空间开发利用将向深层发展和延伸。自然资源部“十三五”科技创新规划，制订了以向地球深部进军为统领，全面实施深地、深海、深空和土地工程科技“四位一体”的科技创新战略，要求有效发展地下空间，为人类认识和利用地球提供“中国范本”。同时，2018 年颁布的《上海城市总体规划(2017—2035 年)》也明确指出，及时谋划中深部地下空间，为远期系统性发展地下物流、水资源调蓄、能源输送等功能提供条件。

目前上海市正积极部署深层地下空间的开发，例如苏州河深层排水调蓄管道系统工程(图 8-1)，该工程全程约 17 km，是上海首个深层集中调蓄工程，具有中心城区系统提标、内涝防治和面源污染控制等多重功能，隧道埋深约 45 m，工作井最大挖深约 65 m，均为上海地下工程之最，目前正进行苗圃—云岭西约 1.7 km 试验段的先行开发建设。

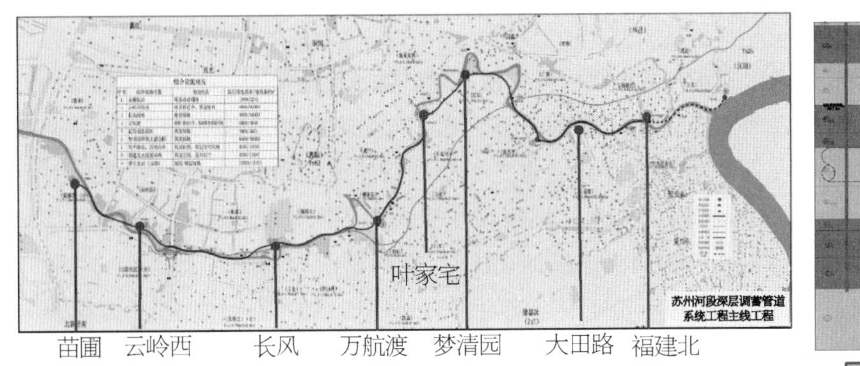

图 8-1 苏州河深层排水调蓄管道系统工程示意图

8.1.2 地下空间水平网络化拓展

地下空间的网络化开发，是通过横向及竖向地下交通网络将各类地下功能空间进行有机整合、充分利用地下空间资源的综合开发模式，对提升空间利用效益、改善城市地面环境有着十分重要的作用，不仅有利于土地资源的充分利用，拓展新的发展空间，而且有利于组织立体化的交通网络，缓解地面高强度开发造成的交通矛盾。

实现中心城区的网络化开发，是促进中心城区未来持续发展的需要。上海市政府出台的《关于坚持留改拆并举深化城市有机更新进一步改善市民群众居住条件的若干意见》中强调，着力深化城市有机更新，突出历史风貌保护和文化传承，"拆改留"转变为"留改拆"，着力完善城市功能、提升城市品质，为大规模的老城区功能拓建改造提供技术支撑，从多途径、多渠道改善市民群众居住条件。

在地下空间网络化拓展方面，发达国家已经有了丰富的实践经验。例如，日本对城市地下空间网络化进行了长久探索与实践。日本大阪高档地下商业街(图 8-2)位于大阪市区大阪站前，建成于 1995 年，通过建立地下交通网络，以达到缓和地面交通和改善城市功能下降等问题。商业街总建筑面积约 4 万 m^2，地下两层，分别为地下街与地下停车场。地下街连接 4 个商区，100 余家高档商店，高耸的天棚形成个性化道路，并可以通过看到蓝天的中庭透风和透光。

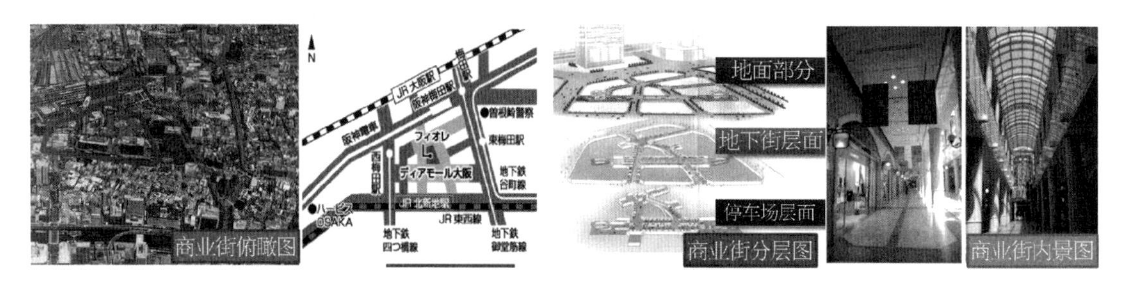

图 8-2 日本大阪地下商业街开发示意图

上海市近年来也在网络化拓展方面进行积极尝试，例如，位于上海市静安区，拥有百年历史的南京西路张家花园已经启动了城市更新，根据 2017 年正式公布的张家花园开发方案，张家花园除了地上石库门建筑的改造外，地下空间开发也是本次改造的重点和难点，改造区域平面图如图 8-3 所示，原来无法同站换乘的南京西路站将会在张园地下兴建换乘通道，把轨道交通 2 号线、12 号线、13 号线的巨大人流联通在一起，形成结合换乘枢纽和商业的大型地下空间开发项目。本项目开发面临的挑战既有新建地下空间对邻近地铁项目的影响，同时，也要解决与已有的 3 条地铁线路车站联通的难题，在技术、管理以及社会稳定等方面的风险巨大，对设计、施工和开发管理均提出了新的挑战。

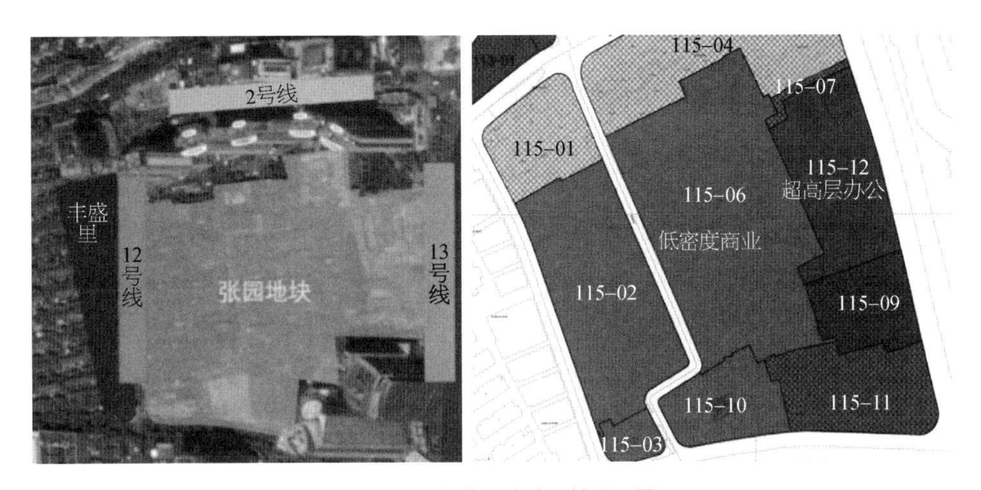

图 8-3　张家花园改造区域平面图

8.1.3　新风险与新挑战

1. 深层地下空间开发技术的新风险

深层地下空间开发与现有的中浅层开发有显著差异，主要的技术难点和风险有：

(1) 深部水土参数的不确定性，无论是深部地层勘察、测试的技术手段还是工程经验均比较缺乏。

(2) 中浅层地下空间设计理论不适用，比如现有的水土压力计算理论和方法，在超深基坑设计时的适用性还需进一步研究。

(3) 现有的施工工艺、设备无法满足要求，比较突出的就是隧道、基坑的施工工艺和设备，都需要针对深层地下空间的特点进行研发与改进。

(4) 一旦发生风险，社会影响大，修复难度高。

2. 地下空间网络化拓展技术的新风险

地下空间网络化拓展是在狭小操作空间内进行的“逆作”式和“后补”式地下工程的扩展建设，与新建地下空间显著不同，主要技术难点和风险有：

(1) 既有地下空间拓展改造设计理论不成熟。

(2) 现有的施工技术不满足低净空、微扰动要求。

(3) 既有地下设施的安全监控评估体系不完善。

(4) 都市核心区周边环境保护要求极高。

3. 管理方面的新风险

在管理方面，虽然上海市已经在地下空间开发方面处于国内领先地位，但是随着开发程度的不断深化，也面临着新的挑战：亟待完善相关法律法规、亟待提升精细化管理能力和亟待加强新技术研发与示范等工作。

8.2 展 望

面对地下空间开发的新风险，可以从三个方面采取对策：一是加强精细化管理，二是加强新技术的研发与应用；三是加强工程保险制度的创新与推广。

1. 加强精细化管理

要做好上海超大城市地下空间常态化、长效化、精细化管理，实现全球城市管理卓越水平，必须借鉴全球城市先进经验，加强地下空间管理标准精细化、规划精细化、勘察设计精细化、建设施工精细化、运行管理精细化、法律法规精细化，同时充分利用信息化和高科技提供地下空间精细化管理水平。

(1) 做好规划布局和勘察设计精细化。形成地下空间规划体系，编制浅、中、深三层地下空间立体化、网络化、集约化开发利用总体规划布局，制定地下空间控制性详细规划技术标准，编制重点地区立体化的地下空间控制性详细规划方案，制定地下空间项目规划设计技术规范。

(2) 制订精细化施工建设和工程管理方案。应对地下空间立体化、复杂化开发要求，须加强项目建设管理，制订精细化项目施工和管理方案，制订应急管理方案和预案，确保施工安全和质量。

(3) 完善安全运营的精细化管理机制。按照无死角、无缝隙、无遗漏、全覆盖、全天候的要求，优化地下空间管理机制，建立统一的管理平台。明确责任主体和主要责任，克服多头管理带来的问题。加强地下防灾减灾方案的演练并使其常态化。

(4) 制定上海地下空间精细化管理标准，对标国际卓越城市，按全过程精细化管理要求，完善规划设计、工程施工、施工管理、安全运行、管理等流程标准，确保地下空间开发利用安全、有序。

2. 加强新技术研发与应用

地下空间向深层和网络化拓展，关键还需要新技术的支撑，首先要注重设计方法创新，其次注重施工工艺、设备研发，同时，要注重全过程感知技术和大数据分析技术的研发，为建设和运营提供全方位、立体化的感知数据，运用大数据技术进行数据挖掘，形成智能化的风险预警技术，从而防患于未然。

总体来说，目前深层和网络化拓展的地下空间开发处于起步探索阶段，工程案例极少，新技术的研发除了政策引导，更需要示范应用，可以建立类似深地试验场来促进新技术的“产、学、研、用”一体化，加强新技术的转化和应用。

3. 加强工程保险制度的创新与推广

面对地下空间开发向深层和网络化拓展的新风险与新挑战，除了加强精细化管理和新技术研发外，可借助工程保险制度来规避风险、降低损失。工程保险和工程担保制度在国际上都是工程风险管理的主要方法,可实现对工程风险的有效防御,避免或减少损失的发生。

(1) 强化工程保险制度。目前,国外的工程保险可分为强制性保险和自愿性保险。所谓强制性保险,就是按照法律的规定,工程项目当事人必须投保的险种,但投保人可以自主选择保险公司;所谓自愿性保险,则是当事人根据自己的需要自愿参加的保险,其赔偿或给付的范围以及保险条件等,均由投保人与保险公司根据订立的保险合同确定。目前,国内的工程保险制度还处于起步阶段,并且大部分都是企业的自愿性保险,但是对于技术难度大、风险高、社会影响大的深层地下空间开发或者水平拓展项目来说,有必要探索从法律或者制度上强制实施工程保险的可行性,一方面强化各参与单位的风险意识,同时,工程强制性保险类似于机动车交通事故责任强制保险,可在一定程度上保障各相关方利益,减少工程损失,确保工程顺利进行。

(2) 推出针对性的地下空间开发工程保险的险种。国外的工程保险类型丰富,涵盖人身保险、财产保险及信用保险等,险种有建筑工程一切险、雇主责任险、人身意外伤害险、职业责任险、机动车辆险等。针对地下空间深层开发和水平网络化拓展的趋势,由于其风险和挑战与常规地下空间项目不同,因此,有必要在规划和可行性研究阶段,请保险公司提前介入,根据工程特点和难点制订针对性的险种,例如深层地下空间相关技术或装备研发的保险、新技术试用保险等,从而提高地下空间深层开发和水平拓展项目的风险应对能力。

8.3　小　结

随着城市地下空间开发向深层和水平网络化发展,其风险和挑战越来越大,亟须政府政策、新技术以及工程保险等的配套。相信未来地下空间开发前景十分美好,工程保险将会成为地下空间开发的重要支撑,为其保驾护航。

参考文献

[1] Vähäaho I. Underground resources and master plan in Helsinki[C]//Proceedings of the 13th World Conference of the Associated research Centers for the Urban Underground Space, Singapore: Advances in Underground Space Development,2012: 31-44.

[2] Bélanger P. Underground landscape-The urbanism and infrastructure of Toronto's downtown pedestrian network [J]. Tunnelling and Underground Space Technology, 2007, 22(3): 272-292.

[3] 李岩益,张国斌,郭丽华,等. 德国城市地下空间开发利用探析[J]. 环球市场信息导报,2014(7): 17-20.

[4] 李地元,莫秋喆. 新加坡城市地下空间开发利用现状及启示[J]. 科技导报,2015,33(6): 115-119.

[5] 朱建纲. 轨道交通工程勘察设计风险控制指南[M]. 北京:中国建筑工业出版社,2014.

[6] 中国建设监理协会. 建设工程监理概论[M]. 北京:中国建筑工业出版社,2015.

[7] 中国建设监理协会. 建设工程投资控制[M]. 北京:中国建筑工业出版社,2014.

[8] 中国建设监理协会. 建设工程进度控制[M]. 北京:中国建筑工业出版社,2014.

[9] 唐钧. 社会稳定风险评估与管理[M]. 北京:北京大学出版社,2015.

[10] 杨琳,罗鄂湘. 重大工程项目社会风险评估指标体系研究[J]. 科技与管理. 2010,12(2):43-46.

[11] 李殿伟. 社会稳定与风险预警机制研究[J]. 经济体制改革,2006 (2):29-32.

[12] 李元海,朱合华. 岩土工程施工监测信息系统初探[J]. 岩土力学,2002,23(1): 103-106.

[13] 刘国彬,白廷辉,罗成恒. 深基坑工程自动监测系统的研究及应用[J]. 上海建设科技,2003(4):51-53.

[14] 伍毅敏,吕康成. 隧道大变形灾害施工监控技术研究[J]. 中国地质灾害与防治学报,2007,18(1):133-137.

[15] 张正禄.测量机器人介绍[J].测绘通报,2001(5):17.

[16] 梅文胜,张正禄,郭际明,等.测量机器人变形监测系统软件研究[J].武汉大学学报(信息科学版),2002,27(2): 165-171.

[17] 汤竞. 软土地下工程动态风险管理研究及其工程应用[D]. 上海:同济大学,2009.

[18] 凤亚红. 面向过程的建设项目动态风险管理体系研究[J]. 建筑管理现代化,2008(2):74-77.

[19] 戴晓坚. 上海长江隧道工程建设动态风险分析与控制[C]//第三届上海国际隧道工程研讨会文集,2007:8.

[20] 唐群艳. 基于人为因素的基坑工程动态风险分析与控制方法研究[D]. 上海:同济大学,2009.

[21] 王名,蔡志鸿,王春婷. 社会共治:多元主体共同治理的实践探索与制度创新[J]. 中国行政管理,2014(12): 16-19.

[22] 黄征学,刘保奎,刘光成. 加强地下空间开发利用的建议[J]. 中国土地,2016(10):23-25.

[23] 赵海鹏,高欣. 我国建设工程质量安全风险管理的问题与对策——建设工程质量安全风险管理制度探索与试点应用[J]. 福建建设科技,2006(6):78-79.

[24] 周红波,陆鑫,王挺. 建设工程质量安全风险管理模式简介与试点应用[J]. 建筑经济,2005(11):30-33.

名 词 索 引

BIM　115,170－174,187,189,192,194,197,199,200
GIS　170,171,173,174,185,187,194
TIS机构　218-221,224
承压水突涌　43,44,47,49,52,56,61,71-75,96,101,104,107
城市安全风险管理　12-15,213
程序风险　16,120,122,124,125,135-139,141
地基变形　38,40,43-46,49,53,56
地质风险　27,35,37,38,40,41,43,44,46,49,51-64,68,71-76,152,173,204,205
地质风险的控制措施　64
地质风险评估　53,72
地质风险事件
地质环境　16,24-27,37,44,53,65,75,77,78,170,171
地质结构分区　35-37,55
动态风险管理　208-213,215,232
多元共治机制　13,213,215
粉土、砂土　33,35,37,40－44,46,50－52,55,56,58,59,61,64-66
工程保险　12,216,218,225,226,230,231
工程地质条件　27,68,130,131
管理风险　6,16,25,117－120,136,139,159,170,171
管理风险的控制措施　139
管理风险的评估　136
管理风险的识别　135
基坑工程风险　56,59,60,89,98,152,196
技术风险　6,16,25,77,78,216,221
建筑工程潜在质量缺陷保险
进度风险　129-131,135-138,141,202
精细化管理　6,13,174,229,230
坑底回弹　40,46-49,56,71-73,75,99,179
流砂　28,29,37,38,40,41,44－46,49,51,52,56,66,71-75,79,101
浅层天然气　44,52,53,60,61
全景　170,191,197,200,201,205,206
软土的冻胀和融沉　61
上海建设工程质量风险管理　217
社会稳定风险　16,25,120,142－153,156,158,160-169,232
深层地下空间　3,7,76,174,176,197,198,227,229,231
深地试验场　230
水平网络化拓展　6,24,228,231
水文地质条件　26,33,37,44,53,67,77,90
隧道工程风险　53,54,61,64,100
填土　27－29,37,38,40,49,55,56,65,75,99
投资风险　16,125-127,135,137-139,141
项目现场管理　170,172,196,197,201-203,207
信息化　6,24,115,170-179,182,187,188,194,195,197,201,207,214,230
职业健康风险　16,133-135,138,140,141
桩基工程风险　79
自动化监测　115,175,177－179,181,182,184,187-190,194